U0334370

学技能超简单

学空调器维修超简单

蔡杏山 ◎ 主编

机械工业出版社
CHINA MACHINE PRESS

本书是一本介绍空调器原理与维修技术的图书，主要内容有空调器的基础知识、空调器的拆卸、空调器的装机与拆机、制冷系统主要部件介绍、制冷系统维修、电工电子技术基础、常用电子元器件的识别与检测、电控系统的电路分析与检修。

本书基础起点低、语言通俗易懂、内容图文并茂且循序渐进，读者只要有初中文化程度，就能通过阅读本书而轻松掌握空调器维修技术。

本书适合作为空调器维修技术的自学图书，也适合作为职业学校和社会培训机构的空调器维修技术教材。

图书在版编目（CIP）数据

学空调器维修超简单/蔡杏山主编. —北京：机械工业出版社，2014.7
（学技能超简单）
ISBN 978 - 7 - 111 - 46895 - 0

Ⅰ.①学…　　Ⅱ.①蔡…　　Ⅲ.①空气调节器 - 维修
Ⅳ.①TM925.120.7

中国版本图书馆 CIP 数据核字（2014）第 115813 号

机械工业出版社（北京市百万庄大街22号　邮政编码100037）
策划编辑：徐明煜　责任编辑：徐明煜　王　琪
版式设计：霍永明　责任校对：肖　琳
封面设计：马精明　责任印制：刘　岚
北京圣夫亚美印刷有限公司印刷
2014 年 8 月第 1 版第 1 次印刷
184mm×260mm　·15.75 印张·354 千字
0001— 4000 册
标准书号：ISBN 978 - 7 - 111 - 46895 - 0
定价：39.90 元

前　言

　　电工、电子技术在现代社会中应用极为广泛，小到家庭的照明，大到神舟飞船的控制及通信系统，只要涉及用电的地方，就有电工、电子技术的存在。电工技术属于强电技术，电子技术属于弱电技术，在以前，电工技术与电子技术的应用区分比较明显，而今越来越多的领域将电工与电子技术融合在一起，实现弱电对强电的控制，正因为如此，社会上对同时掌握电工与电子技术的复合型人才需求越来越多。

　　"家有万贯，不如一技在身"，技术会伴随一生，源源不断地创造财富。很多人已认识到技术的重要性，也非常想学好一门技术，但苦于重返学校或培训机构学习的成本太高。为了让无一技之长的人能低成本轻松掌握电工或电子技术，让已掌握电工或电子技术的人轻松掌握另一门技术，我们推出了这套"学技能超简单"丛书，让读者通过阅读本套丛书就能轻松快速掌握电工和电子技术。

　　"学技能超简单"丛书主要有以下特点：

　　◆ **基础起点低**。读者只需具有初中文化程度即可阅读本套丛书。

　　◆ **语言通俗易懂**。书中少用专业化的术语，遇到较难理解的内容用形象比喻说明，尽量避免复杂的理论分析和繁琐的公式推导，图书阅读起来感觉会十分顺畅。

　　◆ **采用图文并茂的方式表现内容**。书中大多采用读者喜欢的直观形象的图表方式表现内容，使阅读变得非常轻松，不易产生阅读疲劳。

　　◆ **内容安排符合人的认识规律**。在图书内容顺序安排上，按照循序渐进、由浅入深的原则进行，读者只需从前往后阅读图书，便会水到渠成。

　　◆ **突出显示书中知识要点**。为了帮助读者掌握书中的知识要点，书中用阴影和文字加粗的方法突出显示知识要点，指示学习重点。

　　◆ **网络免费辅导**。读者在阅读时遇到难理解的问题，可登录易天教学网：（www. eTV100. com），观看有关辅导材料或向老师提问进行学习，读者也可以在该网站了解本套丛书的新书信息。

　　本书由蔡杏山担任主编，在编写过程中得到了许多教师的支持，其中蔡玉山、詹春

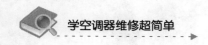

华、黄勇、何慧、黄晓玲、蔡春霞、邓艳姣、刘凌云、刘海峰、刘元能、邵永亮、蔡理峰、朱球辉、何彬、蔡任英、李清荣和邵永明等参与了部分章节的编写工作。由于我们水平有限，书中的错误和疏漏在所难免，望广大读者和同仁予以批评指正。

编　　者

目 录

V

第1章

空调器的基础知识

1.1 热力学基础

1.1.1 物质的3种形态

物质有3种形态，分别是固态、液态和气态，这3种状态是可以相互转换的。**一般来说，降低温度或增加压力可以将物质的形态由气态变成液态，降低液态物质的温度其可变成固态。**日常生活中见到的水是一种液态，在 $1atm^{\ominus}$（标准大气压）下，水在 $0\sim99℃$ 时为液态，若温度降低到 $0℃$ 以下时液态水会变成固态水（冰），若温度升高到 $100℃$ 时液态水会变成气态水（水蒸气）。

1.1.2 压力与真空度

单位面积上承受的垂直作用力称为压强（物理学名称），用 p 表示，在热力工程学上称为压力，压力的单位为帕斯卡，简称帕（**Pa**）。此外，还有千帕（kPa）、兆帕（MPa），$1MPa = 10^{3}kPa = 10^{6}Pa$。

热力工程学常用到的压力有标准大气压力、绝对压力和表压力。标准大气压力是指在标准大气条件下空气对海平面的作用力，其值约为 $0.1MPa$（$101.325kPa$）；绝对压力是指以绝对真空的零压力作为基准而测得的压力；表压力又称相对压力，是指以一个标准大气压力作为基准而测得的压力，用压力表测出的压力为表压力。**标准大气压力、绝对压力和表压力有以下的关系：**

绝对压力 = 表压力 + 标准大气压力

当某个空间的气体压力低于标准大气压力时，将该空间称为真空状态，其真空程度用

$\ominus$　$1atm = 101.325kPa$，后同。

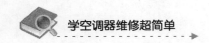

真空度表示，真空度是指容器内部气压较外部气压低的程度。给一个密闭的容器接上一只压力表，如果压力表指示值为0MPa，表明容器内部气压与标准大气压相等；如果压力表指示值为 -0.1MPa，表明容器内部完全真空状态，内部气压为0MPa；如果压力表指示值为 -0.02MPa，表明容器内部气压为 0.08MPa，比外界气压 0.1MPa 低 -0.02MPa，即该容器的真空度为 -0.02MPa。

1.1.3 摄氏温标、华氏温标和绝对温标

温度是用来表示物体冷热程度的物理量。**测量温度的标尺为温标，温标规定了温度的基点和单位，常用的温标有摄氏温标、华氏温标和绝对温标。**

（1）摄氏温标

摄氏温标又称国际温标，温度单位为℃，它规定在1atm下，纯净水凝结成冰的温度（简称冰点温度）为0℃，纯净水沸腾的温度（沸点温度）为100℃，冰点温度至沸点温度之间分为100等份，每一份为1℃。我国主要采用摄氏温标。

（2）华氏温标

华氏温标的温度单位为℉，它规定在1atm下，纯净水的冰点温度为32℉，纯净水的沸点温度为212℉，冰点温度至沸点温度之间分为180等份，每一份为1℉。英国、美国等国家主要采用华氏温标。

华氏温度转换成摄氏温度的公式为：摄氏温度值 = 5/9（华氏温度值 -32）。例如某物体的华氏温度为59℉，转换成摄氏温度为15℃。

摄氏温度转换成华氏温度的公式为：华氏温度值 = 9/5 摄氏温度值 + 32。例如某物体的摄氏温度为20℃，转换成华氏温度为68℉。

（3）绝对温标

绝对温标又称热力学温标或开尔文温标，温度单位为 K，它规定在1atm下，纯净水的冰点温度为273.15K，纯净水的沸点温度为373.15K，冰点温度至沸点温度之间分为100等份，每一份为1K。热力学规定，当物体内部分子运动终止时，其热力学温度为0K（摄氏温度为 -273.15℃）

摄氏温度转换成绝对温度的公式为：绝对温度值 = 摄氏温度值 + 273.15。例如某物体的摄氏温度为20℃，转换成华氏温度为293.15K。

绝对温度转换成摄氏温度的公式为：摄氏温度值 = 绝对温度值 - 273.15。例如某物体的绝对温度为333.15K，转换成摄氏温度为60℃。

1.1.4 饱和温度和饱和压力

液体在沸腾时所维持不变的温度称为沸点，又称在某压力下的饱和温度，与饱和温度相对应的某压力称为该温度下的饱和压力。例如，水在一个大气压下的饱和温度（沸点温度）为100℃，则水在100℃时的饱和压力就是一个大气压。

饱和温度和饱和压力之间存在一定的对应关系，**一般来说，压力越大，液体的饱和温度越高。**例如海平面的气压为1atm、水的饱和温度为100℃，而高原地带的气压低于

1atm，水的饱和温度低于100℃；又如水在高压锅内加热时，水受到的压力会大于1atm，水的饱和温度高于100℃。

1.1.5　汽化与液化

物质从液态转变成气态的过程称为汽化，汽化有蒸发和沸腾两种方式。蒸发在任何温度和压力下都会进行，但蒸发只会在液体表面发生；沸腾是液体在一定压力下，被加热到某一温度时，液体从内部被大量转换成水蒸气，并形成气泡冲出液体表面。**液体在汽化时需要向外界吸收热量**，例如人洗完澡后身体被风吹过会感觉非常凉爽，这是因为风吹会使水加速蒸发变成水蒸气，水在变成水蒸气时会从人身上吸收热量，从而使人感觉到凉爽。

物质从气态转变成液态的过程称为液化，又称为凝结。当气体在一定压力下冷却到一定温度时会变成液体，例如对着冰冷的物体呼气，该物体表面会变得潮湿，这是因为人呼出气体中的水蒸气遇到温度低的物体变成液体的缘故。**气体在液化时需要向外界释放热量。**

空调器是利用液态制冷剂汽化时向外界吸热来实现制冷的，并利用气态制冷剂液化时向外界放热来实现制热。

1.1.6　显热与潜热

（1）显热

物体在形态（固态、液态和气态）不变的情况下，使温度发生变化所需的热量称为显热，它能使人体有明显的冷热变化感觉，可用温度计测量出来。例如，将一杯热水放在空气中冷却时，水会不断向周围释放热量，温度也随之慢慢降低，但其形态一直不变（液态），水在冷却过程中释放的热量就是显热。

（2）潜热

物体在发生形态转变过程中温度会保持不变，但需要吸收或释放热量。**物体在形态转变过程中吸收或释放的热量称为潜热。潜热无法用温度计测量，人体也无法感觉到，但可通过试验计算出来。**

例如，将一块温度为0℃的冰（固态）放在容器中加热，一部分冰吸热融化成水，容器中为冰水混合物（固态与液态共存），继续加热直至全部冰都变为水，在此过程中，冰、冰水混合物和水的温度都保持0℃，从冰到水的转变过程中吸收的热量即为潜热（溶解潜热）；又如，水加热到100℃时开始沸腾变成水蒸气，为了维持沸腾汽化过程，需要继续对水进行加热，在此过程中不管水如何剧烈沸腾，水的温度始终保持100℃不变，直到全部水都汽化成水蒸气，从水到水蒸气的转变过程中吸收的热量也为潜热（蒸发潜热）。

1.1.7　临界温度和临界压力

增大压力或降低温度可以使气体液化而变成液体，气体压力越小，其液化温度越低，反之，气体压力越大，其液化温度也越高。

当温度升高超过某一值时，即使再增大压力也无法使气体液化成液体，该温度值称为临界温度，在临界温度时气体的最低压力称为临界压力。例如，水蒸气的临界温度是

374.3℃，临界压力为22.12MPa，当水蒸气的温度超过374.3℃时，采用增加压力的方法（即压缩水蒸气）是无法将水蒸气变成水的，当水蒸气的温度等于374.3℃时，压力最低要达到22.12MPa才可将水蒸气变成水，当水蒸气的温度低于374.3℃时，水蒸气液化压力也小于22.12MPa。表1-1列出了几种制冷剂的临界温度和临界压力。

表1-1　几种制冷剂的临界温度和临界压力

制冷剂名称	R12	R22	R134a	R600a
临界温度/℃	112.04	96.14	101.1	134.71
临界压力/MPa	4.133	4.974	4.01	3.64

1.1.8　热传递的3种方式

热传递的规律是由高温物体向低温物体传递。**热传递有3种方式：传导、对流和辐射。**

（1）传导

热量从物体高温部分沿着物体传到低温度部分的传热方式称为热传导。例如，手握金属棒一端，将另一端放在沸水中，一段时间后手会感到灼热，这是因为沸水的热量沿金属棒一端传递到手握一端的缘故，这种传热方式就是热传导。

一般来说，金属热传导性好，非金属热传导性差。反映物质传热能力大小的物理量称为导热系数，单位是 **W/m·℃**。表1-2列出了几种常用材料的导热系数，导热系数大的材料传热性能好，适用于传热，导热系数小的材料传热性能差，适用于隔热。

表1-2　几种常用材料的导热系数

材料	导热系数/（W/m·℃）	材料	导热系数/（W/m·℃）	材料	导热系数/（W/m·℃）
纯铜	383.79	霜	0.5815	水	0.5815
铝	197.71	空气	0.069	水垢	2.326
钢	45.36	油漆	0.2326	聚氨酯泡沫塑料	0.0116 ~ 0.0291

（2）对流

在液体或气体中，温度高的部分因密度小而上升，温度低的部分因密度大而下降，它们相对流动互相混合，最终使温度趋于均匀，这种传热方式称为对流。

例如，在用水壶烧水时，壶底的水受热温度升高，其密度变小，会上升到壶面，而壶面的水温度低、密度大，会下降到壶底进行加热，当温度超过壶面水温时，壶底的水又会上升到壶面，如此循环流动，从而使整壶水都热起来；又如，当将短烧水棒（俗称热得快）放入热水瓶烧水时，由于短烧水棒进入水面很浅，这样会出现热水瓶上方的水已经沸腾，下方的水只有微热的情况，这是因为烧水棒先加热热水瓶上方的水，上方的水温度高、密度小，不会向瓶底下降，瓶底的水温度低密度大，不会上升，即瓶底与瓶上方的水不会形成对流，它们只能通过传导方式进行热传递，但水的导热系数小，传热能力差，不足以使瓶上方和下方的水温同步升高，正确的做法是用长烧水棒插到热水瓶底部，这样才能使瓶上、下方的水同时沸腾。

液体或气体传热主要依靠对流。由液体或气体自身的密度变化引起的对流称为自然对流；由外力（如风扇搅动或水泵的抽吸）引起的对流则称为强制对流。对流的传热量由传热时间、对流速度、传热面积、对流的物质决定。

（3）辐射

在不借助任何传热介质（即物体间不接触）的情况下，高温物体将热量直接向外发射给低温物体的传热方式称为热辐射。例如，冬天坐在火炉旁，虽然没有接触到火炉，但人也会感觉到温暖，这是因为火炉将热量以辐射的方式传递给人体的缘故。

只要是高温物体，都会向周围低温物体辐射热量，辐射热量的大小由物体间的温差及物质的一些性质决定。表面黑而粗糙的物体，其发射与吸收辐射热的能力较强；表面白而光滑的物体，其发射与吸收辐射热的能力则较弱。

热辐射的热量穿过固体或液体的表面后只需经过很短的距离（一般小于 1mm，穿过金属表面后只需经过 $1\mu m$）就被完全吸收。气体对热辐射几乎没有反射能力，在一般温度下的单原子和对称双原子气体（如 Ar、He、H_2、N_2、O_2 等）热吸收能力很低，可视为透热体；多原子气体（如 CO_2、H_2O、SO_2、NH_3、CH_4 等）对太阳辐射的热量具有相当强的热吸收能力，这些气体常称为温室气体。

1.2 空调器的制冷与制热原理

1.2.1 单冷型空调器的制冷及除湿原理

单冷型空调器只有制冷和除湿功能，无法制热，其制冷系统结构和制冷除湿原理如图 1-1 所示。

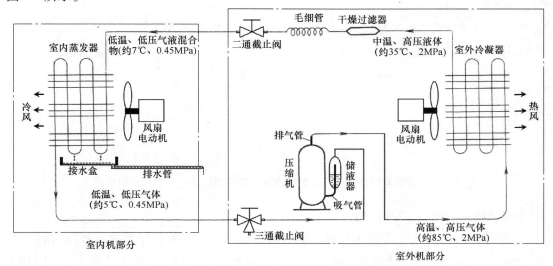

图 1-1 单冷型空调器的制冷系统结构与制冷除湿原理

在空调器工作时，压缩机通电开始运行，从吸气管吸入低温、低压的气态制冷剂（一般为R22），压缩后得到高温、高压的气态制冷剂从排气管排出，并送到冷凝器；高温、高压的气态制冷剂在经过冷凝器时，被散热良好的冷凝器冷却而液化成中温、高压液体；中温、高压液体经干燥过滤器后进入细长的毛细管，毛细管出口连接有管径较粗的铜管，中温、高压的液态制冷剂从毛细管流出时，因空间增大而受到压力减小，马上有少量液态制冷剂汽化变成气态，气液混合态的制冷剂通过二通截止阀进入蒸发器，在蒸发器中制冷剂充分汽化变成气态，由于液体汽化时会吸收大量的热量，从而使蒸发器温度降低，在室内机的风扇作用下，室内空气从蒸发器穿过时被冷却而吹出冷风。由蒸发器出来的低温、低压气态制冷剂通过三通截止阀进入储液，然后又被压缩机吸入、压缩，开始下一次循环。

空调器在制冷的同时，还具有除湿功能。室内机风扇强制室内空气通过低温蒸发器时，除了会使通过的空气温度降低外，还会使空气中的水蒸气遇冷而凝结（液化）成水，从而使空气中的水蒸气含量减少，这就是空调器的除湿原理。蒸发器表面凝结的水掉落到下方的接水盒内，再通过排水管排放到室外。

1.2.2 冷暖型空调器的制冷与制热原理

1. 冷暖型空调器的制冷原理

冷暖型空调器具有制冷和制热双重功能。当冷暖型空调器处于制冷模式时，其制冷系统结构及制冷剂循环途径如图1-2所示。比较图1-2和图1-1不难看出，冷暖型空调器的制冷系统较单冷型空调器主要增加了四通阀、辅助毛细管和单向阀。

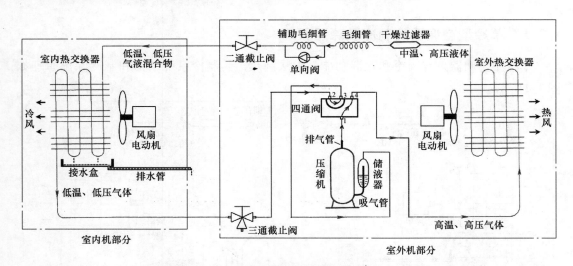

图1-2 冷暖型空调器的制冷系统结构及制冷剂循环途径（在制冷模式时）

冷暖型空调器的制冷原理如下：

压缩机运行时从吸气管吸入低温、低压的气态制冷剂，将其压缩后从排气管排出高温、高压的气体，由管口1进入四通阀，再从管口4输出送到室外热交换器（制冷时相当于冷凝器），高温、高压的气态制冷剂在室外热交换器中冷却而液化成中温、高压液体；

中温、高压液体经干燥过滤器后进入细长的毛细管，从毛细管出来后又进入阻力小的单向阀（辅助毛细管对制冷剂阻力较大，制冷剂通过量很少），中温、高压的液态制冷剂从单向阀流出后，经过二通截止阀进入室内热交换器（制冷时相当于蒸发器），在室内热交换器中汽化变成气态。液态制冷剂在汽化时吸收大量的热量，使室内热交换器温度降低，在室内机风扇的作用下，室内空气穿过室内热交换器时被冷却而吹出冷风。从室内热交换器出来的低温、低压气态制冷剂经三通截止阀后进入四通阀的管口2，然后从管口3出来进入储液器，然后又被压缩机吸入、压缩，开始下一次制冷循环。

2. 冷暖型空调器的制热原理

冷暖型空调器不但可以制冷，还可以制热，其制热有热泵制热和电热制热两种方式，热泵制热是利用制冷系统中的制冷剂冷凝时放热来实现制热的，电热制热是利用电热装置（如电热丝或电热管等）直接通电发热来实现制热的。一般认为，只有具有热泵制热功能的空调器才能算是真正的冷暖型空调器，为了保证在寒冷环境下也具有较好的制热效果，一般会在冷暖型空调器中增加电热制热装置。

当冷暖型空调器处于制热模式时，其制冷系统结构及制冷剂循环途径如图1-3所示。

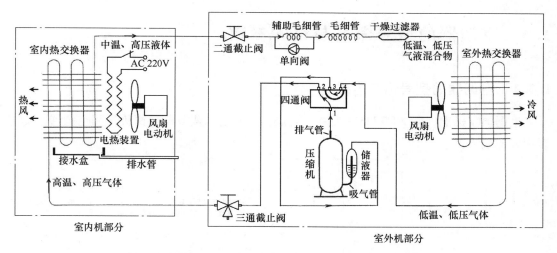

图1-3 冷暖型空调器的制冷系统结构及制冷剂循环途径（在制热模式时）

（1）热泵制热原理

压缩机运行时从吸气管吸入低温、低压的气态制冷剂，将其压缩后从排气管排出高温、高压的气体，由管口1进入四通阀，再从管口2出来，经三通截止阀后送到室内热交换器（制热时相当于冷凝器）。高温、高压的气态制冷剂进入温度较低的室内热交换器时遇冷液化成中温、高压液体，气态制冷剂在液化时会释放很多的热量，使室内热交换器温度升高，在室内机风扇的作用下，室内空气穿过室内热交换器时被加热而吹出热风。从室内热交换器出来的中温、高压液体经辅助毛细管（单向阀反向不通）、毛细管和干燥过滤器后进入室外热交换器（制热时相当于蒸发器），由于室外热交换器空间远大于毛细管，液态制冷剂的压力减小，马上汽化变成气态。液态制冷剂在汽化时吸收大量的热量，使室

7

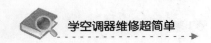

外热交换器温度降低，在室外机风扇的作用下，室外空气穿过室外热交换器时被冷却而吹出冷风。低温、低压气态制冷剂从室外热交换器出来后进入四通阀的管口4，再从管口3出来进入储液器，然后又被压缩机吸入、压缩，开始下一次制热循环。

（2）电热制热原理

如果室外环境温度很低（一般5℃以下）或需要加快制热速度时，可以开启空调器的电热制热功能。空调器的电热制热功能开启后，220V的电源直接提供给电热装置，电热装置发热，室内机风扇将其热量吹出，提高室内空气温度，从而实现制热功能。

空调器电热制热的效率低，最多只能产生与消耗的电功率瓦数相同的热量；而热泵制热的效率很高，在一定的条件下，消耗一定瓦数的电功率可制出几倍于该瓦数的热量。例如空调器进行电热制热时，如果消耗电功率为1000W，其产生的热量不会超过1000W，而在热泵制热时，如果消耗电功率为1000W，它可以产生2000～4000W的热量。空调器在热泵制热时，其消耗的电功率主要用于驱动压缩机运行，让制冷剂在室外热交换器中蒸发吸热，在室内热交换器中冷凝放热，从而将室外空气中的热量"搬"到室内，即热泵制热消耗的电功率可以看作热量搬运消耗的功率。

1.3 空调器的型号命名与铭牌参数

1.3.1 空调器的型号命名方法

根据国家标准（GB/T 7725—2004）规定，房间空气调节器（简称房间空调器）型号表示方法如下：

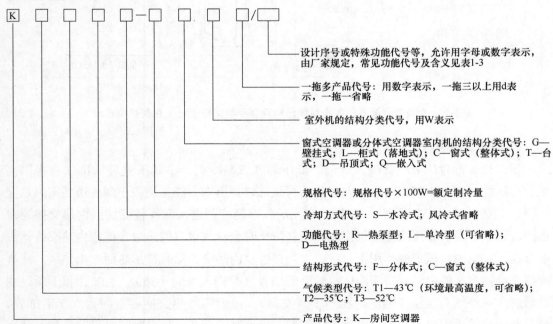

空调器的一些常见功能代号及含义见表 1-3。

表 1-3　空调器的一些常见功能代号及含义

功能代号	S	—	M	H	R1	R2	BP	BDP	Y	J	Q	X	F
含义	三相电源	低静压风管	中静压风管	高静压风管	制冷剂为R407c	制冷剂为R410a	变频	直流变频	氧吧	高压静电集尘	加湿	换新风	负离子

型号举例：

1）KFR—26GW：K 表示房间空调器；T1（被省略）表示 T1 气候类型；F 表示分体式；R 表示热泵型（冷暖型）；风冷式（被省略）；26 表示额定制冷量为 2600W；G 表示壁挂式室内机；W 表示室外机。

2）KF—23GW：K 表示房间空调器；T1（被省略）表示 T1 气候类型；F 表示分体式；L（被省略）表示单冷型；风冷式（被省略）；23 表示额定制冷量为 2300W；G 表示壁挂式室内机；W 表示室外机。

3）KFD—70LW：K 表示房间空调器；T1（被省略）表示 T1 气候类型；F 表示分体式；D 表示电热型；风冷式（被省略）；70 表示额定制冷量为 7000W；L 表示柜式（落地式）室内机；W 表示室外机。

4）KFR—35GW/BP：K 表示房间空调器；T1（被省略）表示 T1 气候类型；F 表示分体式；R 表示热泵型（冷暖型）；风冷式（被省略）；35 表示额定制冷量为 3500W；G 表示壁挂式室内机；W 表示室外机；BP 表示变频。

5）KT3C—35：K 表示房间空调器；T3 表示 T3 气候类型；C 表示窗式（整体式）；L（被省略）表示单冷型；风冷式（被省略）；35 表示额定制冷量为 3500W。

1.3.2　空调器的铭牌参数说明

为了让用户了解空调器的性能，厂家都会在空调器的室内机和室外机上贴有铭牌，标示有关性能参数。在室内机铭牌上，一般标示整个空调器的参数和单独室内机的参数，而在室外机铭牌只标示单独室外机的参数。

图 1-4 是格兰仕 KFR—23W 型空调器的铭牌。图 1-5 是志高和格力某型号空调器室内机的铭牌。

空调器铭牌上的一些参数说明如下：

（1）输入功率

输入功率是指空调器输入的电功率（耗电功率），其单位为瓦（W）或千瓦（kW）。输入功率又可分为制冷额定功率、制热额定功率、辅助电热额定功率和最大输入功率。

1）制冷额定功率：是指空调器工作在制冷模式下的额定电功率。图 1-4 中标示的制冷额定功率为 700W。

2）制热额定功率：是指空调器工作在制热模式下的额定电功率。对于有辅助电热功能的空调器，制热额定功率通常包含热泵制热（压缩机制热）额定功率和辅助电热（电

a) 室内机铭牌

Galanz

分体式房间空调器
型　号　KFR-23GW/dLP45-150（2）

防触电保护类别	I 类		
制冷剂R22	890g	制冷量/制热量/辅助电热	2300/2550+800/800W
防水等级	IPX4	额定输入功率:制冷/制热/辅助电热	700/685+800/800W
额定电压	220V~	额定电流:制冷/制热/辅助电热	3.25/3.15+3.6/3.6A
额定频率	50Hz	堵转电流	15.4A
循环风量	430m³/h	排气侧工作过压	2.7MPa
噪声:室内侧	22~36dB(A)	吸气侧工作过压	0.65MPa
室外侧	48dB(A)	最恶劣工况下输入功率:制冷/制热	900/1680W
质量:室内机	11kg	最恶劣工况下输入电流:制冷/制热	4.1/7.6A
室外机	30kg		

KFR-23G/dLP45-150（2）（室内机）

额定输入功率:制冷/制热	33/38W
额定电流:制冷/制热/辅助电热	0.2/0.2/3.6A
辅助电加热器额定输入功率	800W
额定电压	220V~
额定频率	50Hz
质量	11kg
热交换器最大工作压力	3.8MPa
出厂编号、制造日期	见条形码
全国统一客服热线:4008-300-888	

格兰仕（中山）家用电器有限公司

a) 室内机铭牌

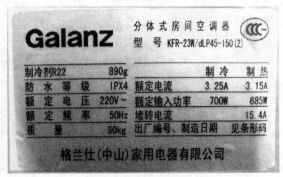

Galanz

分体式房间空调器
型　号　KFR-23W/dLP45-150（2）

制冷剂R22	890g		制冷	制热
防水等级	IPX4	额定电流	3.25A	3.15A
额定电压	220V~	额定输入功率	700W	685W
额定频率	50Hz	堵转电流	15.4A	
质量	30kg	出厂编号、制造日期	见条形码	

格兰仕(中山)家用电器有限公司

b) 室外机铭牌

图1-4　格兰仕 KFR—23W 型空调器的铭牌

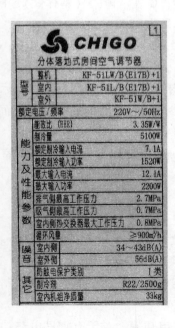

CHIGO

分体落地式房间空调调节器

型号	整机	KF-51LW/B(E17B)+1
	室内	KF-51L/B(E17B)+1
	室外	KF-51W/B+1
额定电压/频率		220V~/50Hz
能效比（EER）		3.35W/W
能力及性能参数	制冷量	5100W
	额定制冷输入电流	7.1A
	额定制冷输入功率	1520W
	最大输入电流	12.1A
	最大输入功率	2200W
	排气侧最高工作压力	2.7MPa
	吸气侧最高工作压力	0.7MPa
	室内侧热交换器最大工作压力	0.8MPa
	循环风量	≥900m³/h
噪音	室内侧	34~43dB(A)
	室外侧	56dB(A)
其它	防触电保护类别	I 类
	制冷剂	R22/2500g
	室内机组净质量	33kg

分体冷风型挂壁式房间空调器
KF-26GW/K(263$6)C1-N5

制　冷　量	2650W
额　定　电　压	220V~
额　定　频　率	50Hz
制　冷　额定功率	950W
最　大　输入功率	1380W
制冷剂名称及注入量	(见室外机铭牌)
噪声(室内高速风扇/室外)	34/39/49dB(A)
循　环　风　量	550m³/h
防触电保护类别	I
质量(室内/室外)	9kg/(见室外机铭牌)
排气侧最高工作压力	2.5MPa
吸气侧最高工作压力	0.6MPa
热交换器最高工作压力	4.0MPa
储罐允许工作过压	0.9MPa

室内机
KF-26G(26356)C1-N5

额　定　电　压	220V~
额　定　频　率	50Hz
制　冷　额定功率	30W
质　量	9kg
出　厂　编　号	801195002001
制　造　日　期	2008.08

分体热泵型挂壁式房间空调器
KFR-23GW/K(23556)D1-N1

制　冷　量	2350W
制　热　量	2600(3400)W
额　定　电　压	220V~
额　定　频　率	50Hz
制冷/制热额定功率	671/695(1495)W
电加热管额定功率	800W
最大输入功率	980(1780)W
制冷剂名称及注入量	(见室外机铭牌)
噪声(室内高速风扇/室外)	34/49dB(A)
循　环　风　量	500m³/h
防触电保护类别	I
质量(室内/室外)	10kg/(见室外机铭牌)
排气侧最高工作压力	2.5MPa
吸气侧最高工作压力	0.6MPa
热交换器最大工作压力	4.0MPa
储罐允许工作过压	0.9MPa

室内机
KFR-23G(23556)D1-N1

额　定　电　压	220V~
额　定　频　率	50Hz
制冷/制热额定功率	30/30(830)W
出　厂　编　号	015453002983
制　造　日　期	2010.04

图1-5　志高和格力某型号空调器室内机的铭牌

热装置制热）额定功率，图 1-4 中标示的制热额定功率为 685W + 800W = 1485W。

3）辅助电热额定功率：是指空调器单独使用电制热装置（电热丝或电热管等）制热时的额定电功率。图 1-4 中标示的辅助电热额定功率为 800W。

4）最大输入功率：是指空调器在恶劣条件下允许的最大输入电功率。图 1-4 中标示的制冷和制热模式下的最大输入功率分别是 900W 和 1680W。

在空调器中，消耗电能的部件主要有室外机的压缩机、风扇电动机和室内机的风扇电动机、电路板及电热制热装置等，其中压缩机消耗的电能最多，整机铭牌上标示的电功率均为整机电功率，室内机铭牌上标示的电功率则为单独室内机消耗的电功率。

（2）制冷量

制冷量是指空调器在规定的条件下制冷运行时，单位时间内从密闭空间、房间或区域内除去的热量总和，其单位为瓦（**W**）。图 1-4 中标示的制冷量为 2300W。

空调器制冷量的大小常用匹数来表示，如小 1 匹（制冷量在 2200W 以下）、1 匹（制冷量在 2200 ~ 2600W）、大 1 匹（制冷量在 2600 ~ 3200W）、1.5 匹（制冷量在 3200 ~ 3600W）、2 匹（制冷量在 4500 ~ 5500W）。空调器匹数值也可以用"匹数 ≈ 制冷量/2324"近似计算，例如某空调制冷量为 7220W，其匹数 = 7220W/2324 ≈ 3 匹。

（3）制热量

制热量是指空调器在规定的条件下进行制热运行时，单位时间内送入密闭空间、房间或区域的热量总和，单位为瓦（**W**）。图 1-4 中标示的制热量为 3350W，其中热泵制热量为 2250W，辅助电热制热量为 800W。

（4）能效比（性能参数）

能效比又称性能参数（**EER**），是指空调器在规定的条件下制冷运行时，制冷量与输入电功率的比值，其单位为 **W/W**（也可省略）。

空调器的能效比越高，说明其制冷效率越高，在制冷量一定的情况下消耗电能更少。图 1-5 中标示的能效比为 3.35W/W。有些空调器未标注能效比，可以用"能效比 = 制冷量/输入电功率"计算。

（5）循环风量

循环风量是指空调器在密闭空间内进行额定条件制冷时，单位时间内通过室内机蒸发器的风量，其单位为立方米/小时（**m³/h**）。图 1-4 中标示的循环风量为 430m³/h。

（6）噪声

噪声是指空调器运行时产生的噪声，它分为室内机噪声和室外机噪声，其单位为 **dB（A）**。图 1-4 中标示的室内机噪声为 22 ~ 36dB（A），室外机噪声为 48dB（A），由于压缩机和大散热风扇均安装在室外机内，故室外机噪声较室内机更大。

（7）制冷剂充注量

家用空调器的制冷剂一般使用氟利昂 R22，在空调器的铭牌上一般会标示制冷剂类型及充注量。图 1-4 中标示的制冷剂为 R22，充注量为 890g。

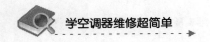

（8）工作压力

工作压力可分为排气侧最高工作压力、吸气侧最高工作压力和热交换器最大工作压力。排气侧最高工作压力是指在工作时压缩机排气侧的最高压力；吸气侧最高工作压力是指在工作时压缩机吸气侧的最高压力；热交换器最大工作压力是指在工作时热交换器的最大压力。

图1-4中标示的排气侧最高工作压力（工作过压）、吸气侧最高工作压力（工作过压）和热交换器最大工作压力分别是2.7MPa、0.65MPa、3.8MPa。

第2章

空调器的拆卸

2.1　壁挂式空调器室内机的拆卸

壁挂式空调器室内机的组成部件主要有空气过滤网、热交换器、电控系统、风扇及风扇电动机、接水盘、导风板及步进电动机、电热装置等。

2.1.1　空气过滤网的拆卸与清洗

壁挂式空调器在工作时，室内机内部风扇将室内空气从上方吸入，吸入的空气先经空气过滤网滤掉灰尘等脏物，然后通过热交换器进行冷却或加热，再从下方吹出，空气在室内机的流向如图2-1所示。

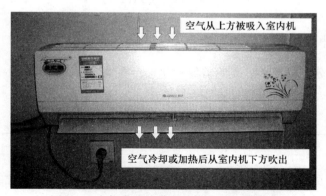

图2-1　空气在壁挂式空调器室内机的流向

由于室内机的空气过滤网会阻隔空气中的灰尘等脏物，这些脏物容易阻塞过滤网上的网孔，增加空气进入室内机的阻力，从而影响制冷或制热效果，因此应每隔一定时间（几个月到一年，视室内空气洁净质量而定）对室内机的空气过滤网进行清洗。

室内机空气过滤网的拆卸操作过程如图2-2所示，空气过滤网取出后，用水清洗干净，如果过滤网有油污，可用45℃以下的温水加洗涤剂清洗。空气过滤网清洗干净并晾干后，应装回室内机，再装好面板。

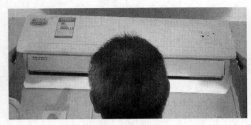

a) 双手从下方按住面板左右边沿并向上用力

b) 将面板由下向上掀起

c) 将过滤网下边沿从卡扣中取出

d) 将过滤网从室内机中拉出

e) 用同样方法取出另一个过滤网

f) 取出的室内机空气过滤网

图2-2　室内机空气过滤网的拆卸

2.1.2　室内机外壳的拆卸

室内机的大部分部件都用外壳遮盖保护起来，在维修时需要拆下外壳才能检查这些部件。拆卸室内机外壳的操作过程见表2-1。

表2-1　拆卸室内机外壳的操作过程

序　号	操　作　图	说　明
1	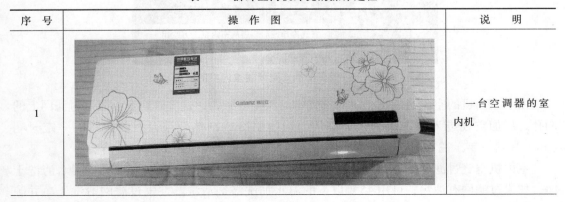	一台空调器的室内机

（续）

序 号	操 作 图	说 明
2	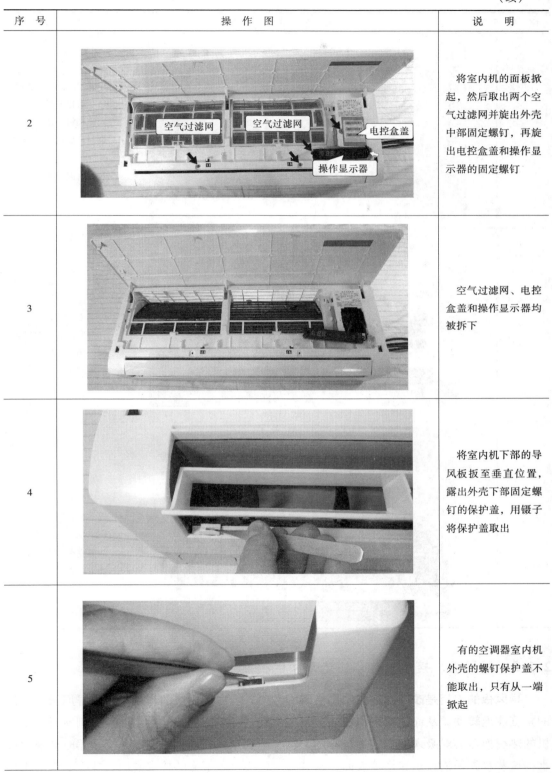	将室内机的面板掀起，然后取出两个空气过滤网并旋出外壳中部固定螺钉，再旋出电控盒盖和操作显示器的固定螺钉
3		空气过滤网、电控盒盖和操作显示器均被拆下
4		将室内机下部的导风板扳至垂直位置，露出外壳下部固定螺钉的保护盖，用镊子将保护盖取出
5		有的空调器室内机外壳的螺钉保护盖不能取出，只有从一端掀起

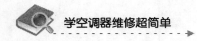

（续）

序　号	操　作　图	说　明
6	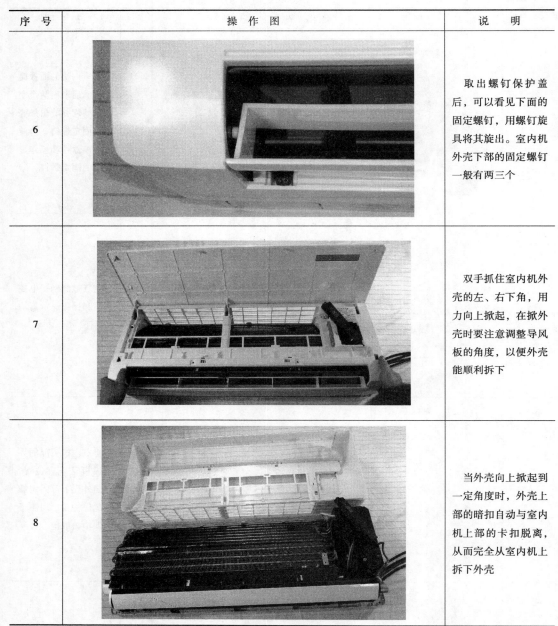	取出螺钉保护盖后，可以看见下面的固定螺钉，用螺钉旋具将其旋出。室内机外壳下部的固定螺钉一般有两三个
7		双手抓住室内机外壳的左、右下角，用力向上掀起，在掀外壳时要注意调整导风板的角度，以便外壳能顺利拆下
8		当外壳向上掀起到一定角度时，外壳上部的暗扣自动与室内机上部的卡扣脱离，从而完全从室内机上拆下外壳

2.1.3　导风板、接水盒和步进电动机的拆卸

导风板的作用是改变室内机吹出空气的方向；步进电动机的作用是带动导风板按一定的角度往返转动，从而使得室内机吹出的空气在上、下方向扫动。空调器在制冷时，室内机的热交换器会对吸入的空气进行冷却，空气中的水蒸气遇到冰冷的热交换器时会液化成水，这些水先是沾在热交换器表面，水分一多就会落入下方的接水盒内，接水盒中的水再

通过排水管排到室外。

　　拆卸导风板、接水盒和步进电动机的操作过程见表2-2。

表 2-2　拆卸导风板、接水盒和步进电动机的操作过程

序　号	操　作　图	说　　明
1		接水盒通常用螺钉固定在底座上，拆卸时先将这些螺钉（图中箭头所指处）取下
2		将接水盒一侧用来固定步进电动机的两个螺钉拆下
3		将步进电动机的转轴从导风板轴套中抽出来
4		用手抓住接水盒两侧，将接水盒取出来，装在接水盒上的导风板也随之取出

（续）

序　号	操　作　图	说　明
5	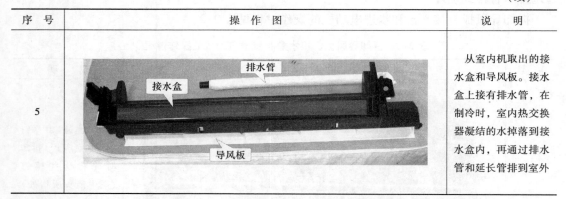	从室内机取出的接水盒和导风板。接水盒上接有排水管，在制冷时，室内热交换器凝结的水掉落到接水盒内，再通过排水管和延长管排到室外

2.1.4　电控盒的拆卸

空调器室内机和室外机的电源及控制电路一般安装在室内机的电控盒内。拆卸电控盒的操作过程见表2-3。

表2-3　拆卸电控盒的操作过程

序　号	操　作　图	说　明
1	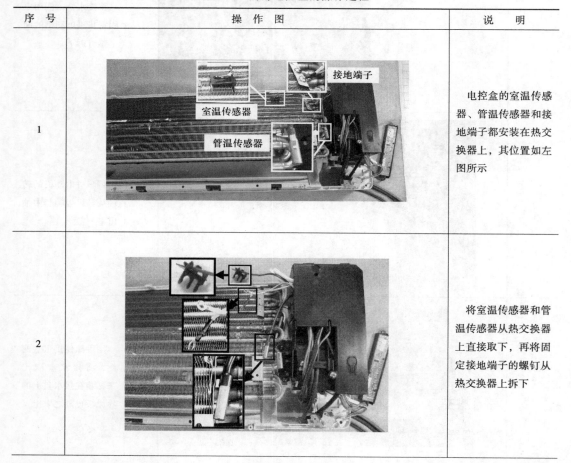	电控盒的室温传感器、管温传感器和接地端子都安装在热交换器上，其位置如左图所示
2		将室温传感器和管温传感器从热交换器上直接取下，再将固定接地端子的螺钉从热交换器上拆下

（续）

序　号	操　作　图	说　明
3		电控盒用两颗螺钉（左图中间两箭头指示处）固定在室内机底座上，将它们取下，再取下电控盒上固定盒盖的螺钉（左图右侧箭头指示处）
4	 电热装置的电源插头 风扇电动机的电源插头 风扇电动机的测速插头	取下电控盒的盒盖后，再将连接电热装置的插头和连接风扇电动机的两个插头从电控板上拔掉
5		将电控盒从室内机底座上取出，电控盒与底座之间往往还有一些卡扣，取出时要将这些卡扣松开

2.1.5　室内热交换器的拆卸

　　热泵型空调器的室内热交换器在制冷时用作蒸发器，在制热时用作冷凝器。拆卸室内热交换器的操作过程见表 2-4。

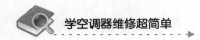

表2-4 拆卸室内热交换器的操作过程

序号	操作图	说明
1		左图为待拆卸的室内机热交换器
2	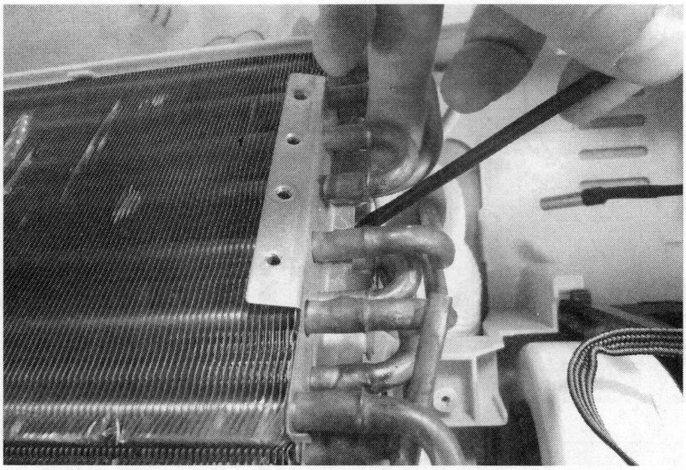	热交换器右侧有一个较大的卡孔，底座上突出的卡扣通过该卡孔固定热交换器 拆卸时一只手用螺钉旋具由右向左用力将卡扣顶出卡孔，另一只手将热交换器右侧卡扣拔离，再双手抓住热交换器左、右侧就可以将其从底座上取下
3	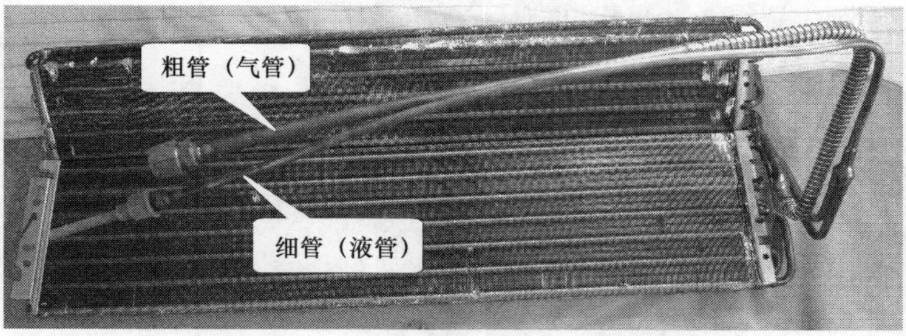 粗管（气管） 细管（液管）	左图为拆下的室内热交换器，它有两根接出铜管：工作时粗管流动的主要是气态制冷剂，常称之为气管；细管流动的主要是液态制冷剂，常称之为液管

2.1.6 贯流风扇与风扇电动机的拆卸

贯流风扇的作用是将空气从室内机上方吸入并从下方吹出，风扇电动机的作用是驱动贯流风扇运转。拆卸贯流风扇与风扇电动机的操作过程见表2-5。

表 2-5　拆卸贯流风扇与风扇电动机的操作过程

序　号	操　作　图	说　明
1		贯流风扇的轴套套在风扇电动机的转轴上，并用螺钉将两者紧紧固定起来，拆卸时要将该螺钉（左图中箭头所指处）拆下
2		将贯流风扇左侧的塑料轴承取下，然后抓住贯流风扇向左下方用力，将其取出
3	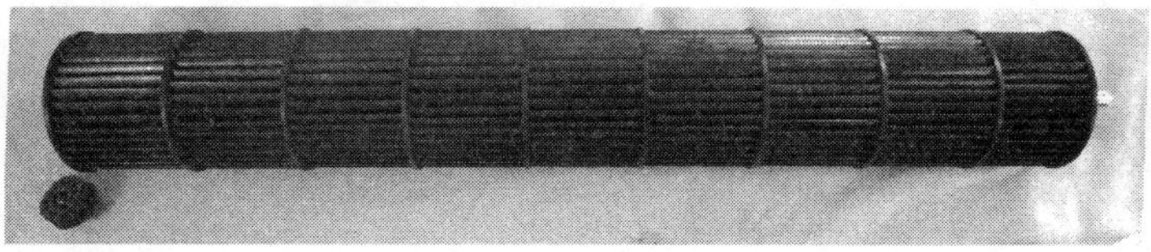	左图为取出的贯流风扇和塑料轴承
4	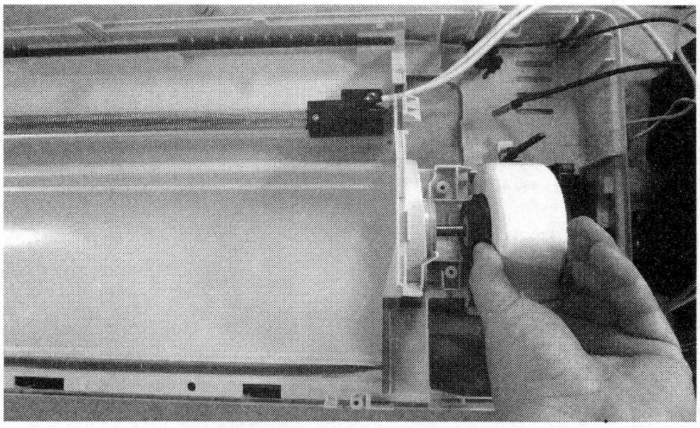	从底座上取出风扇电动机

（续）

序 号	操 作 图	说 明
5	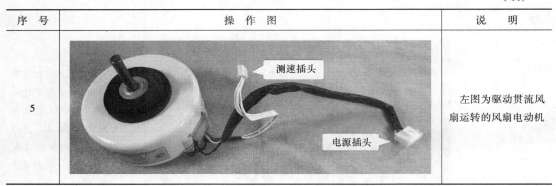	左图为驱动贯流风扇运转的风扇电动机

2.1.7 电热装置的拆卸

电热装置的作用是将电能直接转换成热能，对通过的空气进行加热。拆卸电热装置的操作过程见表 2-6。

表 2-6　拆卸电热装置的操作过程

序 号	操 作 图	说 明
1	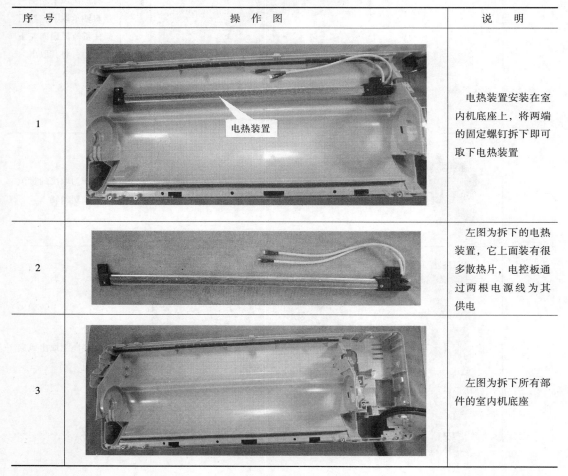	电热装置安装在室内机底座上，将两端的固定螺钉拆下即可取下电热装置
2		左图为拆下的电热装置，它上面装有很多散热片，电控板通过两根电源线为其供电
3		左图为拆下所有部件的室内机底座

2.2 柜式空调器室内机的拆卸

柜式空调器又称落地式空调器，由于其室内机可以直接放置在地面，体积可以做得很大，内部的热交换器相应也可以做得较大，故柜式空调器的制冷功率较壁挂式空调器更大。**柜式空调器与壁挂式空调器的室内机组成部件基本相同，主要由空气过滤网、热交换器、电控系统、风扇及风扇电动机、接水盘、导风板、步进电动机、导风条和同步电动机等组成。**

2.2.1 下面板与空气过滤网的拆卸

柜式空调器在工作时，室内机内部风扇将室内空气从下方吸入，吸入的空气先经空气过滤网滤掉灰尘等脏物，然后进入热交换器进行冷却或加热，再从上方吹出，这一点与壁挂式空调器室内机正好相反。空气在柜式空调器室内机的流向如图 2-3 所示。

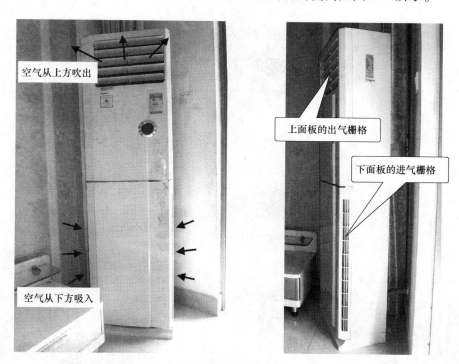

图 2-3 空气在柜式空调器室内机的流向

空气在吸入室内机时，先要经过空气过滤网去除空气中的灰尘等脏物，空调器使用一段时间后，过滤网上会积累一定的脏物而影响进气效果，故应每隔一定时间对室内机的空气过滤网进行清洗。

柜式空调器室内机空气过滤网的拆卸如图 2-4 所示，空气过滤网取出后，用水清洗干净，晾干后再装回下面板，然后与下面板一起装回室内机。

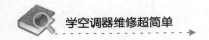

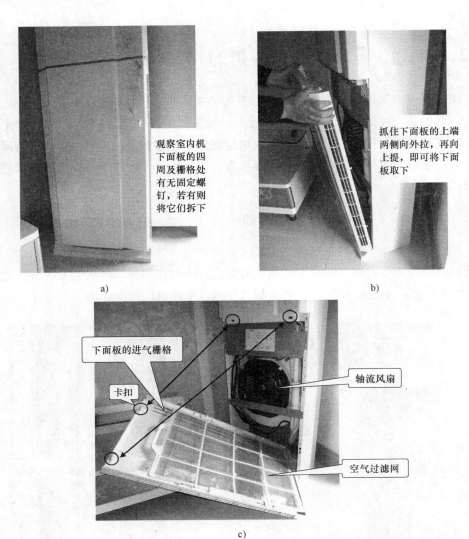

观察室内机下面板的四周及栅格处有无固定螺钉，若有则将它们拆下

抓住下面板的上端两侧向外拉，再向上提，即可将下面板取下

a)

b)

下面板的进气栅格

卡扣

轴流风扇

空气过滤网

c)

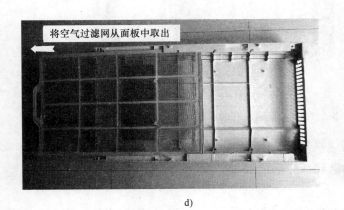

将空气过滤网从面板中取出

d)

拆下的空气过滤网

冷触媒（用于分解空气中的某些有害气体）

e)

图 2-4　柜式空调器室内机空气过滤网的拆卸

24

2.2.2　上面板与电控盒的拆卸

　　柜式空调器室内机的面板分为上面板和下面板，有的空调器分上、中、下 3 个面板。对于采用两个面板的室内机，空气过滤网和进气栅格安装在下面板，操作显示器和出气栅格安装在上面板；对于采用 3 个面板的室内机，中面板安装操作显示器，上面板安装出气栅格。柜式空调器室内机的上面板与电控盒的拆卸如图 2-5 所示。

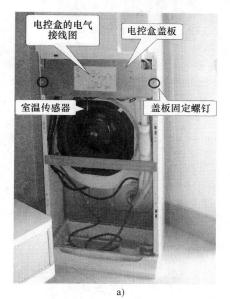

电控盒的电气接线图

电控盒盖板

室温传感器

盖板固定螺钉

a)

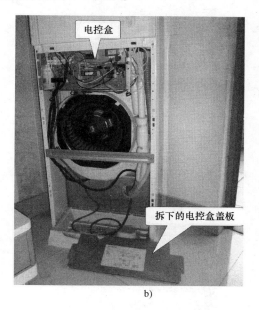

电控盒

拆下的电控盒盖板

b)

观察上面板的四周及栅格处有无固定螺钉，若有则将它们拆下

操作按键及显示器

c)

双手抓住上面板的下端两侧，用力向上提，让面板的卡扣从卡槽内滑出

d)

图 2-5　柜式空调器室内机的上面板与电控盒的拆卸

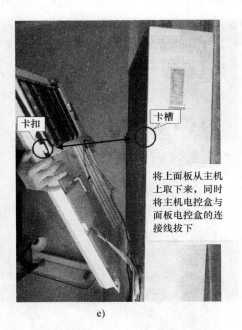

卡扣

卡槽

将上面板从主机上取下来，同时将主机电控盒与面板电控盒的连接线拔下

e)

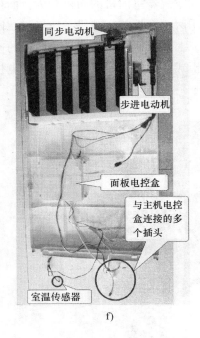

同步电动机

步进电动机

面板电控盒

与主机电控盒连接的多个插头

室温传感器

f)

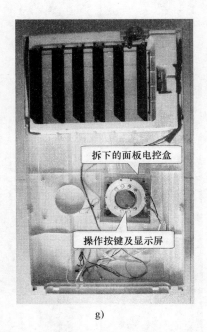

拆下的面板电控盒

操作按键及显示屏

g)

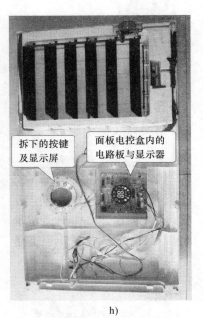

拆下的按键及显示屏

面板电控盒内的电路板与显示器

h)

图2-5　柜式空调器室内机的上面板与电控盒的拆卸（续）

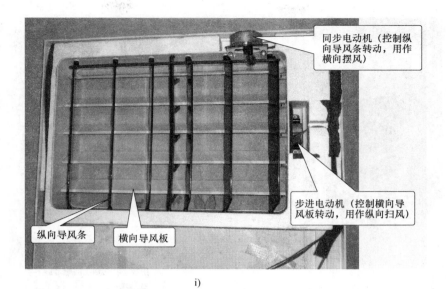

i)

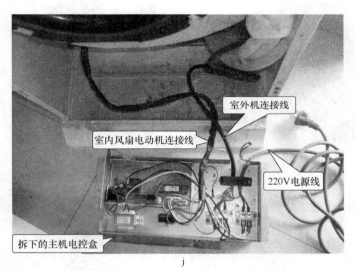

j)

图2-5 柜式空调器室内机的上面板与电控盒的拆卸（续）

2.2.3 风扇与风扇电动机的拆卸

空调器室内机风扇的功能是将空气从进风口吸入，然后吹向热交换器，经冷却或加热后从出风口排出。柜式空调器室内机风扇（轴流风扇）及风扇电动机的拆卸操作过程如图2-6所示。

2.2.4 室内热交换器和接水盒的拆卸

对于单冷型空调器，室内热交换器起蒸发器的作用，将通过的空气进行冷却降温；对于冷暖型空调器，在制冷时室内热交换器相当于蒸发器，对空气进行冷却，

图 2-6　柜式空调器室内机风扇及风扇电动机的拆卸

在制热时室内热交换器相当于冷凝器,对空气进行加热。制冷时,空气在经过温度很低的室内热交换器时,其中的水蒸气会凝结成水,因此室内机的热交换器下方需要安装一个接水盒,以便收集热交换器掉下来的水,并通过排水管将接水盒内的水及时排到室外。

柜式空调器室内机的热交换器和接水盒的拆卸操作过程如图 2-7 所示。

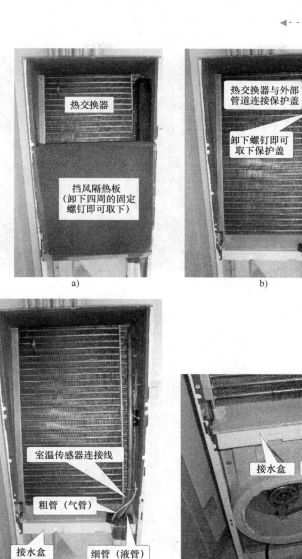

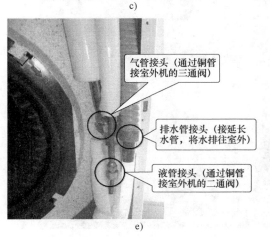

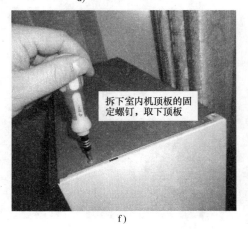

图 2-7　柜式空调器室内机的热交换器和接水盒的拆卸

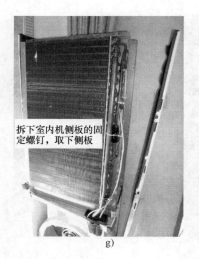

拆下室内机侧板的固定螺钉，取下侧板

g)

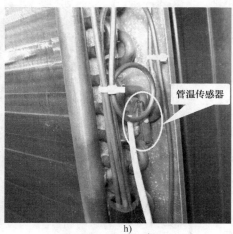

管温传感器

h)

拆下热交换器的固定螺钉

i)

热交换器

风向

风扇电动机

j)

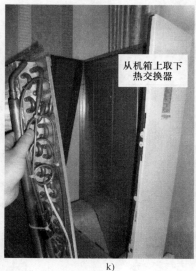

从机箱上取下热交换器

k)

拆下热交换器的室内机

一体化的导风模块

风向

l)

图 2-7　柜式空调器室内机的热交换器和接水盒的拆卸（续）

2.3　室外机的拆卸

　　壁挂式空调器和柜式空调器的室内机结构有一定的不同，但室外机结构基本相同，主要由压缩机、热交换器、风扇及风扇电动机、毛细管、干燥器、三通阀、二通阀组成，如果是冷暖型空调器，室外机内还有四通阀、辅助毛细管和单向阀。本节以格兰仕 KFR—23W 型空调器室外机为例，来介绍空调器室外机的拆卸。

2.3.1　室外机的外部结构及部件介绍

　　空调器室外机的后、前视图和重要部件说明如图 2-8 所示。室外机外部的主要部件有排气栅格、热交换器、接线盒、二通阀和三通阀。

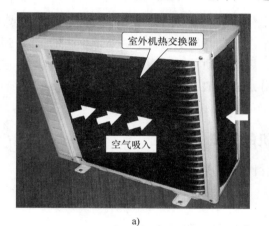

a)

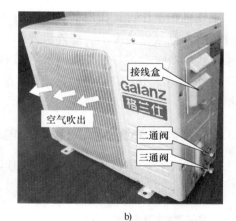

b)

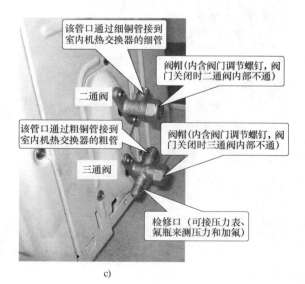

c)

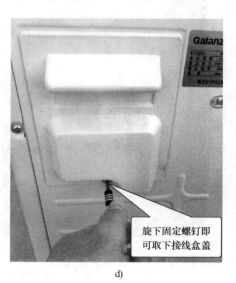

d)

图 2-8　空调器室外机的后、前视图和重要部件说明

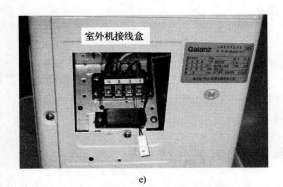

e)

图2-8 空调器室外机的后、前视图和重要部件说明（续）

室外机在工作时，在内部风扇作用下，空气从室外机的后方穿过热交换器，冷却或加热后从前方排气栅格吹出。室外机外部有一个接线盒，从室内机电控系统引来的接线接到该接线盒，接线盒再与室外机内部的压缩机、风扇电动机、四通阀线圈和管温传感器等连接。室外机外部还有二通阀和三通阀，它们分别通过细、粗铜管接室内机热交换器的细管和粗管。

2.3.2 室外机外壳、风扇和风扇电动机的拆卸

室外机外壳、风扇和风扇电动机的拆卸如图2-9所示。

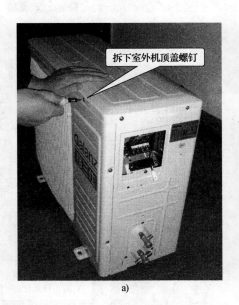

a)   b)

图2-9 室外机外壳、风扇和风扇电动机的拆卸

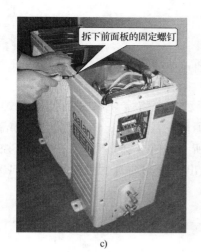

拆下前面板的固定螺钉

c)

取下的前面板

d)

热交换器　风扇

e)

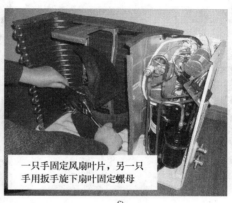

一只手固定风扇叶片，另一只手用扳手旋下扇叶固定螺母

f)

取下的风扇叶片

g)

拆下风扇电动机的固定螺钉，就能取下电动机

h)

图 2-9　室外机外壳、风扇和风扇电动机的拆卸（续）

2.3.3 四通阀线圈的拆卸

冷暖型空调器是利用四通阀来切换制冷剂的流向，从而实现制冷和制热切换的，四通阀各管口间的内部连通是由外部的线圈控制的。

室外机侧板与四通阀线圈的拆卸如图 2-10 所示，先将室外机侧板的固定螺钉拆下，如图 2-10a 所示；侧板取下后，就可看到四通阀、压缩机、储液器、接线端子等部件，如图 2-10b 所示。四通阀外形如图 2-10c 所示，有 4 条管子与之连接，控制线圈安装在四通阀上，用扳手将线圈的固定螺钉旋出，即可取下线圈，如图 2-10d、e 所示。

a)

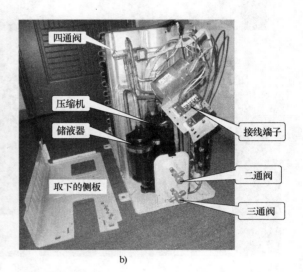
b)

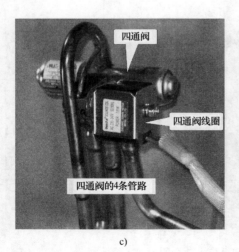
c)

d)

图 2-10 室外机侧板与四通阀线圈的拆卸

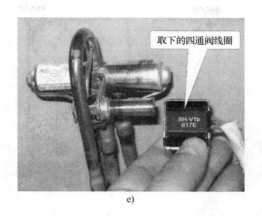

取下的四通阀线圈

图 2-10　室外机侧板与四通阀线圈的拆卸（续）

2.3.4　风扇电动机与压缩机的起动电容器

　　室外机的风扇电动机和压缩机工作时都需要配接起动电容器，起动电容器一般安装在接线端子附近。风扇电动机和压缩机的起动电容器如图 2-11 所示。**压缩机的功率较风扇电动机大得多，其起动电容器的电容量更大，因此压缩机的起动电容器体积较风扇电动机的起动电容器更大。**

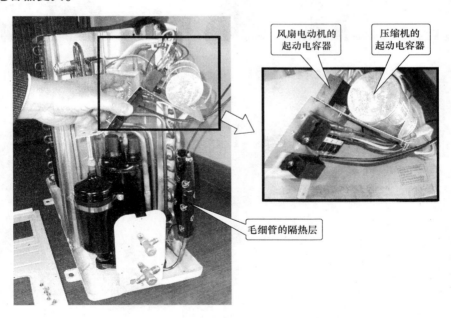

风扇电动机的起动电容器

压缩机的起动电容器

毛细管的隔热层

图 2-11　风扇电动机和压缩机的起动电容器

2.3.5　室外机的毛细管、辅助毛细管和单向阀

　　毛细管两端分别连接冷凝器和蒸发器，在毛细管接蒸发器的一侧制冷剂的压力变小，制冷剂由液态转变成气态，此时会吸收热量，导致毛细管温度下降，如果制冷剂中含有水

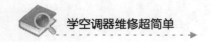

分，可能会在细小的毛细管中结冰而出现冰堵，妨碍制冷剂流动。为此，有些未使用干燥过滤器的室外机，常常给毛细管包上隔热材料，如图 2-12a 所示，用于阻止制冷剂从毛细管处吸热，制冷剂难于吸热而不易汽化，毛细管温度下降不多，制冷剂中的水分也就不易结冰。

室外机的毛细管、辅助毛细管和单向阀的外形如图 2-12b 所示。

a)

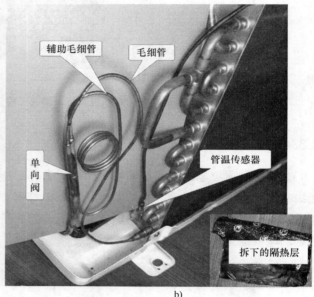

b)

图 2-12　室外机的毛细管、辅助毛细管、单向阀及隔热层

第3章

空调器的装机与拆机

3.1 室内机、室外机的电气线路及制冷管道连接

分体式空调器由室内机和室外机组成，两者必须连接起来使用才具有制冷和制热功能。室内机和室外机的连接包括电气连接和制冷管道连接。

3.1.1 室内机与室外机的电气连接

空调器的电控系统一般安装在室内机内，室内机的电控系统引出电缆与室外机连接，为室外机的压缩机、风扇电动机和四通阀线圈提供电源，同时室外机也通过电缆将有关信号（如管温传感器检测的温度信号）传送给室内机的电控系统。

空调器室内机与室外机的电气连接操作如图 3-1 所示。

3.1.2 室内机与室外机的制冷管道连接

空调器在工作时制冷系统应该有完整的制冷循环通路，分体式空调器是将制冷系统分成两部分，分别安装在室内机和室外机中，在安装时需要用管道将室内机和室外机的制冷部分连接起来，以构成一个完整的制冷系统。

空调器室内机与室外机的制冷管道连接一般采用一粗一细两根铜管，如图 3-2 所示。粗铜管（简称粗管）中流动的主要是气态制冷剂，常称为气管；细铜管（简称细管）中流动的主要是液态制冷剂，常称为液管。粗管和细管一端与室内机连接，另一端与室外机连接，从而使室内机和室外机组成一个完整的制冷系统。

1. 室内机与铜管及排水管的连接

空调器室内机与铜管及排水管的连接如图 3-3 所示。

2. 室外机与铜管的连接

空调器室外机与铜管的连接如图 3-4 所示。

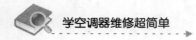

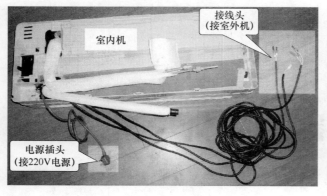
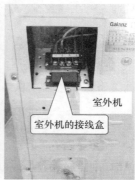

a)

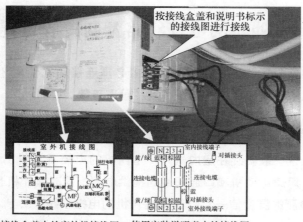

b)

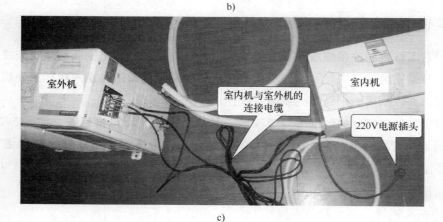

c)

图 3-1 空调器室内机与室外机的电气连接操作

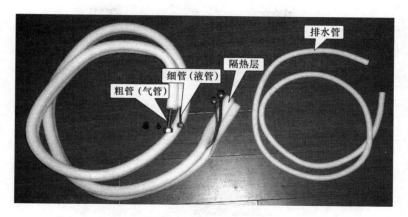

图 3-2　室内机和室外机的连接铜管与室内机的排水管

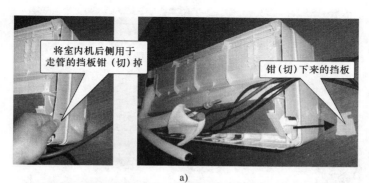

a)

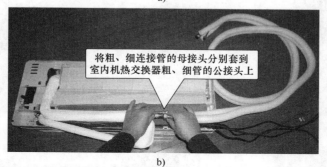

b)

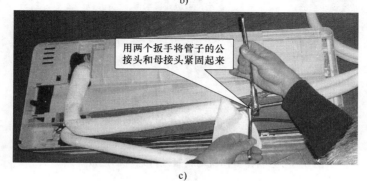

c)

图 3-3　空调器室内机与铜管及排水管的连接

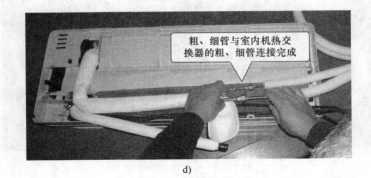

粗、细管与室内机热交换器的粗、细管连接完成

d)

将排水管与接水盒的水管连接起来

e)

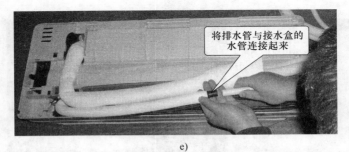

排水管连接完成

f)

用配送的扎带先将带隔热层的铜管和电缆紧紧包扎起来，再包扎排水管，包扎排水管时不要用力过大，以免压瘪水管

g)

图3-3　空调器室内机与铜管及排水管的连接（续）

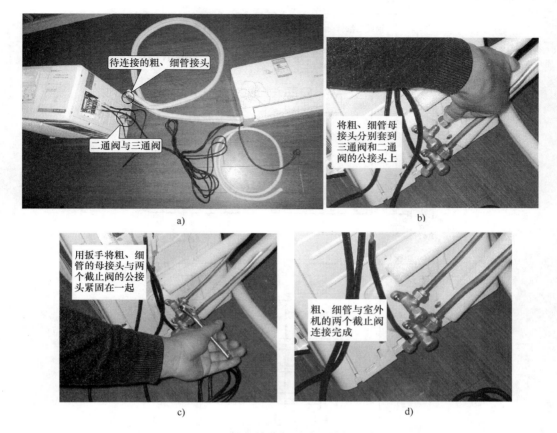

图 3-4 空调器室外机与铜管的连接

3.2 空调器装机检漏、顶空、试机和拆机收氟

3.2.1 装机检漏和顶空

空调器是依靠制冷剂在室内机与室外机之间循环流动来实现制冷的，**新购空调器的制冷剂在出厂时已被加注到室外机的制冷管道内（主要存储在室外机热交换器内），为避免室外机制冷管道内中的制冷剂泄漏，出厂或移机时都应将室外机的三通阀和二通阀关闭。**

1. 空调器装机检漏和顶空操作原理

检漏是指检查空调器制冷管道是否存在漏气，**新空调器主要检查室内机、室外机与连接铜管的接头处是否存在漏气；顶空是指将空调器室内机热交换器和连接铜管内的空气排出，避免空气混在制冷管道中产生一些不良后果。** 下面以图 3-5 来说明空调器装机检漏和顶空操作原理。

在进行空调器装机检漏和顶空时，应先用粗、细管将室内机与室外机连接好。在检漏时，关闭三通阀，将室内机热交换器与室外机压缩机进气口的通路切断，然后稍微打开二通阀，让室外机制冷管道中的制冷剂通过二通阀进入细管、室内热交换器和粗管，大约

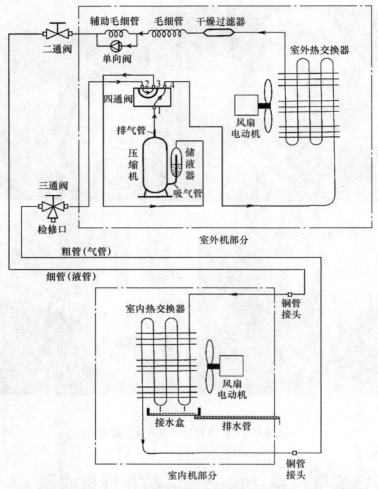

图 3-5　空调器装机检漏和顶空操作原理

10s 后，关闭二通阀，再用肥皂水涂在二、三通阀与细、粗管的接头，以及室内机热交换器与细、粗管的接头处，如果某接头处有肥皂泡产生，表明该接头处漏气，应将接头螺母拧紧。在顶空时，稍微打开二通阀，用硬物顶压三通阀检修口内的阀芯顶针，在室外机二通阀出来的制冷剂顶推下，细管、室内机热交换器和粗管中的空气从三通阀检修口喷出，大约 10s 后，当有雾状气体排出时，表明空气已基本排放干净。顶空后，将二通阀和三通阀的阀门完全打开，室内机的制冷管道与室外机的制冷管道连为一体，制冷剂可在室外机和室内机之间循环流动。

　　2. 空调器装机检漏和顶空操作

　　空调器装机检漏和顶空操作如图 3-6 所示。

3.2.2　通电试机

　　空调器室内机和室外机之间连接好电缆和铜管后，再进行检漏和顶空操作，然后就可以给空调器通电，检查其制冷和制热功能是否正常。

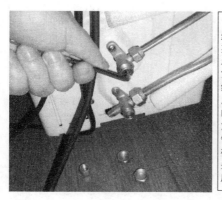

将三通阀和二通阀的螺母拧下，然后将内六角扳手插入二通阀，将其阀芯逆时针旋转90°，如左图所示，即稍微打开二通阀的阀门，让室外机内的制冷剂通过二通阀进入细管、室内热交换器和粗管，10s后，细管、室内热交换器和粗管中的气态制冷剂和空气混合物具有一定的压力，关闭二通阀阀门（顺时针旋转90°），再用肥皂水涂在室内机和室外机的铜管接头处，如果接头处有气泡产生，表明接头处漏气，应拧紧接头螺母

a)

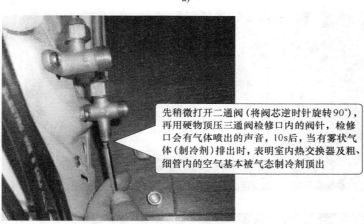

先稍微打开二通阀（将阀芯逆时针旋转90°），再用硬物顶压三通阀检修口内的阀针，检修口会有气体喷出的声音，10s后，当有雾状气体（制冷剂）排出时，表明室内热交换器及粗、细管内的空气基本被气态制冷剂顶出

b)

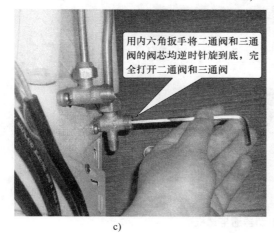

用内六角扳手将二通阀和三通阀的阀芯均逆时针旋到底，完全打开二通阀和三通阀

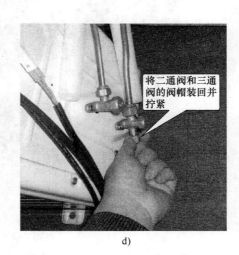

将二通阀和三通阀的阀帽装回并拧紧

c)　　　　　　　　　　　d)

图 3-6　空调器装机检漏和顶空

　　空调器通电试机操作如图 3-7 所示。大多数空调器在温度低于 16℃ 时无法用遥控器操作使之进入制冷运行，在温度高于 30℃ 时无法进入制热运行，这时可操作室内机显示面板上的应急开关，强行让空调器进行制冷或制热，应急开关的操作方法可查看该空调器的使用说明书，如有的空调器在温度低的环境下按应急开关 5s 会进入制冷模式。

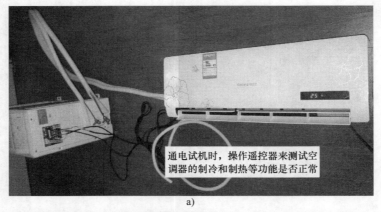

通电试机时，操作遥控器来测试空调器的制冷和制热等功能是否正常

a)

在冬天和夏天，空调器可能不起动制冷和制热，这时可打开室内机面板，操作显示器面板上的应急开关，进行强制制冷或制热，操作方法可查看该空调器的使用说明书

应急开关

b)

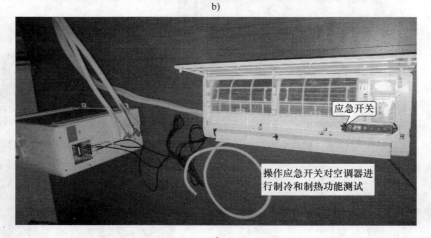

应急开关

操作应急开关对空调器进行制冷和制热功能测试

c)

图 3-7　空调器通电试机

3.2.3　拆机收氟

空调器在工作时，室内机和室外机之间连接着电缆和铜管，在某些情况下（如空调器移机时），需要拆掉室内机和室外机之间的电缆和铜管。

在拆卸室内机和室外机的连接电缆时，只要在室外机接线盒内将连接电缆插头的固定螺钉松开，即可取下连接电缆。在拆卸室内机和室外机之间的铜管时，要先进行收氟操作，将室内机制冷管道内的制冷剂收回到室外机中存储，再拆掉室外机与铜管接头和室内机与铜管的接头，如果不进行收氟操作，直接拧开铜管与室内机及室外机的接头，室内机和室外机制冷管道内的制冷剂会排放到大气中，在空调器室内机和室外机再次连接使用时，需要重新给空调器加注制冷剂。

空调器的拆机收氟操作如图 3-8 所示。在收氟时，应给空调器通电并使之进入制冷模

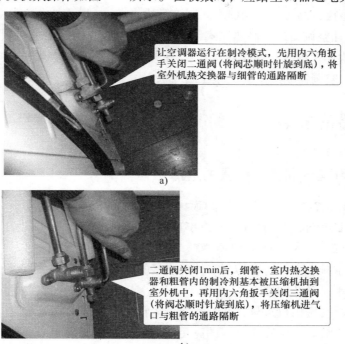

让空调器运行在制冷模式，先用内六角扳手关闭二通阀（将阀芯顺时针旋到底），将室外机热交换器与细管的通路隔断

a)

二通阀关闭1min后，细管、室内热交换器和粗管内的制冷剂基本被压缩机抽到室外机中，再用内六角扳手关闭三通阀（将阀芯顺时针旋到底），将压缩机进气口与粗管的通路隔断

b)

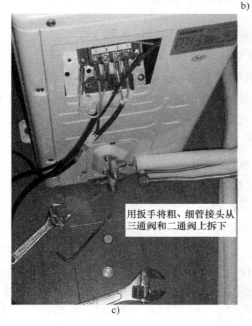

用扳手将粗、细管接头从三通阀和二通阀上拆下

c)

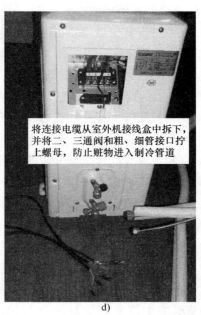

将连接电缆从室外机接线盒中拆下，并将二、三通阀和粗、细管接口拧上螺母，防止赃物进入制冷管道

d)

图 3-8 空调器的拆机收氟操作

式。如果环境温度较低（如冬天），无法用遥控器让空调器制冷，可采用以下某种方法：

1）操作空调器室内机上的应急开关，让空调器进入应急制冷模式，应急开关的操作方法可查看该空调器的使用说明书。

2）打开空调器室内机面板，并取下空气过滤网，找到室内机热交换器上的室温传感器，将传感器探头浸在温水中，空调器电控系统根据室温传感器送来的信号，以为环境温度高，这时再用遥控器即可让空调器进入制冷模式。

3）用遥控器让空调器进入制热模式，将室外机接线盒内接四通阀线圈的一根导线拆下（由于是带电操作，拆线时要注意安全），室外机的四通阀线圈失去供电，四通阀切换到制冷工作位置，空调器制冷系统工作在制冷状态。

3.3 空调器的安装

3.3.1 室内机和室外机安装位置的选择

1. 室内机安装位置的选择及注意事项

空调器室内机安装位置的选择及注意事项如下：

1）室内机的进、出风口应远离障碍物，确保气流能吹遍整个房间。

2）选择冷凝水排放方便，容易与室外机连接的地方。

3）选择儿童不易触及的地方。

4）选择可以承受室内机重量，并且不增加运转噪声及振动的地方。

5）在安装室内机时，应确保其周围有足够空间便于维修保养，一般要求室内机距离地面高度在 230~260cm 之间。

6）室内机安装位置应距离电视机、音响等其他家用电器 1m 以上。

2. 室外机安装位置的选择及注意事项

空调器室外机安装位置的选择及注意事项如下：

1）室外机的安装位置应选择排风产生的噪声和气流不会影响到邻居或动、植物的地方。

2）安装位置能保证室外机有良好的通风。

3）室外机附近不能有阻碍机组进风、出风的障碍物。

4）安装位置应能承受室外机的重量和振动，并使安装工作安全进行。

5）选择干燥的地点，但不可暴露于直射阳光下或强风中。

6）确保室外机安装位置尽量方便维护、检修。

7）室内、外机高度差在 5m 以内，连接配管长度在 10m 以内的地方。

8）选择儿童不易接触到的地方。

9）室外机安装位置不影响公共通道和市容。

3. 室内机和室外机与周围物体的距离要求

在安装空调器室内机与室外机时，其四周与周边物体应留有一定的空间，具体如图 3-9 所示。

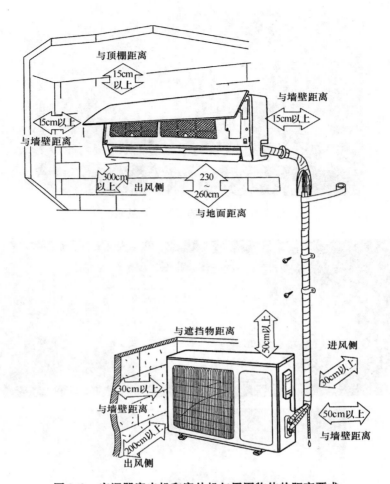

图 3-9　空调器室内机和室外机与周围物体的距离要求

3.3.2　室内机的安装

1. 室内机与挂板

空调器室内机是安装在挂板上的，而挂板则用螺钉固定在墙上。室内机的安装挂板及螺钉如图 3-10 所示。室内机后面上方有挂扣，下方有卡扣，安装时先将室内机挂扣套在挂板上，再将下方的卡扣压到挂板的卡孔内，室内机与挂板的套扣关系如图 3-11 所示。

2. 选择室内机安装位置并安装挂板

室内机安装位置选择原则在前面已有说明，安装位置确定后开始安装室内机的挂板。空调器室内机挂板的安装如图 3-12 所示。

3. 安装室内机

在将室内机安装在挂板前，先要给室内机接好铜管和排水管，并将铜管和排水管包扎好，再将铜管和排水管穿过已钻好的墙孔，然后将室内机安装在挂板上。空调器室内机的安装如图 3-13 所示。

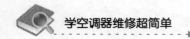
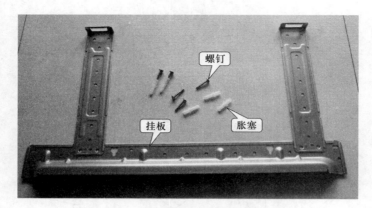

图 3-10　室内机的安装挂板及螺钉

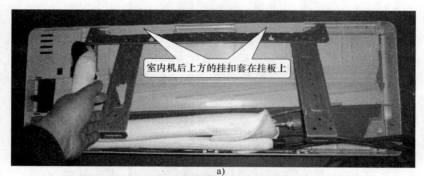

a)

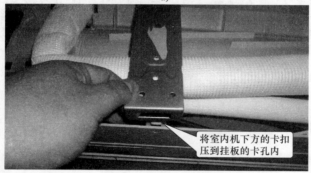

b)

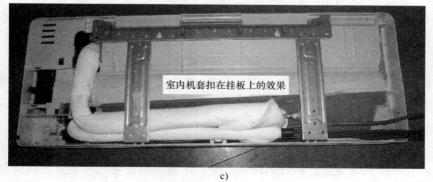

c)

图 3-11　室内机与挂板的套扣关系

确定室内机安装位置后，将挂板贴在墙面，用水平尺使挂板上方保持水平，然后用笔穿过挂板螺钉孔在墙上画钻孔标志

a)

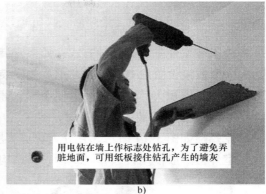

用电钻在墙上作标志处钻孔，为了避免弄脏地面，可用纸板接住钻孔产生的墙灰

b)

往钻好的墙孔中敲入胀塞，然后将挂板的螺孔对好胀塞，再将螺钉拧入胀塞，这样就将挂板固定在墙上

c)

图 3-12　空调器室内机挂板的安装

给室内机接上铜管与排水管，并用扎带包扎好

a)

将包扎好的铜管和排水管从钻好的墙孔中穿到室外

b)

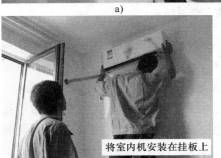

将室内机安装在挂板上

c)

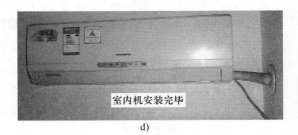

室内机安装完毕

d)

图 3-13　空调器室内机的安装

3.3.3 室外机的安装

室外机在室外主要有两种方式：如果安装位置有支撑台，就直接将室外机安装在支撑台上；如果安装位置没有支撑台，需要先安装支撑架，再将室外机安装在支撑架上。由于室外机较重且体积大，安装时一般使用膨胀螺栓来固定。

1. 膨胀螺栓的安装

膨胀螺栓如图 3-14 所示，它分为普通膨胀螺栓、钩形膨胀螺栓和伞形膨胀螺栓。固定空调室外机一般使用普通膨胀螺栓，其结构与工作原理如图 3-15 所示。

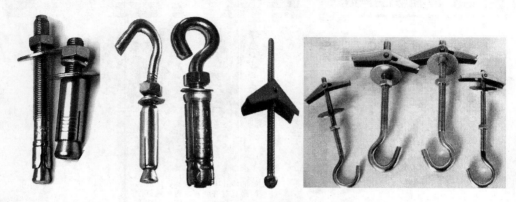

图 3-14　膨胀螺栓

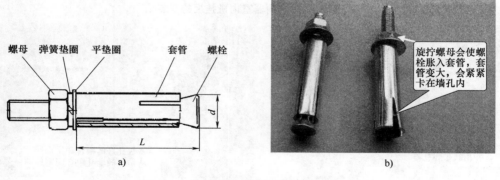

a)　　　　　　　　　　　　　　　　b)

图 3-15　普通膨胀螺栓的结构与工作原理

普通膨胀螺栓（或钩形膨胀螺栓）的安装如图 3-16 所示，首先用冲击电钻或电锤在墙壁上钻孔，孔径略小于螺栓直径，孔深度较螺栓要长一些，如图 3-16a 所示；然后用工具将孔内的残留物清理干净，如图 3-16b 所示；将需要固定在墙壁的带孔物（图中为黑色部分）对好孔洞，再用锤子将膨胀螺栓往孔洞内敲击，如图 3-16c 所示；待螺栓上的垫圈夹着带孔物体靠着墙壁后停止敲击，用扳手旋转螺栓上的螺母，螺栓被拉入套管内，套管胀起而紧紧卡住孔壁，如图 3-16d 所示，螺栓上的螺母垫圈也就将带孔物固定在墙壁上。

2. 利用已有的支撑台安装室外机

如果空调器室外机的安装位置已有支撑台（地面、阳台或房屋预留空调器安装台），

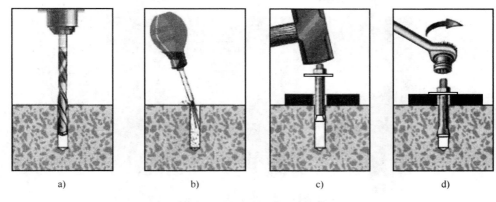

图 3-16　普通膨胀螺栓（或钩形膨胀螺栓）的安装

可以将室外机直接安装在支撑台上，再用膨胀螺栓将室外机固定。利用已有的支撑台安装室外机如图 3-17 所示。

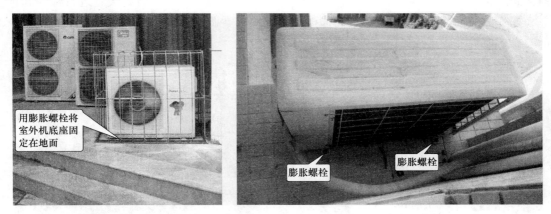

图 3-17　利用已有的支撑台安装室外机

3. 利用支架安装室外机

　　如果空调器室外机安装位置没有支撑台，可以先在该位置安装支架，再将室外机安装在支架上。空调器室外机的支架及安装如图 3-18 所示。在支架上安装室外机和接电缆及

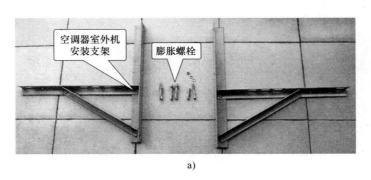

a)

图 3-18　空调器室外机的支架及安装

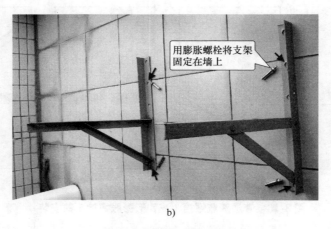

用膨胀螺栓将支架
固定在墙上

b)

图 3-18　空调器室外机的支架及安装（续）

铜管如图 3-19 所示。给室外机接上室内机引来的电缆和粗、细管后，接着进行检漏和顶空（操作方法前面已有介绍），最后通电试机，检查空调器的制冷和制热功能是否正常。

将室外机放在支架
上并用螺钉固定

a)

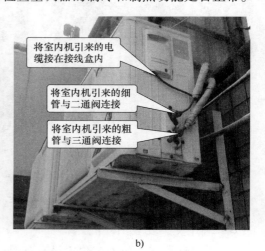

将室内机引来的电
缆接在接线盒内

将室内机引来的细
管与二通阀连接

将室内机引来的粗
管与三通阀连接

b)

图 3-19　在支架上安装室外机和接电缆及铜管

第4章

制冷系统主要部件介绍

◆ ＞＞＞＞＞＞＞＞＞＞＞＞＞＞＞＞＞＞＞＞＞＞＞＞＞＞＞＞ ◀▶

4.1 压缩机与热交换器

4.1.1 压缩机

1. 外形结构

压缩机是空调器制冷（热）系统的核心，其功能是吸入低温、低压的气态制冷剂，在内部压缩后排出高温、高压的气态制冷剂。房间空调器一般使用全封闭式压缩机，它将电动机和压缩机封闭在一个壳体中，电动机通电后驱动压缩机对制冷剂进行压缩。全封闭式压缩机的外形结构如图4-1所示。

图4-1 全封闭式压缩机的外形结构

2. 种类

空调器压缩机的种类很多，具体类型可查看压缩机的铭牌。房间空调器压缩机的分类如下：

空调器压缩机
- 按结构原理分类
  - 往复活塞式压缩机（早期空调器使用，现已淘汰）
  - 旋转式压缩机（当前空调器广泛使用）
  - 涡旋式压缩机（在高档空调器中使用）
- 按制冷剂类型分类
  - R22 型压缩机
  - R502 型压缩机
  - R407c 型压缩机
- 按工作电源分类
  - 交流电源型压缩机
    - 单相电源型
    - 三相电源型
  - 直流电源型压缩机
- 按电动机转速分类
  - 定频型压缩机（压缩机的电动机转速固定）
  - 变频型压缩机（压缩机的电动机转速可以改变）

3. 常见故障

压缩机常见故障有漏气、卡缸和电动机损坏。

（1）制冷能力下降

制冷能力下降是指制冷时压缩机的实际排气量下降，达不到产品的标称制冷量，满足不了原有的制冷负荷。制冷能力下降主要是由于压缩机内部某些部件漏气引起，具体因素主要有：

1）活塞与气缸严重磨损。

2）气阀密封不严，有间隙存在，压缩机在吸、排气时，一部分气体从间隙中倒漏回去，使压缩机排气量受到损失。

3）压缩机内的排气管漏气，如排气管断裂或有裂缝，制冷剂气体会从排气管缝隙中漏回泵壳内，导致制冷剂排出量少或无法排出，系统的制冷量下降或为零。

（2）压缩机无法运转且有"嗡嗡"声

压缩机接通电源时，可听见压缩机内的电动机有"嗡嗡"声，但不运转，3~5s 后，过载保护器动作，切断压缩机电源。这种现象主要是由压缩机内部出现卡缸引起，具体故障原因有：

1）压缩机内少油或油孔堵塞，引起主轴颈、轴承杆大头与曲柄因断油而烧熔。

2）气阀损坏，破碎的阀片落进气缸卡住活塞，使活塞不能往复运动。

3）连杆断裂，断裂的连杆与气缸壁相互撑住，电动机无法拖动。

（3）压缩机的电动机损坏

压缩机的电动机短路性损坏最为常见，当接通电源后，会引起熔断器熔断或断路器跳闸。压缩机的电动机短路性损坏具体有：

1）电动机定子绕组烧坏，电磁线圈的绝缘层烧焦，绝缘性能被破坏，绕组碰壳。

2）匝间短路使电动机定子绕组中部分线圈绝缘层被击穿，部分线圈碰壳。

3）电动机定子绕组绝缘层严重老化，但还未烧坏。

由于空调器压缩机内部结构较为复杂、且是全封闭的，当内部出现故障时，通常更换整个压缩机，因为对于大多数普通维修人员是不具备开缸维修条件的。

4.压缩机的更换

空调器压缩机是全封闭的，其开缸维修难度大，故当出现故障时，一般应更换压缩机。空调器压缩机更换时的注意事项主要有：

1）最好更换同型号的压缩机，也可更换性能规格相同或接近的压缩机。更换压缩机须关注的性能规格主要有制冷量、电动机的电源及有关参数、电容器的电容量等。

2）代换后的新压缩机效率不能低于原机的压缩机。

3）更换的压缩机制冷剂必须一致。

4）尽量选择外形尺寸相同或相近的压缩机，以便新压缩机能很好地安装在原机位置。

5）压缩机的吸、排气管位置应尽量相同或相近，以便能与原机管道很好地连接，若不相同，可加接连接管。

4.1.2　热交换器

空调器的蒸发器和冷凝器统称为热交换器。冷凝器是一种高压器件，安装在压缩机排气口和毛细管之间，其内部制冷剂处于高温、高压状态；蒸发器是一种低压器件，安装在压缩机进气口和毛细管之间，其内部的制冷剂处于低温、低压状态。

对于单冷型空调器，室内机内的热交换器为蒸发器，室外机内的热交换器为冷凝器；对于冷暖型空调器，不管是室内机还是室外机，其热交换器既可用作蒸发器，也可用作冷凝器，由四通阀控制制冷剂流向来改变热交换器的功能，室内机内的热交换器在制冷时为蒸发器，在制热时为冷凝器，室外机内的热交换器则在制冷时为冷凝器，在制热时为蒸发器。

1.外形与结构

空调器的蒸发器和冷凝器的结构基本相同，考虑到室内机的体积不能太大，故室内机热交换器体积较室外机的热交换器要小。蒸发器和冷凝器的外形如图 4-2 所示。

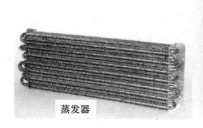

蒸发器　　　　　　　　　　　　冷凝器

图 4-2　蒸发器和冷凝器的外形

空调器的热交换器一般都为风冷翅片式结构，根据散热管路数量不同，可分为单路管道热交换器和多路管道热交换器。单路管道热交换器的结构与外形如图 4-3 所示，对于散热管道短、制冷（制热）量少的空调器，一般采用单路管道热交换器。多路管道热交换器的结构与外形如图 4-4 所示，对于散热管道很长、制冷（制热）量大的空调器，一般采用多路管道热交换器，这种热交换器将散热管道分成多路，在入口端用分流管（也称分歧管）将制冷剂分成多路，同时进入各个管道，在出口端用集气管将各管路排出的制冷剂汇成一路输出。

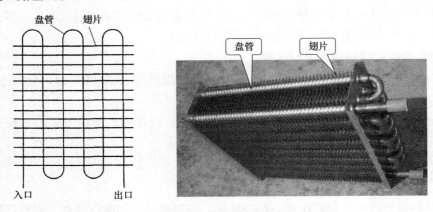

图 4-3 单路管道热交换器的结构与外形

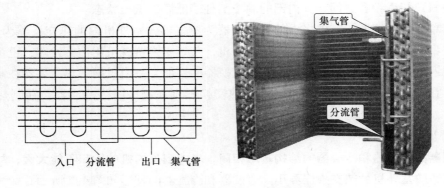

图 4-4 多路管道热交换器的结构与外形

2. 常见故障

热交换器的常见故障有翅片严重变形、表面灰尘过多和盘管破裂造成制冷剂泄漏等。

（1）翅片严重变形

正常情况下，热交换器的翅片应间隙均匀、紧紧地整齐套胀在铜管上。若因某些不当操作（如在搬运时碰损翅片或安装时不慎掀压翅片）使翅片严重变形，会影响空气在热交换器的进、出风量，导致热交换器的换热效率下降，制冷量降低。

在检修时，用金属片或塑料板（略小于翅片间距）对翅片间进行整片整形，尽量恢复原来的片距。

（2）表面灰尘过多

热交换器表面灰尘过多，一方面会造成翅片堵塞，影响空气在热交换器中的流动，另一方面翅片上的灰尘会使铜管传递到翅片的热量难以散发，这些都会使热交换器的换热效率下降。此时，热交换器会表现出进出空气温差大，风量明显减小，夏季温度较高时会导致压缩机开停频繁而制冷量下降。

为了提高热交换器的制冷（热）效率，应定期清洗热交换器，在较脏环境使用的空调器，应缩短清洗周期。

（3）盘管破裂造成制冷剂泄漏

若热交换器盘管破裂造成制冷剂泄漏，轻则会使空调器制冷不良，重则不制冷。热交换器盘管破裂的原因主要有使用不当、管道焊接质量差或酸碱性物质腐蚀管道。

在检修时，应先找到盘管上的泄漏点。若泄漏点在翅片簇处，一般只能更换整个热交换器；如果泄漏点在管道的弯头或连接焊部位，可以对泄漏点进行补焊，补焊前一定要放完管道中的制冷剂，补焊时动作要快、时间要短，火焰不能太强烈，应一次补焊成功。

4.2　毛细管、单向阀、膨胀阀和干燥过滤器

毛细管与膨胀阀是空调器的节流器件，它接在冷凝器出口和蒸发器入口之间。小型单冷型空调器一般使用毛细管作为节流器件；热泵型空调器使用两根毛细管（毛细管和辅助毛细管）或膨胀阀作为节流器件；大型空调器因制冷量大，一般采用膨胀阀作为节流器件。

空调器压缩机排出的高温、高压气态制冷剂先进入冷凝器，在冷凝器散热（制热）后变成中温、高压液体，再经节流器件节流（限制制冷剂流量和流速）后进入蒸发器。由于节流器件的限制作用，单位时间内进入蒸发器的液态制冷剂较少，制冷剂在蒸发器受到的压力减小，马上汽化变成气态，同时吸收热量使蒸发器温度下降（制冷），如果冷凝器和蒸发器用普通管道连接，两者内部制冷剂压力和形态都相同，从压缩机排出和吸入的制冷剂形态也相同，这样就不会有液化放热、汽化吸热过程，空调器无法进行制冷和制热，所以空调器制冷系统必须要使用节流器件。

4.2.1　毛细管

1. 外形

空调器一般采用长度在 0.5～2m、直径在 1～3mm 的细纯铜管作为毛细管。毛细管的外形如图 4-5 所示，一般安装在空调器室外机内，如图 4-6 所示。

毛细管的节流降压作用大小取决于其长度和内径，内径越小、长度越长的毛细管，节流降压越明显。空调器使用的毛细管要与其制冷性能匹配，在维修时不要随意更换不同长度和内径的毛细管。

2. 常见故障

毛细管的内径很小，容易被制冷剂中的杂质堵塞（称为脏堵），如果制冷剂系统中含有水分，水容易在毛细管出口结冰而出现冰堵（家用空调器一般不易出现冰堵），此外如果毛细管被腐蚀、磨损或折断，会使制冷剂泄漏。

毛细管出现堵塞和制冷剂泄漏时，会导致不制冷或制冷效果差。毛细管出现堵塞时，可听见制冷系统内制冷剂流动声音小，室内机出风口温度偏高，室外机冷凝器温度偏低。

若毛细管引起制冷剂泄漏，可用肥皂水涂在毛细管上，有气泡产生的部位即为泄漏点。

图4-5　毛细管的外形

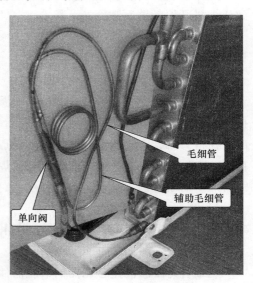

毛细管

辅助毛细管

单向阀

图4-6　空调器室外机内的毛细管和单向阀

在更换毛细管时，选用的毛细管内径与长度尽量与原管一致。若选用毛细管过细或过长，会造成制冷剂流动阻力过大，使制冷剂过多地积存在冷凝器中，造成排气压力过高，并且由于供给蒸发器的液态制冷剂少而导致吸气压力低。若选用的毛细管过粗或过短，制冷剂流动的阻力会变小，冷凝器压力减小，散热不充分，制冷效果变差，另外经毛细管进入蒸发器的液态制冷剂过多，汽化不充分，会导致部分未汽化的液态制冷剂体从进气口吸入压缩机（正常应是气态制冷剂吸入压缩机）。

4.2.2　单向阀

对于单冷型空调器，室内机热交换器固定为蒸发器，室外机热交换器固定为冷凝器，由于两者功能和表面积已固定，故两者之间可连接一根长度固定的毛细管；对于热泵型空调器，室内机热交换器在制冷时用作蒸发器，在制热时则用作冷凝器，室外机热交换器则相反，由于制冷、制热时蒸发器和冷凝器需要互换，但两者的表面积不能互换，为了保证空调器在制热时室内机有良好的制热效率，可以延长毛细管。**在热泵型空调器中使用单向阀和辅助毛细管可以在制热时延长毛细管。**

1. 外形

单向阀又称逆止阀或止回阀，它允许制冷剂从特定的方向流动而不能逆向流动。单向阀的外形如图4-7所示，制冷剂按单向阀上箭头标示方向流动时，可以通过单向阀，反方向则无法通过单向阀。

2. 结构与工作原理

单向阀有球形阀和针形阀，其结构示意图如图4-8所示，以图示的针形阀为例，如果制冷剂从A口进入单向阀，会将阀针从阀座内冲开，再从阀针周围空间通过，然后从B

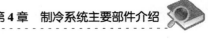

图4-7　单向阀的外形

口流出；如果制冷剂从 B 口进入单向阀，则将阀针冲入阀座而将单向阀关闭，制冷剂无法从 A 口流出。

热泵型空调器通常以图 4-8b 所示的方式使用单向阀。在制冷时，由室外热交换器（此时为冷凝器）输出的制冷剂从管道 1 流入单向阀，在内部冲开阀珠后从管道 2 流出，再通过毛细管进入室内热交换器（此时为蒸发器）；在制热时，由室内热交换器（此时为冷凝器）输出的制冷剂经过毛细管从管道 2 进入单向阀，在内部将阀珠冲入阀座，单向阀反向关闭，管道 2 进入的制冷剂从管道 4 流出，经过辅助毛细管从管道 3 进入单向阀，再从管道 1 流出，进入室外热交换器（此时为蒸发器），即在制热时延长了毛细管的长度。

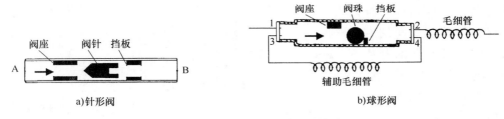

a)针形阀　　　　　　　　　　　b)球形阀

图4-8　两种类型的单向阀结构示意图

3. 常见故障

单向阀的故障率较低，故障类型主要为双向均接通和双向均关断。如果单向阀出现双向均接通故障，不影响制冷效果，但会使制热效果变差；如果单向阀出现双向均关断故障，不影响制热效果，但会使制冷效果变差。

在确定单向阀故障类型时，可按箭头方向在单向阀一端吹气，正常另一端应有气体吹出，若箭头反方向吹气时，气体无法通过单向阀，用这种方法很容易判断单向阀的双向接通和双向关闭故障。

4.2.3　膨胀阀

1. 外形

膨胀阀与毛细管一样，也是一种空调器节流器件，毛细管一般用在制冷量较小的空调器中。中、大型空调器通常使用膨胀阀作为节流器件。膨胀阀可分为热力膨胀阀和电子膨胀阀，其外形如图4-9所示。

2. 结构与工作原理

家用空调器制冷量小，一般使用热力膨胀阀作为节流器件。热力膨胀阀的结构与工作

a)热力膨胀阀

b)电子膨胀阀

图4-9　膨胀阀的外形

原理如图4-10所示。由冷凝器送来的高温、高压的液态制冷剂进入膨胀阀的入口，在内部通过阀针与阀座之间的空隙从出口流出，再进入蒸发器进行蒸发制冷；如果室内温度升高、较高温度的空气在流过蒸发器时会使蒸发器温度也升高，紧贴蒸发器出口表面的感温包温度也随之升高，感温包内部的感温剂（制冷剂）温度升高、体积增大，通过毛细管流向膨胀阀的感温剂增多，膨胀阀内的膜片受力增大而向下弯曲，通过阀杆下推阀针，阀针与阀座之间的空隙增大，进入蒸发器的制冷剂增多，蒸发器的制冷量增大，从而能使室温尽快下降。

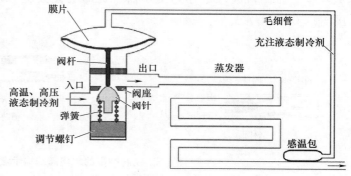

图4-10　热力膨胀阀的结构与工作原理

3. 常见故障

热力膨胀阀的常见故障有阀体内被脏物堵塞、感温剂泄漏和膨胀阀调节不当等。空调器出现不制冷、制冷效果差、压缩机起动后立即停机、压缩机结霜严重、排气压力过高等故障时，可能是热力膨胀阀出现了故障。

若膨胀阀内被脏物堵塞，可拆下管口的过滤网，用汽油清洗干净并用高压气体吹冲阀体，再重新组装好；若热力膨胀阀的感温剂有泄漏，应先查明泄漏部位，再用锡钎焊进行补焊，并重新加注适量感温剂；若热力膨胀阀的阀门开度过大或过小，则应根据蒸发压力并配合蒸发器的结霜程度调节阀门的大小，在调整时若发现膨胀阀失灵，应更换膨胀阀。

4.2.4　干燥过滤器

空调器的毛细管管径较小，容易被制冷剂中的杂质堵塞（脏堵），另外由于毛细管出口（接蒸发器的一端）的温度很低，如果制冷剂系统中含有水分，水容易在毛细管出口结冰而出现冰堵。此外，制冷系统中的水分会使制冷剂、金属和绝缘材料缓慢水解，使压缩机内润滑油老化，制冷系统中的杂质会磨损压缩机气缸光滑表面而缩短压缩机寿命。为此，**空调器通常在冷凝器和毛细管之间接干燥过滤器，来过滤制冷剂中的杂质并吸收水分**。

1. 外形与结构

干燥过滤器的外形与结构如图 4-11 所示，在过滤器内部两端为金属过滤网，过滤网中间充满了干燥剂。

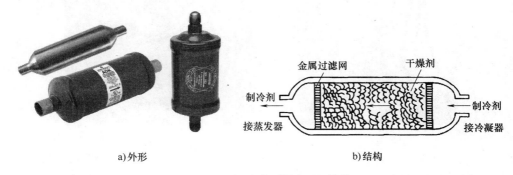

a)外形　　　　　　　　　　　　　　b)结构

图 4-11　干燥过滤器的外形与结构

2. 常见故障

干燥过滤器常见故障有堵塞、干燥剂失效老化、过滤网破裂等。其中堵塞故障较为常见，其表现为：当空调器运行时冷凝器不热、蒸发器不冷，在毛细管处听不到气流声，过滤器进、出口温差较大（可用手触摸）；用金属敲击（轻微堵塞时）或由制冷转为制热模式时，系统又能正常运行。如果干燥过滤器未完全堵塞，在过滤器的出口处还会有降温的感觉，即过滤器的出口温度低于冷凝器的出口温度。

干燥过滤器出现堵塞时，可用汽油清洗。先将干燥过滤器拆下，用医用针头从过滤器出口处注入汽油，再用手堵住过滤器两端，来回晃动几次，然后将汽油从过滤器进口倒出，如此反复多次，直到倒出的汽油洁净为止，然后用气体（如氮气）从过滤器出口处反吹，如果过滤器进口有气体吹出，表明内部已畅通，若通气不畅应更换过滤器，如果通气顺畅，应继续用气体将过滤器中的汽油吹干，然后置于高温处干燥，最后将清洗后的过滤器焊接到原来的位置。

干燥过滤器堵塞严重且清洗无效时，或者干燥剂失效老化和过滤网破裂时，都应更换新的干燥过滤器。

4.3　二通截止阀和三通截止阀

4.3.1　二通截止阀

1. 外形

二通截止阀又称高压截止阀，简称高压阀或二通阀，安装在空调器的室外机上，其在室外机上的位置及外形如图 4-12 所示。二通截止阀一个管口接室外机的毛细管，另一个管口接细管，和室内机热交换器的一端连通，它还有一个阀门调节端，取下阀帽后，用内六角扳手可开闭内部阀门并能调节阀门大小。

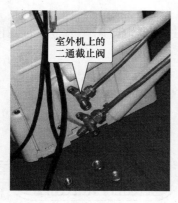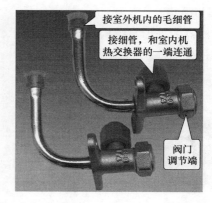

图 4-12　二通截止阀在室外机上的位置及外形

2. 结构与工作原理

二通截止阀的结构与工作原理如图 4-13 所示。当截止阀的阀门处于关闭状态时，管口 1、管口 2 内部不通，如图 4-13a 所示；如果调节阀门调节螺钉打开阀门，如图 4-13b 所示，管口 1、管口 2 内部相通。调节阀门螺钉还可以改变阀门的开度，从而调节制冷剂的流量。

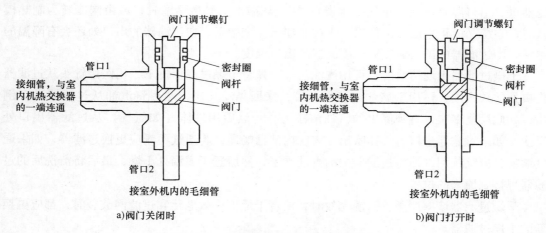

图 4-13　二通截止阀的结构与工作原理

4.3.2　三通截止阀

1. 外形

三通截止阀又称低压截止阀，简称低压阀或三通阀，安装在空调器的室外机上，其在室外机上的位置及外形如图 4-14 所示。三通截止阀的一个管口接室外机的四通阀（热泵型空调器）或压缩机进气口（单冷型空调器），一个管口接粗管，和室内机热交换器的一端连通，还有一个维修口，用于加注、排放制冷剂或测量压力等。三通阀止阀也有一个阀门调节端，取下阀帽后，用内六角扳手可开闭内部阀门并能调节阀门的开度。

2. 结构与工作原理

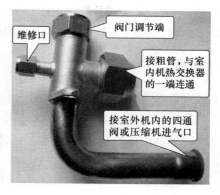

图4-14 三通截止阀在室外机上的位置及外形

　　三通截止阀的结构与工作原理如图4-15所示。当截止阀的阀门处于关闭状态时，管口1、管口2和维修口内部均不通，如图4-15a所示；如果调节阀门调节螺钉打开阀门，管口1、管口2内部相通，如图4-15b所示。调节阀门螺钉还可以改变阀门的开度，从而调节制冷剂的流量，如果按压维修口内的气门芯，维修口则与管口1、管口2内部相通，如图4-15c所示。

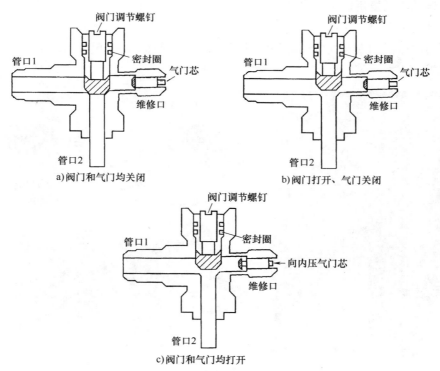

图4-15 三通截止阀的结构与工作原理

　　有些空调器使用维修口无气门芯的三通截止阀。当阀门调节螺钉处于前位（完全旋入，又称关闭位）时，管口1、管口2和维修口内部均不通；当阀门调节螺钉处于中位

（气洗位）时，管口1、管口2和维修口内部均相通；当阀门调节螺钉处于后位（完全旋出，又称安装位）时，仅管口1、管口2内部相通。

4.3.3 常见故障

二通截止阀和三通截止阀的常见故障有密封不严、阀门无法打开或关闭等。当截止阀出现密封不严时，会引起制冷剂泄漏，导致制冷效果差或不制冷。在截止阀的泄漏部位，一般会有油渍、灰尘，在该处涂抹肥皂水会出现气泡。截止阀损坏后应更换同规格的截止阀。

4.4 四通换向电磁阀和储液器

4.4.1 四通换向电磁阀

四通换向电磁阀简称四通电磁阀、四通换向阀和四通阀，其功能是切换制冷系统中的制冷剂流向，以实现制热和制冷功能的切换，故热泵型空调器中要用到四通换向电磁阀，单冷型空调器不需要用这种电磁阀。

1. 外形

四通换向电磁阀安装在空调器的室外机内，其外形如图4-16所示，电磁阀上的电磁线圈可以拆下。

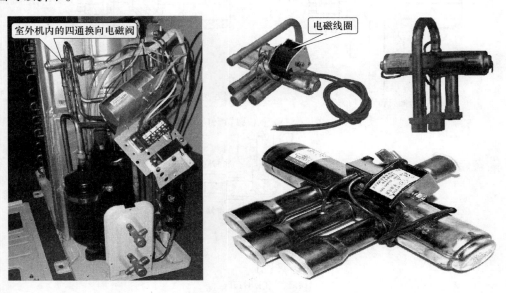

图4-16　四通换向电磁阀

2. 结构与工作原理

四通换向电磁阀可分为电磁阀和四通阀两个部分，两者通过3根细管实现连接。四通换向电磁阀的结构与工作原理如图4-17所示。

当空调器置于制冷状态时，如图 4-17a 所示，电磁阀的电磁线圈不通电，衔铁不受电磁力，因弹簧 1 的弹力大于弹簧 2 的弹力，阀芯 A、B 往左侧移动，电磁阀的管 C、E 相通，D 管关闭，由于电磁阀的管 E 接到四通阀的管 2 与压缩机的进气管连通，压缩机运行时通过四通阀的管 2 及电磁阀的管 E、C 抽吸活塞 2，活塞 2 带动四通阀内的滑块左移，使四通阀的管 1、管 2 内部相通。这时制冷系统制冷剂的途径为：压缩机排气口→四通阀的管口 4 入→管口 3 出→室外热交换器→毛细管→室内热交换器→四通阀的管口 1 入→管口 2 出→压缩机的进气口。不难看出，压缩机排出的高温、高压气态制冷剂先进入室外热交换器，向室外放热，室外热交换器为冷凝器，经室外热交换器放热而变为液态的制冷剂通过毛细管进入室内热交换器，液态制冷剂在室内热交器中汽化向室内吸热，室内热交换器为蒸发器。

当空调器置于制热状态时，如图 4-17b 所示，空调器的电控系统给电磁阀的电磁线圈通电，衔铁受到电磁力，衔铁带动阀芯 A、阀芯 B 往右方移动，电磁阀的管 E、D 相通，管 C 关闭，由于电磁阀的管 E 接到四通阀的管 2，与压缩机的进气管连通，压缩机运行时

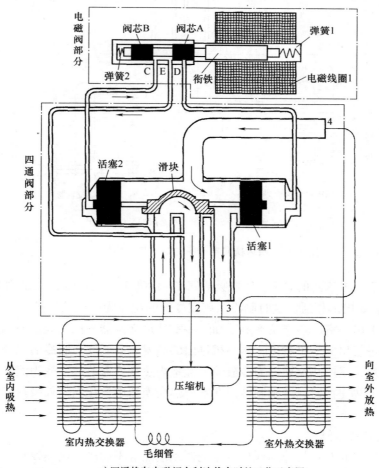

a) 四通换向电磁阀在制冷状态时的工作示意图

图 4-17　四通换向电磁阀的结构与工作原理

65

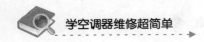

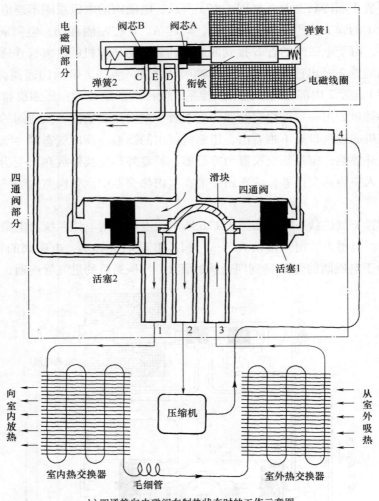

b) 四通换向电磁阀在制热状态时的工作示意图

图 4-17　四通换向电磁阀的结构与工作原理 (续)

通过四通阀管 2 及电磁阀的管 E、D 抽吸活塞 1，活塞 1 带动四通阀内的滑块右移，使四通阀的管 2、管 3 内部相通。这时制冷系统制冷剂的途径为：压缩机排气口→四通阀的管口 4 入→管口 1 出→室内热交换器→毛细管→室外热交换器→四通阀的管口 3 入→管口 2 出→压缩机的进气口。不难看出，压缩机排出的高温、高压气态制冷剂先进入室内热交换器，向室内放热，室内热交换器为冷凝器，经室内热交换器放热而变为液态的制冷剂通过毛细管进入室外热交换器，液态制冷剂在室外热交换器中汽化向室外吸热，室外热交换器为蒸发器。

3. 常见故障及检修

四通换向电磁阀常见故障的现象有空调器不制热、不制冷、制热效果不好。四通换向电磁阀故障可采有以下方法判断：

1) 听声音。将空调器设为制热模式，在电磁线圈通电时，应能听到衔铁吸合的声音及制冷剂换向的流动声，如果听不到任何声音，则说明四通换向电磁阀已损坏。

2）测电阻。断开电磁线圈与控制电路的接线，用万用表测量电磁线圈的阻值，正常时阻值在 $1 \sim 1.5 \mathrm{k}\Omega$ 之间，如果测得阻值为无穷大或者接近零，则为四通换向电磁阀的电磁线圈开路或短路。

四通换向电磁阀损坏后应更换同型号的电磁阀。四通换向电磁阀可按以下步骤更换：

1）将空调器上损坏的四通换向电磁阀焊下。

2）在更换时，四通换向电磁阀必须处于水平状态。

3）在焊接时，先焊接单根高压管，然后焊其他 3 根低压管的中间一根，再焊左、右两根管。

4）在焊接时，火焰调到合适的程度，并用湿毛巾包住四通换向电磁阀的阀体，以免焊接火焰产生的高温使阀体内部的橡胶和尼龙密封件变形，造成四通换向电磁阀泄漏损坏。

5）焊接应按顺序进行，待前一根焊接完成并冷却后，再焊接第二根，焊接时间要短，速度要快，应在整个四通换向电磁阀温度未升高时完成焊接。

6）焊好后，用湿布将焊接处擦干净，检查焊口质量，校正 4 根焊管的角度。

4.4.2　储液器

1. 外形

储液器又称气液分离器，也称储液罐，一般安装在压缩机旁边，其外形如图 4-18 所示。

2. 功能

储液器的功能是存储蒸发器送来的未汽化的液态制冷剂，避免液态制冷剂进入压缩机进气口，造成液击压缩机气缸。

当环境温度较低时，蒸发器吸收的热量减少，蒸发器内的制冷剂不能充分汽化，未汽化的液态制冷剂和已汽化的气态制冷剂进入储液器，未汽化的液态制冷剂存储在储液器内，汽化的气态制冷剂则被吸入压缩机进气口，即环境温度低时储液器存储的液态制冷剂较多，而参与制冷循环的制冷剂量减

图 4-18　储液器的外形

少；当环境温度较高时，蒸发器内的制冷剂汽化充分，几乎无液态制冷剂进入储液器，储液器存储的液态制冷剂反而有一部分汽化变成气态制冷剂，被吸入压缩机，即环境温度高时参与制冷循环的制冷剂量增多。

由于储液器的存在，空调器制冷系统可根据环境温度调节参与制冷循环的制冷剂量，确保不同环境温度时都有最佳的制冷效果。

3. 结构与工作原理

储液器的结构与工作原理如图 4-19 所示，气、液态制冷剂（来自蒸发器）进入储液

器进气口，经内部过滤网后，液态制冷剂掉落到下方，气态制冷剂因压缩机的吸力而进入出气管，再从出气口进入压缩机的进气口。储液器中的液态制冷剂也有一部分会汽化成气态进入出气管，在环境温度高时，液态制冷剂汽化更多，这样有更多的制冷剂参与制冷循环，使制冷效果更佳。

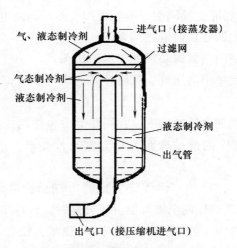

气、液态制冷剂 —— 进气口（接蒸发器）

—— 过滤网

气态制冷剂

液态制冷剂

液态制冷剂

出气管

出气口（接压缩机进气口）

图 4-19　储液器的结构与工作原理

4. 常见故障

储液器的故障率较低，常见故障是管口泄漏制冷剂，会引起制冷效果差或不制冷。在检查时，可查看储液器焊接处有无油污，若有油污，则说明这个焊接处有泄漏。

第 5 章

制冷系统维修

5.1 制冷系统维修的常用工具及仪表

5.1.1 常用工具

1. 螺钉旋具

螺钉旋具俗称螺丝刀、起子、改锥、螺丝批、螺丝旋具等，它是一种用来旋动螺钉的工具。螺钉旋具可分为一字槽（又称平口形）和十字槽（又称梅花形），如图 5-1 所示。螺钉旋具可分为 100mm、150mm、200mm、300mm 和 400mm 等多种规格。在转动螺钉时，应选用合适规格的螺钉旋具，如果用小规格的螺钉旋具旋转大号螺

图 5-1 十字槽螺钉旋具形和一字槽螺钉旋具

钉，容易损坏螺钉旋具。在安装、维修空调器时，十字槽螺钉旋具和一字槽螺钉旋具应各配 2 把（一长一短）。

2. 扳手

扳手是用来旋拧螺钉、螺栓和螺母的一种工具。安装、维修空调器时常用到的扳手有活扳手、固定扳手和内六角扳手。活扳手的外形与结构如图 5-2 所示，固定扳手和内六角

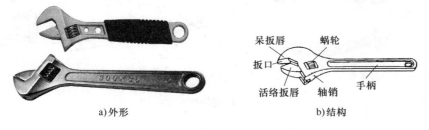

a)外形

呆扳唇　蜗轮
扳口
活络扳唇　轴销　手柄
b)结构

图 5-2 活扳手的外形与结构

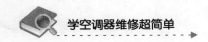

扳手的外形如图5-3所示。活扳手以长度（mm）×最大开口宽度（mm）来表示规格〔长度也可用in（英寸）表示，1in≈25mm〕，固定扳手以开口宽度表示规格，内六角扳手以六边形旋头两对边的距离表示规格。

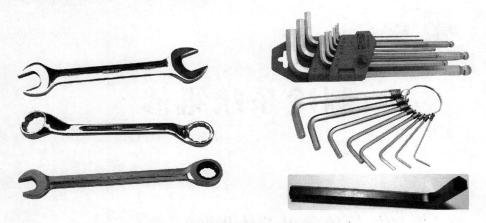

图5-3　固定扳手和内六角扳手的外形

在安装、维修空调器时，可配备2把活扳手（200mm和300mm）、3把固定扳手（8～10mm、12～14mm、14～17mm）和1套内六角扳手（8把，1.5～10mm）。

在使用活扳手扳拧大螺母时，需用较大力矩，手应握在靠近柄尾处，如图5-4a所示；在扳拧较小螺母时，需用力矩不大，但螺母过小易打滑，故手应握住靠近头部的地方，如图5-4b所示，可随时调节蜗轮，收紧活络扳唇，防止打滑。

a)扳拧大螺母　　　　　　　　　　　　　b)扳拧较小螺母

图5-4　活扳手的使用

3. 钢丝钳、尖嘴钳和斜嘴钳

钢丝钳俗称老虎钳、克丝钳，它由钳头和钳柄两部分组成，钳头由钳口、齿口、刀口和铡口4部分组成。钢丝钳的外形与结构如图5-5所示。

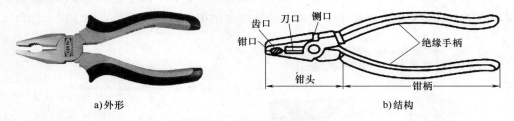

a)外形　　　　　　　　　　　　　　b)结构

图5-5　钢丝钳的外形与结构

尖嘴钳的头部呈细长圆锥形，在接近端部的钳口上有一段齿纹。尖嘴钳的外形如

图 5-6 所示。由于尖嘴钳的头部尖而长，适合在狭小的环境中夹持轻巧的工件或线材，也可以给单股导线接头弯圈，带刀口的尖嘴钳不但可以剪切较细线径的单股与多股线，还可以剥塑料绝缘层。

图 5-6　尖嘴钳的外形

斜嘴钳又称偏口钳、断线钳，其外形如图 5-7 所示。斜嘴钳主要用于剪切金属薄片和线径较细的金属线，非常适合清除接线后多余的线头和飞刺。

图 5-7　斜嘴钳的外形

5.1.2　割管、扩胀管和弯管工具

1. 割管器

割管器俗称割刀，是专门切割纯铜管、铝管等金属的工具。割管器的外形如图 5-8 所示。

图 5-8　割管器的外形

2. 扩口器和胀管器

扩口器的功能是将铜管的端口部分扩大成喇叭口状，其外形如图 5-9 所示；胀管器的功能是将铜管靠近端口的一段胀大成杯形，便于插入另一根相同直径的铜管，其外形如图

5-10 所示。不难看出，胀管器是在扩口器的基础上增加了一些胀管头，即胀管器可以扩口，也可以胀管。

图 5-9　扩口器的外形

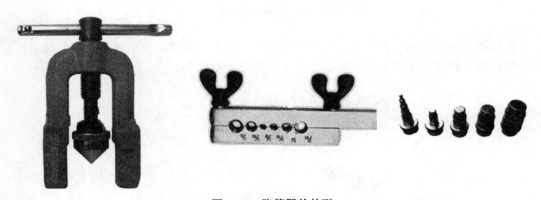

图 5-10　胀管器的外形

3. 弯管器

弯管器的功能是弯曲铜管。 在弯曲铜管时，如果直接用手将铜管弯曲成较小角度，铜管容易被弯瘪，这时需要使用到弯管器。弯管器外形和使用如图 5-11 所示。

图 5-11　弯管器的外形和使用

5.1.3　温度计与压力表

1. 温度计

温度计的功能是测量空调器室内机、室外机的进风口或出风口的温度。 温度计的种类很多，检修空调器一般使用带温度探头的数显电子温度计，其外形如图 5-12 所示。

图 5-12　带温度探头的数显电子温度计外形

2. 压力表

压力表主要用来测量空调器制冷系统内的压力大小，便于加注制冷剂、抽空和了解制冷系统的压力情况等。压力表分为低压表和高压表，低压表的最高测量压力一般能达到1.6MPa，高压表的最高测量压力一般能达到3.5MPa。空调器夏天工作在制冷模式时，三通截止阀处的压力（吸气侧压力）一般为0.3～0.7MPa，测量压力使用低压表；空调器冬天工作在制热模式时，三通截止阀处的压力（排气侧压力）一般为1.7～2.8MPa，测量压力使用高压表。

（1）压力表的外形与类型区分

压力表的外形如图5-13所示，高、低压表可单独使用，也可用复合表阀组合在一起

图 5-13　压力表的外形

使用，测量低压时关闭表阀通往高压表的阀门，测量高压时关闭表阀通往低压表的阀门。在区分高、低压表时，除了可查看压力表的最大压力测量值外，还可通过压力表外壳的颜色来判别，低压表一般为蓝、绿色外壳，高压表一般为红色外壳。

（2）压力单位的换算

压力的单位很多，了解常用压力单位换算有助于识读使用不同压力单位的压力表。一些常用压力单位简易换算如下：

1 标准大气压（atm）≈1 千克力/厘米^2（kgf/cm^2）≈1 巴（bar）≈0.1 兆帕（MPa）≈14.7 磅/英寸^2（lb/in^2，即 psi）≈76 厘米汞柱（cmHg）≈30 英寸汞柱（inHg）

更多压力单位换算关系见表 5-1，表中为 1atm（标准大气压）与其他压力单位的换算值。

表 5-1　1atm 与其他压力单位的换算值

其他压力单位	换算值	其他压力单位	换算值
巴（bar）	1.01325	千帕（kPa）	101.325
百帕（hPa）	1013.25	毫巴（mbar）	1013.25
帕斯卡（$Pa=N/m^2$）	101325	毫米水柱（mmH_2O）	10332.313
毫米汞柱（托）（mmHg = Torr）	760	磅/英尺^2（lbf/ft^2）	2116.2167
磅/英寸^2（lbf/in^2 = psi）	14.695949	英寸汞柱（in Hg）	29.92126
千克力/厘米^2（kgf/cm^2）	1.0332275	千克力/米^2（kgf/m^2）	10332.275

（3）压力表刻度盘介绍

压力表用来测量压力，有些压力表在测量压力的同时还可测量制冷剂在该压力时的冷凝温度。图 5-14 是一种简易型压力表，它只能测量压力，表上有两条刻度线，第 1 条刻度线（外圈）的压力单位为 psi（磅力/平方英寸），第 2 条刻度线（内圈）的压力单位为 bar（巴），测量时不但可以直接从表上读出压力的 psi 值或 bar 值，还可近似看出两者的关系，如 11bar 和 160psi 刻度近似在一条直线上，故可近似认为 11bar≈160psi，两者转换关系为 160/11≈14.6。

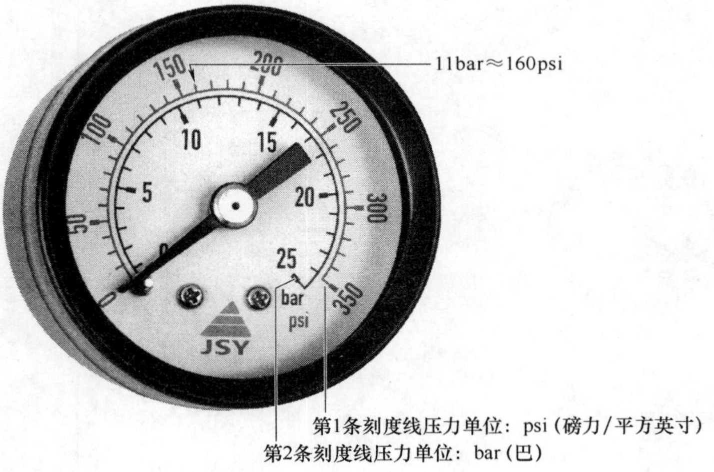

图 5-14　简易型压力表

图 5-15 为制冷设备维修时常用的压力表，可以同时测量制冷剂压力和冷凝温度。该表从外到内共有 1 ~ 5 共 5 条刻度线，第 1、2 条为压力刻度线，其单位分别是 psi（磅力/平方英寸）、kg/cm²（千克/平方厘米）[⊖]，第 3 ~ 5 条分别为 R134a、R404a、R22 制冷剂冷凝温度刻度线，单位为℃，在第 1、2 条刻度线的 0 刻度之前有一段负压力刻度线，其单位分别是 inHg（英寸汞柱）、cmHg（厘米汞柱）。

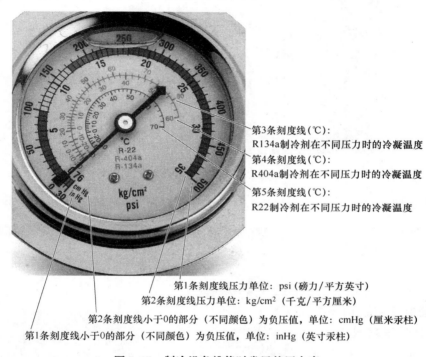

第3条刻度线(℃)：
R134a制冷剂在不同压力时的冷凝温度
第4条刻度线(℃)：
R404a制冷剂在不同压力时的冷凝温度
第5条刻度线(℃)：
R22制冷剂在不同压力时的冷凝温度

第1条刻度线压力单位：psi（磅力/平方英寸）
第2条刻度线压力单位：kg/cm²（千克/平方厘米）
第2条刻度线小于0的部分（不同颜色）为负压值，单位：cmHg（厘米汞柱）
第1条刻度线小于0的部分（不同颜色）为负压值，单位：inHg（英寸汞柱）

图 5-15　制冷设备维修时常用的压力表

（4）压力表的压力值和温度值识读

压力表的压力值和温度值识读如图 5-16 所示，在读出压力值时，可同时读出某种制冷剂在该压力时的冷凝温度值。冷凝温度是指物质状态由气体变为液体的温度，物质的冷凝温度与压力有关，一般来说，压力越大，冷凝温度越高，反之冷凝温度越低。

5.1.4　焊炬和真空泵

1. 焊炬

焊炬又称焊枪，是将可燃气体（乙炔、氢气、液化石油气等）和氧气按一定比例均匀混合，以一定的速度从焊嘴喷出燃烧，用来焊接或预热黑色金属或有色金属工件的工具。在空调器维修时，需要用焊炬来焊接铜管。

焊炬分为标准型和便携型，由于携带方便，大多数空调器维修人员使用便携型焊炬。

⊖　此处与实物保持一致，但此处应为 kgf/cm²（千克力/平方厘米）。

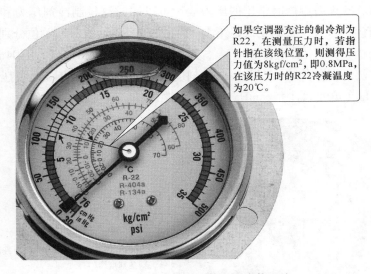

如果空调器充注的制冷剂为R22，在测量压力时，若指针指在该线位置，则测得压力值为8kgf/cm²，即0.8MPa，在该压力时的R22冷凝温度为20℃。

图5-16　压力表的压力值和温度值识读

便携型焊炬如图5-17所示，它由焊枪、氧气瓶、燃气瓶（内装乙炔、氢气或液化石油气等）、连接管和连接头组成，不用时可将它们拆开装在包装箱内。

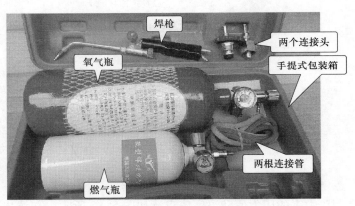

焊枪

两个连接头

氧气瓶

手提式包装箱

两根连接管

燃气瓶

图5-17　便携型焊炬

2. 真空泵

空调器制冷管道内不允许存在水分和不凝性气体，而空气中含有水蒸气和不凝性气体（如氮气），因此在向制冷管道内充注制冷剂前，需要让制冷管道保持真空。利用真空泵可以将空调器制冷管道内的气体抽空。空调器维修一般使用小型真空泵，其外形如图5-18所示，它具有体积小、抽空速度快和效果好等特点。

图5-18　真空泵的外形

5.2　铜管的加工、焊接与拆卸

5.2.1　铜管的切割、扩口、胀管和弯曲

1. 铜管的切割

铜管的切割需要用到割管器（俗称割刀）。铜管的切割操作如图 5-19 所示。

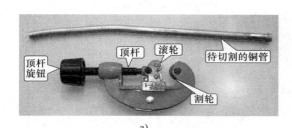
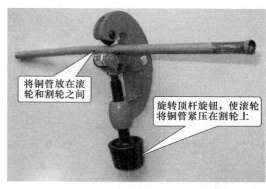

a)　　　　　　　　　　　　　　　　b)

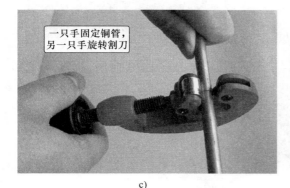
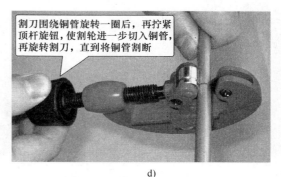

c)　　　　　　　　　　　　　　　　d)

e)

图 5-19　用割管器切割铜管

2. 铜管的扩口和胀管

铜管的扩口和胀管需要用到扩口器和胀管器，图 5-20 是扩口/胀管器，它具有扩口和胀管两种功能，在扩口时使用扩口头，在胀管时使用胀管头。铜管的扩口操作如图 5-21

所示。铜管的胀管操作如图 5-22 所示。

图 5-20　扩口/胀管器

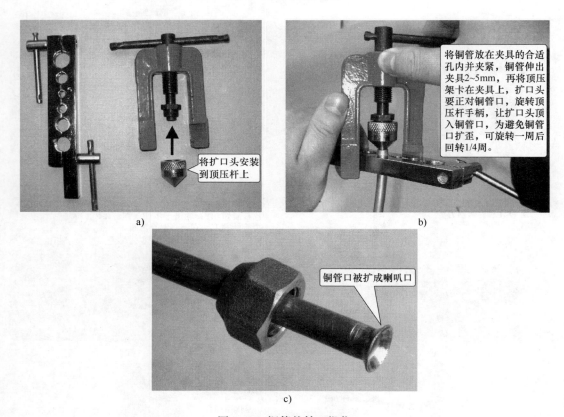

a)

将铜管放在夹具的合适孔内并夹紧，铜管伸出夹具2~5mm，再将顶压架卡在夹具上，扩口头要正对铜管口，旋转顶压杆手柄，让扩口头顶入铜管口，为避免铜管口扩歪，可旋转一周后回转1/4周。

b)

铜管口被扩成喇叭口

c)

图 5-21　铜管的扩口操作

3. 铜管的弯曲

　　由于铜管是空心的，用手直接将铜管弯成较小的角度时，铜管易被弯瘪，在需要将铜管弯成较小角度时，须用到弯管器。铜管的弯曲操作如图 5-23 所示，将管子插入弯管器，然后用手扳动手柄，即可将管子弯成所需的弯度。

5.2.2　焊炬的组成及使用

1. 焊炬的组成部件

铜管的拆焊需要用到焊炬。空调器维修常用便携式焊炬，如图 5-24 所示，它由焊枪、

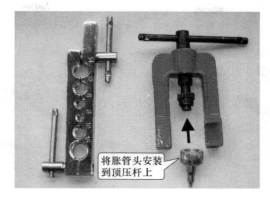

a)

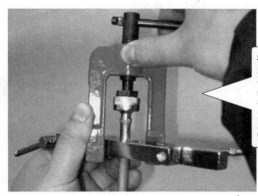

将铜管放在夹具的合适孔内并夹紧，铜管伸出夹具1~2cm，再将顶压架卡在夹具上，胀管头要正对铜管口，旋转顶压杆手柄，让胀管头胀入铜管口，为避免铜管胀歪，可旋转一周后回转1/4周。要让胀管头从铜管内退出,可反方向旋转顶压杆

b)

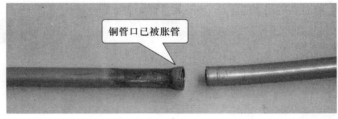

铜管口已被胀管

c)

胀口的铜管可插入同管径的另一根铜管

d)

图 5-22　铜管的胀管操作

氧气瓶、燃气瓶（内装乙炔、氢气或液化石油气等）、连接软管和充气接头（又称充气过桥）等组成。

焊炬可以焊接金属，也可以切割金属，给焊枪安装焊嘴时可以焊接金属，安装口径更

79

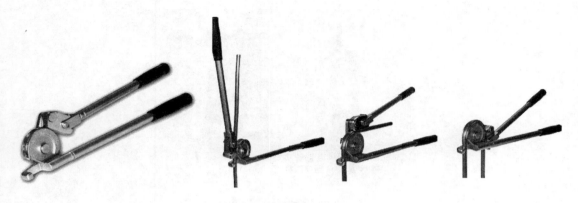

图 5-23　铜管的弯曲操作

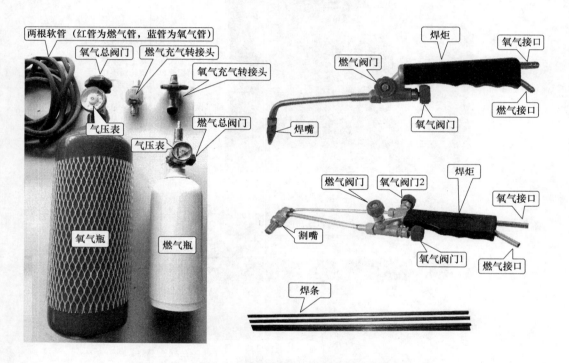

图 5-24　便携式焊炬的组成部件

大的割嘴则可以切割金属，为了增强切割效果，焊炬常使用两根气管，一根混合气管（燃气和氧气混合比例由燃气阀门和氧气阀门 1 调节），一根单独氧气管（由氧气阀门 2 调节切割时的氧气流量）。

　　2. 焊炬的使用

　　焊炬的使用如图 5-25 所示。在使用焊炬时，点火前先开焊枪的燃气阀，点火后再开氧气阀（也可点火前略开氧气阀），焊接结束后，则要先关闭氧气阀，再关燃气阀，否则会出现回火现象，即火焰由焊嘴进入焊枪内部燃烧，甚至通过管道进入氧气瓶燃烧，引起氧气瓶爆炸，为此常在氧气瓶气管上安装单向阀，可防止火焰进入瓶内。

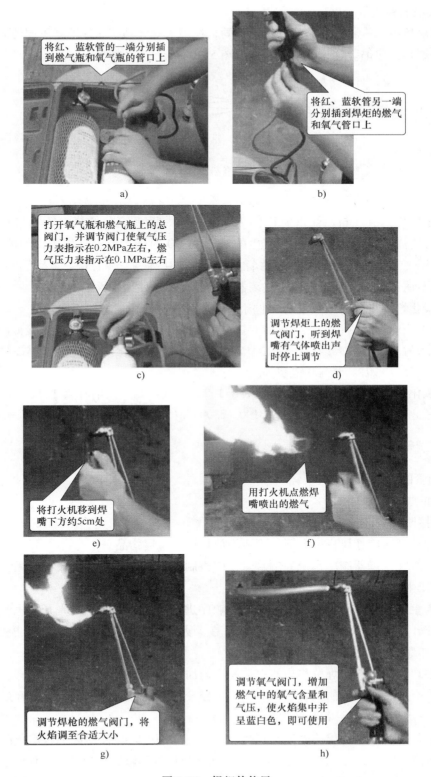

图 5-25 焊炬的使用

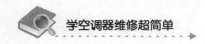

3. 火焰的种类及特点

根据焊炬内氧气和乙炔的混合比例不同，在焊嘴处会得到 3 种性质不同的火焰：**中性焰、炭化焰和氧化焰**。这 3 种火焰形态如图 5-26 所示。

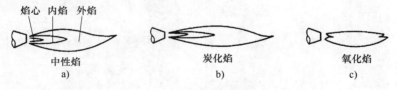

图 5-26 3 种火焰的形态

中性焰、炭化焰和氧化焰的特点如下：

1）中性焰。氧气与乙炔混合比例为 1.1～1.2，两者充分燃烧，氧气与乙炔没有过剩，内焰具有一定还原性，燃烧所产生的 CO_2 和 CO 对熔点有保护作用，颜色为蓝白色。火焰最高温度为 3050～3150℃。中性焰主要用于焊接纯铜、锡青铜、低碳钢、低合金钢、高铬钢、不锈钢、铝及其合金等。空调器铜管焊接一般使用中性焰。

2）炭化焰。氧气与乙炔混合比例小于 1.1，乙炔过剩，不能充分燃烧，具有较强的还原性，火焰中有游离状态碳及过多的氢，焊接时会增加焊缝含氢量，焊接低碳钢有渗碳现象，内焰为淡白色。火焰最高温度为 2700～3000℃。炭化焰主要用于焊接高碳钢、高速钢、硬质合金、铝、青铜及铸铁等。

3）氧化焰。氧气和乙炔的混合比大于 1.2，氧气过剩，火焰有氧化性，焊钢件时焊缝易产生气孔和变脆。火焰最高温度为 3100～3300℃。氧化焰主要用于焊接黄铜、青铜等。

5.2.3 铜管的焊接与拆卸

1. 铜管的焊接

铜管的焊接操作如图 5-27 所示。

在焊接时，要注意以下事项：

1）焊接场所应通风良好，周围不要堆放易燃、易爆物品。

2）在焊接空调器制冷系统的铜管时，应将制冷系统内的制冷剂放掉，因为制冷剂遇到明火会产生有毒气体。

3）焊炬的点火和关火应按正确的操作顺序进行。在点火时，应先开启燃气阀门，再开启氧气阀门，操作顺序相反则较难点火；在关火时，应先关闭氧气阀门，再关闭燃气阀门，操作顺序相反则会出现回火现象。

4）在焊接时，应将焊枪移动使火焰能均匀加热焊接部位。

5）在焊接不同管径的铜管时，应加热管径较粗的铜管，这样可使细管径的铜管也能很快受热，达到与粗铜管相同的温度。

6）在焊接时，应将焊接处加热到微红时再放焊条，同时移动火焰，熔化的焊条液体会流动使钎料完全密封整个焊缝。如果在焊接部位温度不够时放焊条，易使焊接部位形成不平滑可能含砂眼的疙瘩焊点，从而导致制冷剂泄漏。

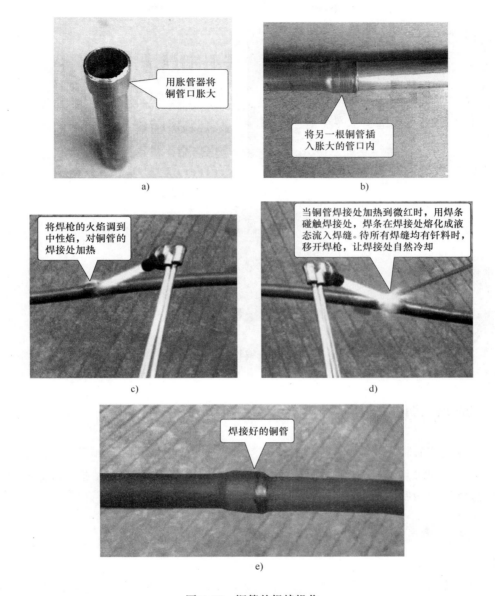

图 5-27　铜管的焊接操作

7）在焊接粗、细铜管时，细管应插入粗管约 10mm；在焊接毛细管和干燥过滤器时，毛细管应插入过滤器约 15mm，插入过深会捅破过滤器内部的过滤网。

8）焊接完成后，应让焊接部位自然冷却，不要使用凉水降温。

9）焊接完成后，要对焊接部位进行检漏，防止该处出现焊接不严而出现制冷剂泄漏。

2. 铜管的拆卸

如果需要将已焊接好的两根铜管拆卸开来，也要用到焊炬。铜管的拆卸如图 5-28 所示。

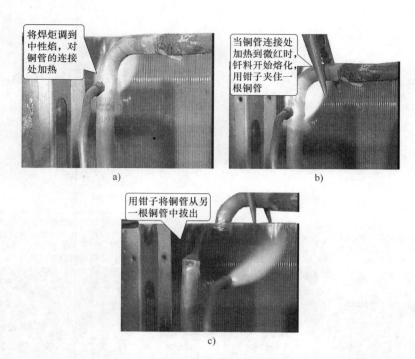

图 5-28　铜管的拆卸

5.3　制冷剂的加注

空调器是依靠制冷剂在制冷系统中循环流动实现制冷和制热的，如果空调器制冷系统中的制冷剂出现泄漏，就会出现制冷效果差或不制冷故障。制冷剂泄漏是空调器最常见的故障，故维修空调器必须掌握加注制冷剂的操作技能。

5.3.1　空调器常用制冷剂的类型及特性

1. 类型及特性

空调器的制冷剂也称冷媒、雪种，由于均含有氟利昂（饱和碳氢化合的卤族衍生物的总称），故行业中常统称氟利昂。制冷行业采用的制冷剂可分为以下几种类型：

1）氯氟烃类：简称 CFC，主要包括 R11、R12、R113、R114、R115、R500、R502等，由于对臭氧层的破坏作用最大，此类物质目前已禁止使用。

2）氢氯氟烃类：简称 HCFC，主要包括 R22、R123、R141b、R142b 等，臭氧层破坏系数仅仅是 R11 的百分之几，因此，HCFC 类物质被视为 CFC 类物质最重要的过渡性替代物质。

3）氢氟烃类：简称 HFC，主要包括 R134a，R125，R32，R407c、R410a、R152 等，臭氧层破坏系数为 0，是将来取代 HCFC 的首选物质。

目前空调制冷剂普遍采用 R22，其主要原因是 R22 在空调器温度调节范围内具有优越的物理特性和制冷性能，而且性能稳定、技术成熟、价格低廉。HFC 类物质由于对臭氧层无破坏作用，被认为是将来替代 HCFC 的首选物质。R22 的替代物质主要物质有 R134a（汽车空调器常用）、R407c 及 R410a（变频空调器常用），但是这些 HFC 类物质由于物理特性的限制，很多技术问题尚悬而未决，均不是 R22 最理想的替代物。

2. R22 简介

R22 又称二氟一氯甲烷（分子式为 $CHClF_2$）。R22 在常温下为无色、近似无味的气体，不燃烧、不爆炸、无腐蚀，毒性比 R12 略大，但仍然是安全的制冷剂，加压可液化为无色透明的液体。R22 的化学稳定性和热稳定性均很高，特别是在没有水分存在的情况下，在 200℃ 以下与一般金属不起反应。在水存在时，仅与碱缓慢起作用，但在高温下会发生裂解。R22 是一种低温制冷剂，可得到 −80℃ 的制冷温度。

R22 的物化特性见表 5-2。

表 5-2　R22 的物化特性

物 化 参 数	数　　值
分子量	86.48
沸点/℃	−40.82
相对密度（30℃，液体）/（g/cm³）	1.177
熔点/℃	−160.00
临界温度/℃	96.15
临界压力/MPa	4.75
冰点/℃	—
液体比热（30℃）/[kJ/(kg·℃)]	0.31
饱和液体密度（30℃）/（g/cm³）	1.174
等压蒸气比热（C_p，30℃ 及 101.3kPa）/[kJ/(kg·℃)]	0.16
临界密度/（g/cm³）	0.526
沸点下蒸发潜能/（kJ/kg）	233.5

5.3.2　加氟工具介绍

空调器的加氟工具包括压力表、表阀、连接管、转接头和氟瓶。

1. 压力表与表阀

加氟时需要用压力表来测量制冷剂压力大小，以判断制冷剂的加注情况。压力表通常要配接表阀使用，单个压力表一般配接三通表阀，双压力表则需配接五通表阀。

配接单压力表的三通表阀主要有两种类型，如图 5-29 所示，三通表阀的 A、B、C 3 个接口，A 口（常通口）接压力表，C 口（常通口）接空调器三通阀的检修口，B 口（非常通口）接氟瓶。三通表阀在开关旋入时，B 口堵塞，A、C 口相通，在表阀开关旋出时，A、B、C 口均相通。如果无法确定三通阀 3 个接口在开关旋出和旋入时的通断情况，可以采用吹气的方法来判断：先将开关旋出，向一个口吹气（最好在吹气口包裹干净的布），如往 B 口吹气，再用手感觉 A、C 口有无气体吹出，如果均有气体吹出，则说明 A、B、C 口均相通，若 A 口已安装压力表，可用手堵住 C 口，再向 B 口用力吹气，如果压力表的指针有轻微摆动，表明 A、B 口是相通的；然后将开关旋入，用同样的方法判断 A、B、C 口的通断情况。

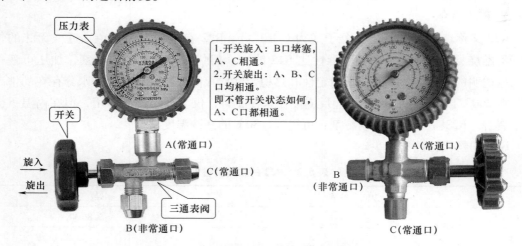

图 5-29　配接单压力表的两种三通表阀

配接高、低压双表的五通表阀如图 5-30 所示，A、C 口分别接低压表和高压表，B 口一般接空调器三通阀的检修口，E 口一般接氟瓶，D 口作其他用途（如接真空泵），视液窗用来直观查看制冷剂在表阀内的流动情况。

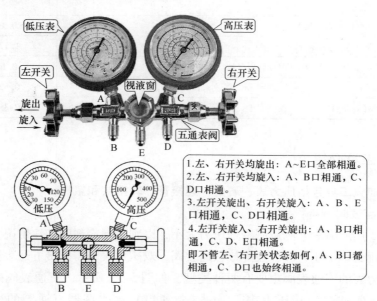

图 5-30　配接高、低压双表的五通表阀

2. 连接管

加氟时一般要使用两根连接管（一般简称加氟管），一根连接空调器三通阀的检修口

与压力表，另一根连接氟瓶与压力表。加氟管的外形如图 5-31 所示。**加氟管两端为母接头，母接头有米制和英制两种类型**，其外形如图 5-32 所示，**米制母接头的内径较英制母接头略大，米制母头一般中间有分隔环，英制母头则没有。**加氟管连接三通阀检修口的一个接头应内含顶针，如图 5-32 所示，以便该接头接上检修口时能顶开检修口内的顶针，从而打开检修口内的阀门。

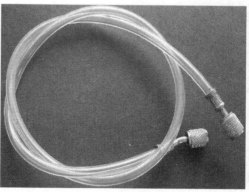

图 5-31　加氟管的外形

图 5-32　加氟管的接头类型

3. 转换头

　　在选择加氟管时，要注意其与空调器三通阀检修口、压力表接口和氟瓶接口连接的接头类型一致，比如氟瓶接口为英制公头，加氟管与之连接的接头类型应为英制母头，如果接头类型不同，就要使用转换头进行转接。英制-米制转换头如图 5-33 所示，米制公接头可以旋入米制母接头，无法旋入英制母接头，英制公接头可以旋入英制母接头，旋入米制母接头时无法旋紧。

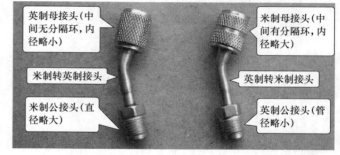

图 5-33　英制-公制转换头

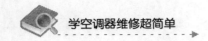

空调器三通阀检修口、压力表接口和氟瓶接口大多数为英制接头，但也有少量采用米制接头，故在选择加氟管时应先了解其连接部件的接头类型，为了保证加氟管与压力表接头类型相同，建议购买接头配套的加氟管和压力表，再配两个与加氟管另两个接头不同的转换头。例如，加氟管另两个接头均为英制母接头，可选择两个英制转公制的转接头，这样三通阀检修口和氟瓶接口不管是米制或英制类型，都可以连接加氟。

4. 氟瓶

氟瓶用来存放制冷剂。图5-34是两种较常见的氟瓶，左方为大容量氟瓶，制冷剂存放量一般在3kg以上，右方为小容量氟瓶，制冷剂存放量一般在500g左右。

大容量氟瓶有阀门调节柄和接口，该接口用来接加氟管，阀门调节柄用来开关和调节接口内的阀门。小容量氟瓶无阀门调节柄和接口，需要用专用的开瓶器来钻破瓶口加氟，开瓶后无法再封闭氟瓶。开瓶器内含针尖，如图5-35a所示，在使用时，将开

图5-34　两种常见的氟瓶

瓶器旋到氟瓶口的螺纹接头上，再旋转开瓶器的手柄，如图5-35b所示，使内部针尖扎破氟瓶接头，氟瓶内的制冷剂从扎破的接头进入开瓶器，再从开瓶器的接口出来。

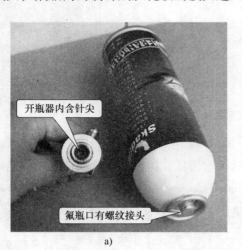
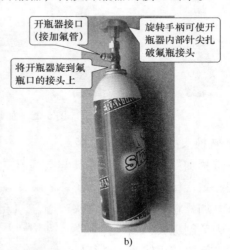

a)　　　　　　　　　　b)

图5-35　用开瓶器打开全封闭无接口的氟瓶

5.3.3　R22制冷剂的温度与压力对照表

在测量制冷剂压力时，需要将压力表与制冷剂所在密闭容器或管道连接起来。测量氟瓶内制冷剂的压力如图5-36所示，压力表指示的压力值为6.2kgf/cm²（约为0.62MPa），

如果将该氟瓶置于不同温度的环境中，测得的压力值是不同的，在高温环境测得的压力值大，在低温环境中测得的压力值小。

制冷剂压力值与温度值有一定的关系，温度越高，其压力值越大。表 5-3 为 R22 制冷剂温度与压力值对照表，从表中可以看出，R22 制冷剂温度为 0℃ 时，表压力为 0.398MPa；R22 制冷剂压力为 0.623MPa 时，其温度为 12℃。由此可推测，图 5-36 中的氟瓶内 R22 制冷剂的温度约为 12℃。

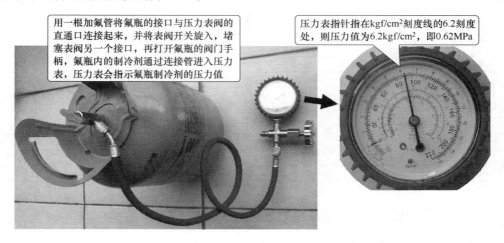

图 5-36　测量氟瓶内制冷剂的压力

表 5-3　R22 制冷剂温度与压力值对照表

温度/℃	绝对压力/MPa	表压力/MPa	温度/℃	绝对压力/MPa	表压力/MPa
42	1.61	1.51	20	0.910	0.810
41	1.57	1.47	19	0.885	0.785
40	1.54	1.44	18	0.860	0.760
39	1.50	1.40	17	0.836	0.736
38	1.46	1.36	16	0.812	0.712
37	1.42	1.32	15	0.789	0.689
36	1.39	1.29	14	0.767	0.667
35	1.35	1.25	13	0.744	0.644
34	1.32	1.22	12	0.723	0.623
33	1.29	1.19	11	0.701	0.601
32	1.26	1.16	10	0.681	0.581
31	1.22	1.12	9	0.660	0.560
30	1.19	1.09	8	0.641	0.541
29	1.16	1.06	7	0.621	0.521
28	1.13	1.03	6	0.602	0.502
27	1.10	1.00	5	0.584	0.484
26	1.07	0.972	4	0.566	0.466
25	1.04	0.944	3	0.548	0.448
24	1.02	0.916	2	0.531	0.431
23	0.989	0.889	1	0.514	0.414
22	0.962	0.862	0	0.498	0.398
21	0.936	0.836	−1	0.482	0.382

(续)

温度/℃	绝对压力/MPa	表压力/MPa	温度/℃	绝对压力/MPa	表压力/MPa
-2	0.466	0.366	-19	0.254	0.154
-3	0.451	0.351	-20	0.245	0.145
-4	0.436	0.336	-21	0.236	0.136
-5	0.421	0.321	-22	0.226	0.126
-6	0.407	0.307	-23	0.218	0.118
-7	0.393	0.293	-24	0.209	0.109
-8	0.380	0.280	-25	0.201	0.101
-9	0.367	0.267	-26	0.193	0.093
-10	0.354	0.254	-27	0.185	0.085
-11	0.342	0.242	-28	0.178	0.078
-12	0.330	0.230	-29	0.171	0.071
-13	0.318	0.218	-30	0.163	0.063
-14	0.307	0.207	-31	0.157	0.057
-15	0.296	0.196	-32	0.150	0.050
-16	0.285	0.185	-33	0.144	0.044
-17	0.274	0.174	-34	0.138	0.038
-18	0.264	0.164	-35	0.132	0.032

5.3.4 两种类型的氟瓶与压力表的连接

在加氟时，先要将氟瓶与压力表连接好。带阀门的氟瓶与压力表连接如图 5-37 所示，不带阀门的氟瓶与压力表连接如图 5-38 所示。

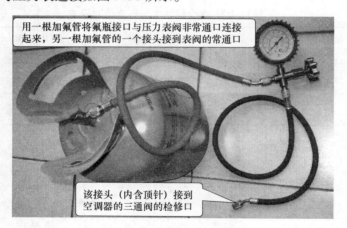

用一根加氟管将氟瓶接口与压力表阀非常通口连接起来，另一根加氟管的一个接头接到表阀的常通口

该接头（内含顶针）接到空调器的三通阀的检修口

图 5-37 带阀门的氟瓶与压力表连接

5.3.5 空调器工作在制冷模式时的缺氟表现及原因

在夏天，当空调器缺氟时会出现制冷能力下降，在制冷模式下运行 15～40min 后，空调器可能出现以下现象：

1）二通阀结霜或结露。其原因是制冷剂不足会使二通阀连接的细管内部压力减小，制冷剂在二通阀处就开始蒸发吸热，二通阀温度下降而结霜或结露。正常时二通阀处不会

90

结霜。

2）**三通阀为常温。** 其原因是制冷剂不足会使制冷剂在蒸发器的前、中段铜管内就完全蒸发，蒸发的制冷剂在经蒸发器后段时温度很快升到常温并经过三通阀，故三通阀与制冷剂一样为常温。正常时三通阀很凉，温度较二通阀低。

3）**室内机蒸发器冷热不匀，一部分凉（常伴有结霜或结露），一部分温。** 这是因为制冷剂不足使制冷剂在蒸发器的前、中段铜管内就完全蒸发（有制冷功能），

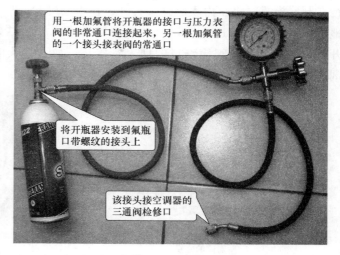

用一根加氟管将开瓶器的接口与压力表阀的非常通口连接起来，另一根加氟管的一个接头接表阀的常通口

将开瓶器安装到氟瓶口带螺纹的接头上

该接头接空调器的三通阀检修口

图 5-38　不带阀门的氟瓶与压力表连接

而后段铜管内的制冷剂已变成气体，不能再蒸发（无制冷）。正常时整个蒸发器温度都较低，全部或大部分结露。

4）**室内机排水管的排水少或无排水。** 这是因为制冷剂不足使蒸发器制冷面积减少，空气经蒸发器时产生的冷凝水少。

5）**二通阀和三通阀处有油污。** 如果二通阀和三通阀有泄漏点，制冷系统中的制冷剂和冷冻油会泄漏，制冷剂直接蒸发到大气中，冷冻油则留在泄漏处。

6）**空调器的工作电流小于额定工作电流。** 这是因为制冷剂不足会使压缩机的负荷减轻，从而使工作电流减小。正常时工作电流应接近额定工作电流。

7）**三通阀检修口测得的压力（低压压力）低于 0.35MPa。** 由于制冷剂不足，冷凝器和蒸发器的空间相对显得更大，冷凝器和蒸发器中的制冷剂压力都减小，三通阀检修口测得为蒸发器送来的气态制冷剂压力。正常低压压力为 0.48MPa 左右（在室外环境温度为 35℃、室内温度为 27℃时测得，室内外温度越高，低压压力越大）。

5.3.6　在高温环境下加氟的连接与操作

当室内温度较高（一般应超过 16℃）时，可让空调器运行在制冷模式进行加氟。

在加氟前，先用一根加氟管将氟瓶接口和压力表阀的非常通口连接好，再用另一根加氟管一端接表阀常通口，另一端接空调器三通阀的检修口（先不要旋紧），如图 5-39 所示，将氟瓶阀门打开，压力表阀开关稍微打开，当接检修口的氟管接头处有制冷剂出来时，说明从氟瓶出来的制冷剂已将两根加氟管和表阀内的空气顶出，马上将与检修口连接的氟管接头拧紧，接头内的顶针顶通检修口，这样氟瓶、压力表和三通阀三者均接通，然后将压力表阀开关关闭，阻止氟瓶制冷剂流出。在空调器处于停机状态时，压力表通过检修口测得为制冷系统的平衡压力，当空调器运行在制冷模式时，压力表通过检修口测得为制冷系统的低压压力（蒸发压力），低压压力较氟瓶的压力要低。在加氟时，让空调器运

行在制冷模式，将压力表阀开关打开，在压缩机的抽吸下，氟瓶内的制冷剂会源源不断地从三通阀检修口进入空调器的制冷管道中，加氟结束后，依次关闭氟瓶阀门、表阀开关，再取下三通阀检修口的加氟管接头，取下接头时速度尽量快一些，以减少制冷剂的泄漏。

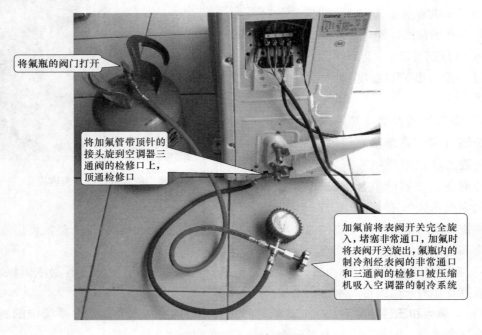

将氟瓶的阀门打开

将加氟管带顶针的接头旋到空调器三通阀的检修口上，顶通检修口

加氟前将表阀开关完全旋入，堵塞非常通口，加氟时将表阀开关旋出，氟瓶内的制冷剂经表阀的非常通口和三通阀的检修口被压缩机吸入空调器的制冷系统

图 5-39　加氟连接与操作

5.3.7　确定加氟量是否合适的方法

在加氟时，加氟不足或加氟过量都会影响空调器的制冷效果。确定加氟量是否适合主要有观察法、测量电流法和定量加注法，观察法适合在夏天环境温度高时使用，测电流法和定量加注法则无环境温度高条件的限制。

1. 观察法

在夏天环境温度高时进行加氟操作，如果加氟量合适，一般会观察到以下现象：

1）二通阀和三通阀均结露，三通阀很凉，较二通阀温度低。

2）室内机蒸发器表面全部结露，整体温度较低。

3）室内机进风口与出风口的温差大于 8℃。

4）室外机冷凝器上部温度最高、中部温度其次、下部温度最低，接近环境温度。

5）压力表测得压力值约为 0.48MPa（在室外环境温度为 35℃、室内温度为 27℃ 时测得，室内外温度越高，低压压力越大）。

在其他环境温度下加氟时，观察法就可能不准确，因为环境温度不同，制冷剂的压力就不同，蒸发器、冷凝器、二通阀和三通阀等表现出来的现象可能与上述有所区别。

在夏天高温环境加氟时，如果加氟量过多，会使压缩机负荷增大，压缩机发声沉闷，空调器的工作电流增大，三通阀检修口测得低压压力也增大。

2. 测量电流法

观察法比较适合在夏天加氟时来判断加氟量是否合适，测量电流法在一年四季均可使用。**测量电流法是指在加氟时监测空调器的工作电流，当工作电流达到某值（按一定的计算方法预先获得）时，可认为加氟量比较合适。**

在使用测电流法时，先制作一个便于测量工作电流的电源插座，如图 5-40 所示。测量电流时要用到钳形电流表，其外形如图 5-41 所示。用钳形电流表测电器的工作电流如图 5-42 所示，图中为测量电吹风的工作电流，如果在电源插座上插入空调器插头并让空调器运行在制冷模式，测得电流即为空调器在制冷模式时的工作电流。

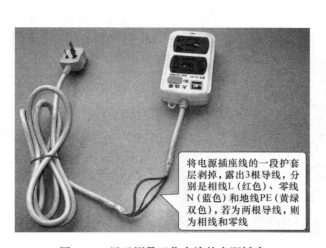

将电源插座线的一段护套层剥掉，露出3根导线，分别是相线L（红色）、零线N（蓝色）和地线PE（黄绿双色），若为两根导线，则为相线和零线

图 5-40　用于测量工作电流的电源插座

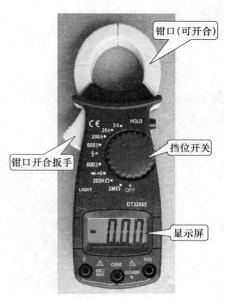

钳口（可开合）

钳口开合扳手

挡位开关

显示屏

图 5-41　钳形电流表

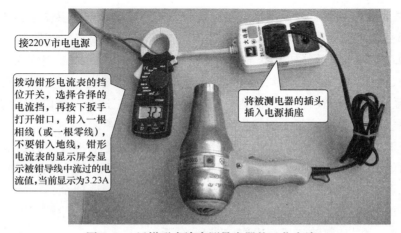

接220V市电电源

拨动钳形电流表的挡位开关，选择合择的电流挡，再按下扳手打开钳口，钳入一根相线（或一根零线），不要钳入地线，钳形电流表的显示屏会显示被钳导线中流过的电流值，当前显示为3.23A

将被测电器的插头插入电源插座

图 5-42　用钳形电流表测量电器的工作电流

在制冷模式下加氟时，以室外机所处环境温度为 35℃、供电电源为 220V 或 380V（三相）为准，合适加氟电流的确定方法为：温度每升高或下降 1℃，空调器工作电流应为额定电流增加和减小 1.4%；电源电压每升高或下降 1V，空调器工作电流也应减小或增加。对于单相空调器（220V 供电），1 匹为 0.025A，1.5 匹为 0.025A×1.5，2 匹为 0.025A×2，3 匹为 0.025A×3；对于三相空调器（380V 供电），3 匹为 0.025A×3/3，5 匹为 0.025A×5/3，10 匹为 0.025A×10/3。

空调器一般会在铭牌上标注额定功率和额定电流，如图 5-43 所示，如果未标注额定电流，单相空调器可用 $I=P/220$ 计算近似获得，P 为空调器标注的额定电功率。

举例：一台 1.5 匹空调器，其室外机所处环境温度为 25℃，供电电源为 200V，空调器运行在制冷模式下加氟时，当测得空调器的工作电流 = 额定电流 ×[1−(35−25)×1.4%]−0.025A×1.5×(220−200) 时，表明加氟量比较合适。

3. 定量加注法

定量加注法是最佳的加氟方法，但操作有些繁琐。在空调器的铭牌上一般会标注制冷剂类型及加注量，如图 5-43 所示，它是厂家反复实验得到的该型号空调器的制冷剂最佳加注量。

图 5-43　空调器的铭牌示例

定量加注是指按铭牌标注量给空调器加注制冷剂。定量加氟的操作步骤如下：

1）放掉空调器制冷管道内的制冷剂。在定量加氟前，先要将空调器制冷管道内的制冷剂放掉，如图 5-44 所示。如果不希望制冷剂被直接放掉，造成浪费和污染环境（R22 对大气的臭氧层有一定破坏作用），可以将空调器中的制冷剂进行回收，在回收时，将加氟管接头与氟瓶连接，然后让空调器运行在制热模式，从三通阀检修口出来的高压制冷剂就会通过加氟管进入氟瓶。制冷剂回收操作在后面有详细介绍。

2）对空调器制冷管道抽真空。空调器制冷管道内的制冷剂被放完后，再用真空泵对制冷管道抽真空，如图 5-45 所示。空调器制冷管道抽真空操作在后面有详细介绍

3）给空调器制冷管道加注定量制冷剂。当空调器制冷管道抽至真空后，按铭牌标注量给制冷管道加氟，在定量加氟时要将氟瓶放置在精度较高的台秤上，以确定制冷剂是否达到了指定量。定量加氟的连接与操作如图 5-46 所示。

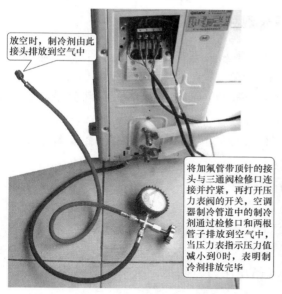

放空时，制冷剂由此接头排放到空气中

将加氟管带顶针的接头与三通阀检修口连接并拧紧，再打开压力表阀的开关，空调器制冷管道中的制冷剂通过检修口和两根管子排放到空气中，当压力表指示压力值减小到0时，表明制冷剂排放完毕

图 5-44　排放空调器制冷管道内的制冷剂

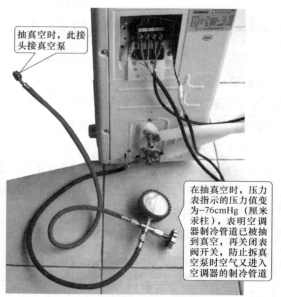

抽真空时，此接头接真空泵

在抽真空时，压力表指示的压力值变为-76cmHg（厘米汞柱），表明空调器制冷管道已被抽到真空，再关闭表阀开关，防止拆真空泵时空气又进入空调器的制冷管道

图 5-45　对空调器制冷管道抽真空

　　用单表阀定量加氟需要在一个加氟管接头上切换真空泵和氟瓶，比较麻烦，采用复合表阀（五通表阀）定量加氟则比较方便。利用复合表阀抽真空和加氟的连接如图 5-47 所示。在放空制冷剂时，不要接真空泵，将左、右表阀开关都打开，空调器检修口出来的制冷剂通过表阀后从 D 口排出，如果要回收制冷剂，应关闭右表阀开关，并打开氟瓶阀门，制冷剂则从 E 口进入氟瓶；在抽真空时，给 D 口接上真空泵，右表阀开关打开，氟瓶阀门关闭，真空泵通过表阀对空调器抽真空；在加氟时，关闭右表阀开关，打开氟瓶阀门，氟瓶内的制冷剂通过表阀进入空调器的制冷管道。

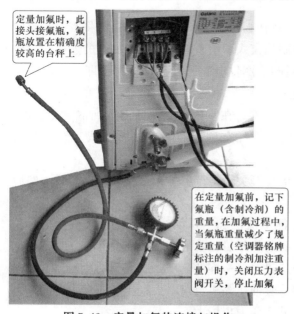

定量加氟时，此接头接氟瓶，氟瓶放置在精确度较高的台秤上

在定量加氟前，记下氟瓶（含制冷剂）的重量，在加氟过程中，当氟瓶重量减少了规定重量（空调器铭牌标注的制冷剂加注重量）时，关闭压力表阀开关，停止加氟

图 5-46　定量加氟的连接与操作

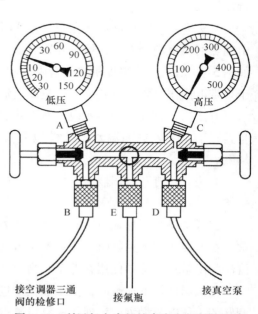

低压　　　　高压

A　　　　　　C

B　　　E　　　D

接空调器三通阀的检修口　　接氟瓶　　接真空泵

图 5-47　利用复合表阀抽真空和加氟的连接

5.3.8 空调器工作在制热模式时的缺氟表现和正常表现

在冬天，空调器缺氟会使制热能力差，在制热模式下运行 10~40min 后，空调器缺氟和氟量正常的表现如下：

1）缺氟时，室内机热交换器（制热时用作冷凝器）一部分热而另一部分略高于常温。氟量正常时，整个内热交换器温度都较高且均匀。

2）缺氟时，室外机热交换器（制热时用作蒸发器）只有一小部分结霜。氟量正常时，整个室外机热交换器都结霜或结霜面积较大。

3）缺氟时，室内机出风口温度较低，略高于室内温度。氟量正常时，室内机出风口温度应高于室温 15℃ 以上。

4）缺氟时，空调器的工作电流小于额定工作电流。氟量正常时，正常应接近额定电流。

5）缺氟时，三通阀检修口测得的压力（高压压力）较低。氟量正常时应在 2MPa 左右。

5.3.9 在低温环境下加氟的连接与操作

当室内温度较低（一般低于 16℃）时，空调器可以进入制热模式运行，一般无法进入制冷运行模式，而空调器运行在制热模式时，室内机热交换器用作冷凝器，压缩机排气口输出的高压制冷剂通过三通阀送到室内热交换器，即三通阀处的制冷剂压力很大，其值较氟瓶制冷剂压力值更大，故空调器在制热运行时无法进行加氟操作。

在室内温度较低时，可采用下面 3 种方法让空调器制冷系统运行在制冷模式，然后进行加氟操作。

方法一：当空调器运行在制热模式时，切断四通阀线圈电源，让四通阀将制冷剂流向由制热切换至制冷方向，然后开始加氟。在制热模式下切断四通阀线圈加氟的连接与操作如图 5-48 所示，在室外机接线盒内拆卸四通阀线圈供电端子（拆一个端子即可）时，由于是带电操作，要注意安全，以免发生触电事故。

方法二：打开空调器室内机面板并取下过滤网，在室内热交换器上找到室温传感器，将其置于 30℃ 左右的温水中，模拟夏天温度，再让空调器运行在制冷模式，然后开始加氟。

方法三：打开空调器室内机面板，操作应急开关让空调器强行运行在制冷模式，然后开始加氟。

在低温环境下加氟时，也可用观察法、测电流法和定量加注法来确定加氟量是否正常。在低温环境下加氟时，用观察法可查看到的加氟量正常的表现在前面已有介绍；测电流法和定量加注法的使用在低温和高温环境加氟时是一样的。

在低温环境下加氟时，如果加氟量过多，会使压缩机负荷增大，压缩机发声沉闷，空调器的工作电流增大，三通阀检修口测得的低压压力也增大。

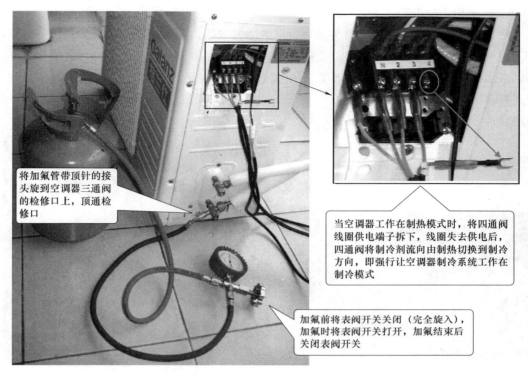

将加氟管带顶针的接头旋到空调器三通阀的检修口上，顶通检修口

当空调器工作在制热模式时，将四通阀线圈供电端子拆下，线圈失去供电后，四通阀将制冷剂流向由制热切换到制冷方向，即强行让空调器制冷系统工作在制冷模式

加氟前将表阀开关关闭（完全旋入），加氟时将表阀开关打开，加氟结束后关闭表阀开关

图 5-48　在制热模式下切断四通阀线圈加氟的连接与操作

5.4　检漏、收氟、抽真空和顶空

5.4.1　检漏

空调器缺氟一般是由于制冷管道存在泄漏引起的。因此，在加氟前或加氟后需要对制冷管道进行检漏，找出泄漏点。

1. 常规检漏方法

空调器检漏常用方法有查看油渍法、肥皂泡检查法和卤素检漏仪检查法，采用后两种方法检漏时，要先给空调器加氟，制冷管道内制冷剂有一定的压力后泄漏才明显，就容易检查到泄漏点。

（1）查看油渍法

空调器压缩机的润滑油与制冷剂 R22 可以互溶，当制冷剂在制冷管道中循环流动时，混在制冷剂中的润滑油也随之流动，如果制冷管道某处存在泄漏点，制冷剂与润滑油会从该处泄漏出来，制冷剂变成气态散发到空气中，润滑油则无法变成气态而留在泄漏处，因此如果发现空调器制冷管道某处有油渍时，该处可能就是泄漏点，如果油渍较长，重点查找高处油渍部位，因为油渍可能是从高处泄漏并向低处流动而形成油渍带。

（2）肥皂泡检查法

肥皂泡检查法是用肥皂泡将怀疑有泄漏的地方包围，如果肥皂泡被吹大或吹破则表明该处为泄漏点。在使用该方法时，要用到洗洁精（又称洗涤灵）、盆、水和毛巾，将洗洁精倒在水中并用毛巾在水中搓揉，以产生大量肥皂泡（见图5-49a），然后用手捧起肥皂泡并将其覆盖在怀疑有泄漏的地方（见图5-49b），如果肥皂泡覆盖的地方有泄漏点，肥皂泡会被吹大或吹破（见图5-49c）。

a)

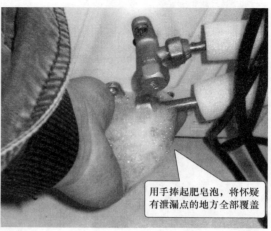

用手捧起肥皂泡，将怀疑有泄漏点的地方全部覆盖

b)

如果肥皂泡覆盖的地方存在泄漏点，该处的肥皂泡会被吹起、破裂

c)

图5-49　用肥皂泡检漏

（3）卤素检漏仪检查法

卤素检漏仪采用了对氟利昂等卤素气体敏感的传感器，当传感器接触到卤素气体后会产生相应的电信号，经处理后发出指示信号（如灯亮或发声等）。卤素检漏仪如图5-50所示。

使用卤素检漏仪时要让空调器的压缩机工作，其使用注意事项如下：

1）制冷系统应加入足够的制冷剂，使其在不工作时的压力不小于0.34MPa，在温度低于15℃时，泄漏可能无法检测出来，因为低温时制冷剂压力不足。

2）当被测部位较脏时，检测时不要弄脏探头，可以用毛巾擦掉或用空气吹掉被测物上的脏物，不能使用清洁剂或溶剂，以免对探头产生影响。

3）先用目测法检查整个制冷系统，观察所有管道、软管、构件有无润滑油泄漏、损坏、腐蚀等痕迹，每个怀疑有问题的区域都应用探头仔细检测。

4）在检测制冷系统时，应按连贯的路径检测，不要有遗漏，若找到一处泄漏点，记下后应继续检测其余部分。

5）在检漏时，探头要围绕被检部位移动，速度保持在 25 ~ 50mm/s，与被测物表面距离不大于 5mm，要完整地围绕部位移动，这样才能达到最佳

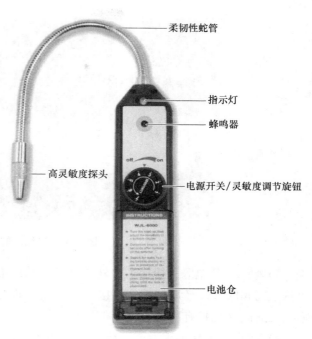

图 5-50 卤素检漏仪

检测效果。有啸叫声表示找到了泄漏点，此时应将仪器拿开，重新调节灵敏度到合适位置，对刚刚检测过的部位再仔细检查一遍，确定泄漏点的确切位置。

6）在泄漏点非常大的情况下，可用强风（如风扇强风挡）吹散该区域泄漏气体，并将检漏仪移动到清新空气中复位，然后握住探头尽可能靠近已警示的泄漏源处并围绕它移动，直至找到确切的泄漏点。

2. 轻微泄漏的检查方法（加压检查法）

如果空调器制冷管道泄漏较轻微或泄漏点较隐蔽时，用上述方法可能较难找到泄漏点，这时可使用加压检查法。空调器制冷剂的压力较低，比如 R22 制冷剂在 30℃时的表压力约为 1.1MPa，较低的压力使制冷剂在轻微漏点泄漏不明显。为此可以给制冷管道加压，人为增大泄漏量，使泄漏点能明显暴露出来。加压法可分为氮气加压法和空气加压法。

（1）氮气加压法

氮气是一种化学性质稳定且难液化的气体，在制冷维修时，常用氮气来吹通管道，给管道加压。氮气一般装在氮气瓶内，其外形如图 5-51 所示。在使用氮气加压时，先放掉或回收空调器制冷管道中的制冷剂，再给氮气瓶接上压力表，并与空调器三通阀检修口连接，高压力的氮气通过三通阀检修口进入制冷管道内，使制冷管道内的气体压力达到 2 ~ 2.5MPa，然后用肥皂泡沫进行检漏。

（2）空气加压法

如果没有氮气瓶，也可以用使用空气加压。空气加压法使用步骤如下：

1）拆掉室内机和室外机之间的连接铜管，再将压力表（高压表）接到二通阀上。

2）将二通阀和三通阀阀芯均打开。

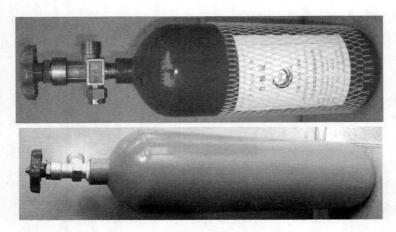

图 5-51　氮气瓶的外形

3）将220V电源直接接到室外机接线盒的压缩机电源端子上，让压缩机运行，压缩机从三通阀的管口（原与粗管连接）吸入空气进行压缩，然后排入冷凝器、毛细管等并通往二通阀（已接有压力表）。

4）当压力表指示压力值达到2～2.5MPa时，将二通阀、三通阀的阀芯关闭，再切断压缩机电源。

5）取下二通阀上的压力表，再将连接铜管与二通阀和三通阀连接。

6）打开二通阀、三通阀的阀芯，室外机内的高压气体通过连接铜管进入室内机蒸发器内，室内机与室外机的制冷管道内均有高压气体，然后就可用肥皂泡检漏。

3. 容易泄漏的部位及处理方法

空调器的制冷管道比较长且部件较多，其中有一些部件的某些部位较容易出现泄漏，当出现制冷剂泄漏故障时，可以先检查这些易漏点。

空调器易泄漏的部位及处理方法主要有：

1）联机铜管两端的螺母未旋紧，应拧紧螺母。

2）联机铜管两端的喇叭口变薄或破裂，可将喇叭口割掉，重新给铜管扩喇叭口。

3）联机铜管两端的铜帽螺母损坏，应更换螺母。

4）二通阀、三通阀或室内蒸发器快速接头的螺纹损坏，应更换二通阀、三通阀和快速接头。

5）四通阀的根部出现漏点，应更换四通阀。

6）制冷管道之间的焊接点出现漏点，应重新补焊。

5.4.2　收氟

在空调器维修和移机等情况下，如果直接将制冷剂排到空气中，会造成浪费和污染空气，在这些情况下，可以采用一定的方法对制冷剂进行收集。分体式空调器由室内机和室外机两部分组成，在使用时，室内机和室外机通过两根铜管连成一个整体，工作时制冷剂在该系统内循环流动，停机后，室内机、室外机和连接铜管中都有制冷剂。

　　收氟有 3 种形式：①将制冷剂收集到室外机热交换器内；②将制冷剂收集到室内机热交换器内；③将制冷剂收集到氟瓶内。

1. 将制冷剂收集到室外机热交换器内

　　在空调器室内机和室外机需要分开（比如移机和修理室内机制冷管道）时，可以将制冷剂收集到室外机热交换器内。将制冷剂收集到室外机热交换器内的操作见表 5-4。

表 5-4　将制冷剂收集到室外机热交换器内的操作

操　作　图	说　　明
	1. 将压力表接到空调器三通阀的检修口，在接压力表前应关闭表阀开关（堵塞非常通口） 　2. 让空调器运行在制冷模式，在运行时用内六角扳手关闭二通阀阀芯，这样室外机热交换器内的制冷剂无法通过二通阀进入室内机热交换器 　3. 关闭二通阀阀后，观察压力表压力变化，当压力值为负值时，表明室内热交换器和连接铜管内的制冷剂基本被抽到室外热交换器内，关闭三通阀阀芯，这样制冷剂就被收集并存放在室外机热交换器 　4. 将空调器关机并切断电源，再拆卸室外机与室内机之间的连接铜管和联机导线 　如果环境温度低（低于16℃），可用特殊方法让空调器进入制冷模式，详见5.3.9节的介绍。

2. 将制冷剂收集到室内机热交换器内

　　在修理空调器室外机制冷管道（如焊接铜管上的泄漏点）时，一般要求这些管道内不含制冷剂，这时可以将制冷剂收集到室内机热交换器。将制冷剂收集到室内机热交换器的操作见表 5-5。

表 5-5　将制冷剂收集到室内机热交换器的操作

操　作　图	说　　明
	1. 让空调器运行在制热模式，该模式时制冷剂由三通阀流出，进入室内机热交换器后经二通阀流回到室外机热交换器。当空调器进入制热模式运行后，用内六角扳手关闭二通阀阀芯，这样室内机热交换器内的制冷剂无法通过二通阀流回室外机热交换器 　2. 关闭二通阀阀芯后，运行 2～5min，再关闭三通阀阀芯，这样制冷剂就被收集并存放在室内机热交换器 　制冷剂收集到室内机热交换器后，室外机制冷管道（热交换器、压缩机等）无制冷剂，但由于室内机没有二通阀和三通阀，故制冷剂收集到室内机热交换器后，不能拆卸室内机和室外机之间的连接铜管

3. 将制冷剂收集到氟瓶

如果空调器室内机和室外机制冷管道均需要修理，可以将制冷剂收集到氟瓶。将制冷剂收集到氟瓶的操作见表5-6。

表5-6　将制冷剂收集到氟瓶的操作

操　作　图	说　　明
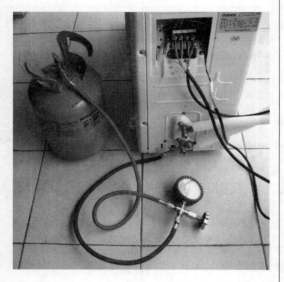	1. 按左图所示方法将带表阀压力表和氟瓶连接起来，打开氟瓶阀门和表阀开关，利用氟瓶输出的制冷剂将连接管和表阀内的空气顶出，然后关闭表阀开关，再将表阀的一个连接管接头接到空调器三通阀检修口上 2. 让空调器运行在制热模式，在制热运行时，高温、高压制冷剂气体从三通阀处分两路排出：一路经粗管去室内热交换器；另一路通过检修口、连接管和表阀（开关应打开）去氟瓶。用内六角扳手关闭二通阀阀芯，让室内机热交换器内的制冷剂无法通过二通阀流回室外机热交换器 3. 为了使更多的制冷剂能流进氟瓶而不是室内机热交换器，可将氟瓶浸在冷水中，降低氟瓶内制冷剂的压力（制冷剂温度越低，压力越小），2～4min后，关闭三通阀阀芯，再将空调器关机并切断电源 用上述方法并不能将全部制冷剂收到氟瓶内，在室内机热交换器内会存留一定量的制冷剂，氟瓶温度越低、室内热交换器温度越高（如室内机设为低速风模式时），氟瓶回收的制冷剂越多，室内热交换器存留的制冷剂越少

5.4.3　抽真空和顶空

在给无制冷剂的空调器加注制冷剂时，必须先将制冷管道内的空气排掉，因为空气的存在会使制冷管道内的压力增大，不但会增大压缩机负荷，也会妨碍制冷剂的流动，影响制冷效果，另外，空气中的水分在管道内结冰易出现冰堵故障。**排除制冷管道内的空气可采用两种方法：用真空泵抽真空和用制冷剂顶空。**

1. 用真空泵抽真空

真空泵的外形如图5-52所示。在工作时，真空泵不断从吸气口吸入气体，并从排气口排出。

用真空泵对空调器制冷管道抽真空如图5-53所示，具体过程如下：

1）给压力表阀接上两根连接管，与

图5-52　真空泵的外形

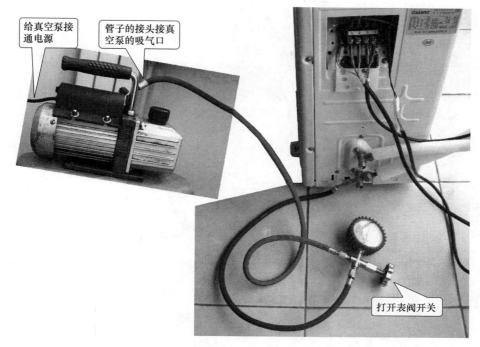

图 5-53　用真空泵对空调器制冷管道抽真空

表阀常通口连接的管子另一端（带顶针的接头）接空调三通阀的检修口，与表阀非常通口连接的管子另一端接真空泵的吸气口。二通阀和三通阀的阀芯均应完全打开。

2）打开表阀开关，然后给真空泵通电，真空泵开始工作，由吸气口抽吸空调器制冷管道内的空气，并从排气口排出。

3）真空泵运行一段时间（一般在 20min 左右），压力表指在最大负压值时，表明空调器制冷管道内的空气已抽空，先关闭表阀开关，再关闭真空泵电源。

如果抽真空后需要加氟，可将真空泵吸气口上的连接管接头取下，接到氟瓶的接口上，开启氟瓶的阀门，再略拧松表阀非常通口上的连接管接头，用制冷剂将氟瓶与表阀之间的连接管内的空气顶出，然后拧紧接头并打开表阀开关，氟瓶内的制冷剂就通过表阀和三通阀检修口进入空调器制冷管道。抽真空后特别适合定量加氟，当然也可以根据当时的环境温度，在制冷或制热模式下加氟，具体操作前面已有介绍。

2. 用制冷剂顶空

空调器制冷管道内的空气可以用真空泵抽出，也可以用制冷剂将空气顶出。**利用制冷剂将空调器制冷管道内的空气顶出，简称顶空。将空调器室内机和室外机制冷管道内的空气全部顶出，称为完全顶空；将空调器一部分制冷管道（如室内机制冷管道）内的空气顶出，称为部分顶空。完全顶空一般在加氟时使用，部分顶空一般在新装机和移机时使用。**

用制冷剂将空调器制冷管道完全顶空的操作如图 5-54 所示，具体操作过程如下：

1）给压力表阀接上两根连接管，与表阀常通口连接的管子另一端（带顶针的接头）

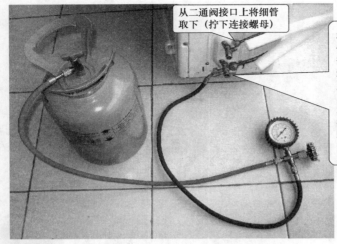

从二通阀接口上将细管取下（拧下连接螺母）

在顶空时，制冷剂由检修口进入三通阀，在内部分作两路，一路经压缩机、冷凝器和毛细管后从二通阀接口排出，另一路经粗管、蒸发器和细管后从细管的管口排出，制冷剂在排出过程中会将制冷管道中的空气顶出

a)

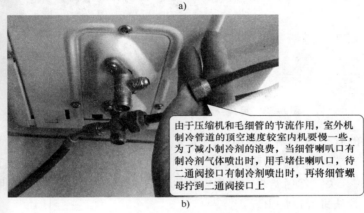

由于压缩机和毛细管的节流作用，室外机制冷管道的顶空速度较室内机要慢一些，为了减小制冷剂的浪费，当细管喇叭口有制冷剂气体喷出时，用手堵住喇叭口，待二通阀接口有制冷剂喷出时，再将细管螺母拧到二通阀接口上

b)

图 5-54　用制冷剂将空调器制冷管道完全顶空

接空调三通阀的检修口，与表阀非常通口连接的管子另一端接氟瓶，关闭表阀开关，再打开氟瓶阀门。

2）从二通阀接口上将细管取下（拧下细管上的连接螺母），将二通阀和三通阀的阀芯都打开。

3）打开表阀开关，氟瓶内的制冷剂经连接管、表阀进入三通阀检修口，制冷剂在三通阀内部分作两路，一路经压缩机、冷凝器和毛细管后从二通阀接口排出，另一路经粗管、蒸发器和细管后从细管的管口排出，制冷剂在排出过程中会将制冷管道中的空气顶出。

4）由于压缩机和毛细管的节流作用，室外机制冷管道的顶空速度比室内机要慢，为了减小制冷剂的浪费，当细管喇叭口有制冷剂气体（有凉感）喷出时，用手堵住喇叭口，如图 5-54b 所示，待二通阀接口有制冷剂喷出时，再将细管螺母拧到二通阀接口上。

利用制冷剂将空调器制冷管道顶空后，管道内已充有一定量的气态制冷剂，对于空调器而言，这些量的制冷剂是远远不够的，要加注足够的制冷剂，应起动空调器压缩机进入制冷模式加注，制冷剂的加注方法前面已有介绍。

　　用制冷剂将空调器室内机的蒸发器和连接铜管顶空（部分顶空）的操作在 3.2.1 节中已介绍过一种方法，下面再介绍一种部分顶空法，其操作如图 5-55 所示，具体过程如下：

　　1）将细管接头螺母套到二通阀接口上并拧紧，粗管接头螺母套到三通阀接口上不要拧紧。

　　2）用内六角扳手稍开启二通阀的阀芯，让室外机制冷管道内存储的制冷剂从二通阀口出来，进入细管、蒸发器和粗管，将这些管道内的空气从粗管口顶出，约 15s，待粗管口有气态制冷剂喷出时，马上将粗管接头螺母拧紧。

　　3）将二通阀和三通阀的阀芯完全打开。

　　4）将肥皂泡围在三通阀和二通阀接头螺母周围，查看有无泄漏点（三通阀接头螺母易发生因未拧紧而漏氟的情况）。

用内六角扳手稍开启二通阀的阀芯（扳手逆时针转90°），让室外机制冷管道内储存的制冷剂从二通阀口出来，进入细管、蒸发器和粗管，将这些管道内的空气从粗管口顶出

将粗管的螺母套到三通阀接口上，先不要拧紧，待螺母与接口的缝隙处有气态制冷剂喷出时，马上将螺母拧紧

图 5-55　用制冷剂将空调器室内机的蒸发器和连接铜管顶空 （部分顶空）

第6章

电工电子技术基础

6.1 基本常识

6.1.1 电路与电路图

图 6-1a 是一个简单的实物电路，该电路由电源（电池）、开关、导线和灯泡组成。电源的作用是提供电能；开关、导线的作用是控制和传递电能，称为中间环节；灯泡是消耗电能的用电器，它能将电能转变为光能，称为负载。因此，**电路是由电源、中间环节和负载组成的**。

使用实物图来绘制电路很不方便，为此人们就**采用一些简单的图形符号代替实物的方法来画电路**，这样画出的图形就称为电路图。图 6-1b 所示的图形就是图 6-1a 所示实物电路的电路图，不难看出，用电路图来表示实际的电路非常方便。

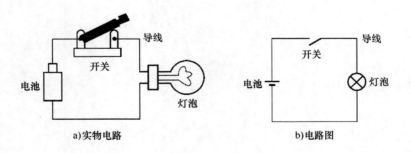

a)实物电路   b)电路图

图 6-1　一个简单的电路

6.1.2 电流与电阻

1. 电流

电流说明	在左图电路中，将开关闭合，灯泡会发光，为什么会这样呢？原来当开关闭合时，带负电荷的电子源不断地从电源负极经导线、灯泡、开关流向电源正极。这些电子在流经灯泡内的钨丝时，钨丝会发热，温度急剧上升而发光。
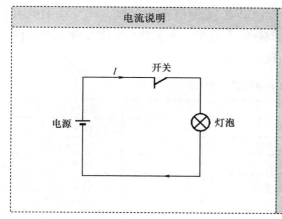	大量的电荷朝一个方向移动（也称定向移动）就形成了电流，这就像公路上有大量的汽车朝一个方向移动就形成"车流"一样。实际上，我们把电子运动的反方向作为电流方向，即把正电荷在电路中的移动方向规定为电流的方向。左图电路的电流方向是：电源正极→开关→灯泡→电源的负极。

电流用字母"I"表示，单位为安培（简称安），用"A"表示，比安培小的单位有毫安（mA）、微安（μA），它们之间的关系为

$$1A = 10^3 mA = 10^6 \mu A$$

2. 电阻

在图 6-2a 所示电路中，给电路增加一个元件——电阻器，发现灯光会变暗，该电路的电路图如图 6-2b 所示。为什么在电路中增加了电阻器后灯泡会变暗呢？原来电阻器对电流有一定的阻碍作用，从而使流过灯泡的电流减小，灯泡变暗。

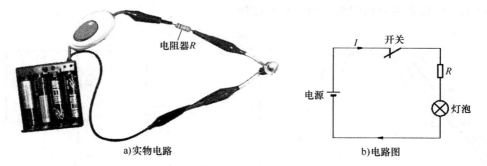

a)实物电路　　　　　　　　　　　　b)电路图

图 6-2　电阻说明图

导体对电流的阻碍称为该导体的电阻，电阻用字母"R"表示，电阻的单位为欧姆（简称欧），用"Ω"表示，比欧姆大的单位有千欧（kΩ）、兆欧（MΩ），它们之间关系为

$$1M\Omega = 10^3 k\Omega = 10^6 \Omega$$

导体的电阻计算公式为

$$R = \rho \frac{L}{S}$$

式中，L 为导体的长度（m）；S 为导体的横截面积（m^2）；ρ 为导体的电阻率（$\Omega \cdot m$），不同的导体，ρ 值一般不同。

表 6-1 列出了一些常见导体的电阻率（20℃时）。**在长度 L 和横截面积 S 相同的情况**

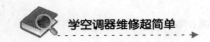
下，**电阻率越大的导体其电阻越大**。例如，L、S 相同的铁导线和铜导线，铁导线的电阻约为铜导线的 5.9 倍，由于铁导线的电阻率较铜导线大很多，为了减小电能在导线上的损耗，让负载得到较大电流，供电线路通常采用铜导线。

表 6-1 一些常见导体的电阻率（20℃时）

导　体	电阻率/$\Omega \cdot m$	导　体	电阻率/$\Omega \cdot m$
银	1.62×10^{-8}	锡	11.4×10^{-8}
铜	1.69×10^{-8}	铁	10.0×10^{-8}
铝	2.83×10^{-8}	铅	21.9×10^{-8}
金	2.4×10^{-8}	汞	95.8×10^{-8}
钨	5.51×10^{-8}	碳	3500×10^{-8}

导体的电阻除了与材料有关外，还受温度影响。一般情况下，导体温度越高电阻越大，例如常温下灯泡（白炽灯）内部钨丝的电阻很小，通电后钨丝的温度上升到 1000℃ 以上，其电阻急剧增大；导体温度下降电阻减小，**某些导电材料在温度下降到某一值时（如 -109℃），电阻会突然变为零，这种现象称为超导现象，具有这种性质的材料称为超导材料**。

6.1.3　电位、电压和电动势

电位、电压和电动势对初学者来说较难理解，下面通过图 6-3 所示的水流示意图来说明这些术语。首先来分析图 6-3 中的水流过程。

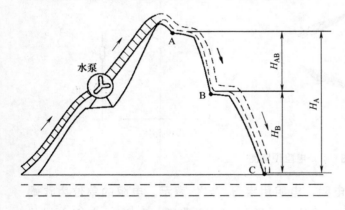

图 6-3　水流示意图

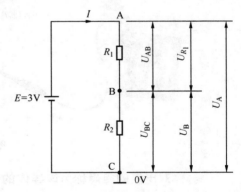

图 6-4　电位、电压和电动势说明图

水泵将河中的水抽到山顶的 A 处，水到达 A 处后再流到 B 处，水到 B 处后流往 C 处（河中），同时水泵又将河中的水抽到 A 处，这样使得水不断循环流动。水为什么能从 A 处流到 B 处，又从 B 处流到 C 处呢？这是因为 A 处水位较 B 处水位高，B 处水位较 C 处水位高。

要测量 A 处和 B 处水位的高度，必须先要找一个基准点（零点），就像测量人身高要选择脚底为基准点一样，这里以河的水面为基准（C 处）。AC 之间的垂直高度为 A 处水位的高度，用 H_A 表示，BC 之间的垂直高度为 B 处水位的高度，用 H_B 表示，由于 A 处和 B 处水位高度不一样，它们存在着水位差，该水位差用 H_{AB} 表示，它等于 A 处水位高度

H_A 与 B 处水位高度 H_B 之差，即 $H_{AB} = H_A - H_B$。为了让 A 处有水源源不断地往 B、C 处流，需要水泵将低水位的河水抽到高处的 A 点，这样做水泵是需要消耗能量的（如耗油）。

1. 电位

电路中的电位、电压和电动势与上述水流情况很相似。如图 6-4 所示，电源的正极输出电流，流到 A 点，再经 R_1 流到 B 点，然后通过 R_2 流到 C 点，最后流到电源的负极。

与图 6-3 所示水流示意图相似，图 6-4 所示电路中的 A、B 点也有高、低之分，只不过不是水位，而称为电位，A 点电位较 B 点电位高。为了计算电位的高低，也需要找一个基准点作为零点，为了表明某点为零基准点，通常在该点处画一个"⊥"符号，该符号称为接地符号，接地符号处的电位规定为 0V，电位单位不是米（m），而是伏特（简称伏），用 V 表示。在图 6-4 所示电路中，以 C 点为 0V（该点标有接地符号），A 点的电位为 3V，表示为 $U_A = 3V$，B 点电位为 1V，表示为 $U_B = 1V$。

2. 电压

图 6-4 电路中的 A 点和 B 点的电位是不同的，有一定的差距，**这种电位之间的差距称为电位差，又称电压**。A 点和 B 点之间的电位差用 U_{AB} 表示，它等于 A 点电位 U_A 与 B 点电位 U_B 的差，即 $U_{AB} = U_A - U_B = 3V - 1V = 2V$。因为 A 点和 B 点电位差实际上就是电阻器 R_1 两端的电位差（即电压），R_1 两端的电压用 U_{R_1} 表示，所以 $U_{AB} = U_{R_1}$。

3. 电动势

为了让电路中始终有电流流过，电源需要在内部将流到负极的电流源源不断地"抽"到正极，使电源正极具有较高的电位，这样正极才会输出电流。当然，电源内部将负极的电流"抽"到正极需要消耗能量（如干电池会消耗掉化学能）。**电源消耗能量在两极建立的电位差称为电动势，电动势的单位也为 V**，图 6-4 所示电路中电源的电动势为 3V。

由于电源内部的电流方向是由负极流向正极，故电源的电动势方向规定为从电源负极指向正极。

6.1.4　电路的 3 种状态

电路有 3 种状态：通路、开路和短路。

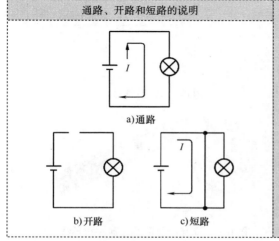

通路、开路和短路的说明
a) 通路
b) 开路　　c) 短路

1. 通路

左图 a 所示电路处于通路状态。电路处于通路状态的特点有：电路畅通，有正常的电流流过负载，负载正常工作。

2. 开路

左图 b 所示电路处于开路状态。电路处于开路状态的特点有：电路断开，无电流流过负载，负载不工作。

3. 短路

左图 c 中的电路处于短路状态。电路处于短路状态的特点有：电路中有很大电流流过，但电流不流过负载，负载不工作。由于电流很大，很容易烧坏电源和导线。

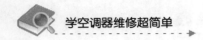

6.1.5　接地与屏蔽

1. 接地

接地在电工电子技术中应用广泛，接地常用图6-5所示的符号表示。**接地主要有以下的含义：**

1）在电路图中，接地符号处的电位规定为0V。 在图6-6a所示电路中，A点标有接地符号，规定A点的电位为0V。

图6-5　接地符号

2）在电路图中，标有接地符号处的地方都是相通 的。图6-6b所示的两个电路图虽然从形式上看不一样，但实际的电路连接是一样的，故两个电路中的灯泡都会亮。

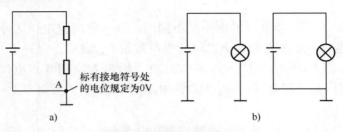

图6-6　接地符号含义说明图

3）在强电设备中，常常将设备的外壳与大地连接，当设备绝缘性能变差而使外壳带 电时，可迅速通过接地线泄放到大地，从而避免人体触电，如图6-7所示。

2. 屏蔽

在电气设备中，为了防止某些元器件和电路工作时受到干扰，或者为了防止某些元器件和电路在工作时产生干扰信号影响其他电路正常工作，通常对这些元器件和电路采取隔离措施，这种隔离称为屏蔽。屏蔽常用图6-8所示的符号表示。

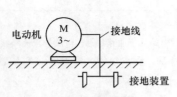

图6-7　强电设备的接地

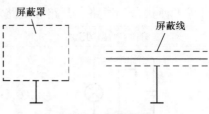

图6-8　屏蔽符号

屏蔽的具体做法是用金属材料（称为屏蔽罩）将元器件或电路封闭起来，再将屏蔽罩接地（通常为电源的负极）。图6-9为带有屏蔽罩的元器件和导线，外界干扰信号无法穿过金属屏蔽罩干扰内部元器件和电路。

图6-9　带有屏蔽罩的元器件和导线

6.2 欧姆定律

欧姆定律是电工电子技术中的一个最基本的定律，它反映了电路中电阻、电流和电压之间的关系。欧姆定律分为部分电路欧姆定律和全电路欧姆定律。

6.2.1 部分电路欧姆定律

部分电路欧姆定律的内容是：在电路中，流过导体的电流 I 的大小与导体两端的电压 U 成正比，与导体的电阻 R 成反比，即

$$I = \frac{U}{R}$$

也可以表示为 $U = IR$ 或 $R = \dfrac{U}{I}$。

欧姆定律的 3 种应用形式	
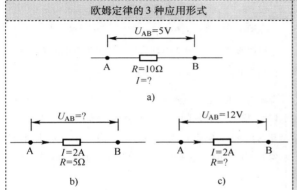	如左图 a 所示，已知电阻 $R = 10\Omega$，电阻两端电压 $U_{AB} = 5V$，那么流过电阻的电流 $I = \dfrac{U_{AB}}{R} = \dfrac{5}{10}A = 0.5A$。 又如左图 b 所示，已知电阻 $R = 5\Omega$，流过电阻的电流 $I = 2A$，那么电阻两端的电压 $U_{AB} = IR = 2 \times 5V = 10V$。 在左图 c 所示电路中，流过电阻的电流 $I = 2A$，电阻两端的电压 $U_{AB} = 12V$，那么电阻的大小 $R = \dfrac{U}{I} = \dfrac{12}{2}\Omega = 6\Omega$。

下面再来说明欧姆定律在实际电路中的应用，如图 6-10 所示。

在图 6-10 所示电路中，电源的电动势 $E = 12V$，A、D 之间的电压 U_{AD} 与电动势 E 相等，3 个电阻器 R_1、R_2、R_3 串接起来，可以相当于一个电阻器 R，$R = R_1 + R_2 + R_3 = (2 + 7 + 3)\Omega = 12\Omega$。知道了电阻的大小和电阻器两端的电压，就可以求出流过电阻器的电流 I，即

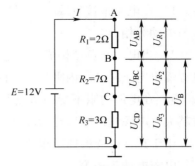

图 6-10 欧姆定律在实际电路中的应用

$$I = \frac{U}{R} = \frac{U_{AD}}{R_1 + R_2 + R_3} = \frac{12}{12}A = 1A$$

求出了流过 R_1、R_2、R_3 的电流 I，并且它们的电阻大小已知，就可以求 R_1、R_2、R_3 两端的电压 U_{R_1}（U_{R_1} 实际就是 A、B 两点之间的电压 U_{AB}）、U_{R_2}（实际就是 U_{BC}）和 U_{R_3}（实际就是 U_{CD}），即

$$U_{R_1} = U_{AB} = IR_1 = 1 \times 2V = 2V$$

$$U_{R_2} = U_{BC} = IR_2 = 1 \times 7V = 7V$$

$$U_{R_3} = U_{CD} = IR_3 = 1 \times 3\text{V} = 3\text{V}$$

从上面可以看出 $U_{R_1} + U_{R_2} + U_{R_3} = U_{AB} + U_{BC} + U_{CD} = U_{AD} = 12\text{V}$。

在图 6-10 所示电路中如何求 B 点电压呢？首先要明白，求某点电压指的就是求该点与地之间的电压，所以 B 点电压 U_B 实际就是电压 U_{BD}。求 U_B 有以下两种方法。

方法一：$U_B = U_{BD} = U_{BC} + U_{CD} = U_{R_2} + U_{R_3} = （7+3）\text{V} = 10\text{V}$

方法二：$U_B = U_{BD} = U_{AD} - U_{AB} = U_{AD} - U_{R_1} = （12-2）\text{V} = 10\text{V}$

6.2.2 全电路欧姆定律

全电路是指含有电源和负载的闭合回路。**全电路欧姆定律又称闭合电路欧姆定律，其内容是：闭合电路中的电流与电源的电动势成正比，与电路的内、外电阻之和成反比，即**

$$I = \frac{E}{R + R_0}$$

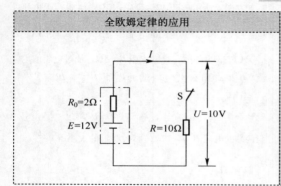

全欧姆定律的应用	左图中点画线框内为电源，R_0 表示电源的内阻，E 表示电源的电动势。开关 S 闭合后，电路中有电流 I 流过，根据全电路欧姆定律可求得 $I = \frac{E}{R + R_0} = \frac{12}{10 + 2}\text{A} = 1\text{A}$。电源输出电压（也即电阻 R 两端的电压）$U = IR = 1 \times 10\text{V} = 10\text{V}$，内阻 R_0 两端的电压 $U_0 = IR_0 = 1 \times 2\text{V} = 2\text{V}$。如果将开关 S 断开，电路中的电流 $I = 0\text{A}$，那么内阻 R_0 上消耗的电压 $U_0 = 0\text{V}$，电源输出电压 U 与电源电动势相等，即 $U = E = 12\text{V}$。

根据全电路欧姆定律不难看出以下几点：

1）在电源未接负载时，不管电源内阻多大，内阻消耗的电压始终为 0V，电源两端电压与电动势相等。

2）当电源与负载构成闭合电路后，由于有电流流过内阻，内阻会消耗电压，从而使电源输出电压降低。内阻越大，内阻消耗的电压越大，电源输出电压越低。

3）在电源内阻不变的情况下，如果外阻越小，电路中的电流越大，内阻消耗的电压也越大，电源输出电压也会降低。

由于正常电源的内阻很小，内阻消耗的电压很低，故一般情况下可认为电源的输出电压与电源电动势相等。

利用全电路欧姆定律可以解释很多现象。比如用仪表测得旧电池两端电压与正常电压相同，但将旧电池与电路连接后除了输出电流很小外，电池的输出电压也会急剧下降，这是因为旧电池内阻变大的缘故；又如将电源正、负极直接短路时，电源会发热甚至烧坏，这是因为短路时流过电源内阻的电流很大，内阻消耗的电压与电源电动势相等，大量的电能在电源内阻上消耗并转换成热能，故电源会发热。

6.3　电功、电功率和焦耳定律

6.3.1　电功

电流流过灯泡，灯泡会发光；电流流过电炉丝，电炉丝会发热；电流流过电动机，电动机会运转。由此可以看出，**电流流过一些用电设备时是会做功的，电流做的功称为电功**。用电设备做功的大小不但与加到用电设备两端的电压及流过的电流有关，还与通电时间长短有关。电功可用下面的公式计算：

$$W = UIt$$

式中，W 表示电功（J）；U 表示电压（V）；I 表示电流（A）；t 表示时间（s）。

电功的单位是焦耳（J），在电学中还常用到另一个单位——千瓦时（kW·h），俗称度。1kW·h＝1 度。千瓦时与焦耳的换算关系为

$$1kW \cdot h = 1 \times 10^3 W \times (60 \times 60)s = 3.6 \times 10^6 W \cdot s = 3.6 \times 10^6 J$$

1kW·h 可以这样理解：一个电功率为 100W 的灯泡连续使用 10h，消耗的电功为 1kW·h（即消耗 1 度电）。

6.3.2　电功率

电流需要通过一些用电设备才能做功。为了衡量这些设备做功能力的大小，引入一个电功率的概念。**电流单位时间做的功称为电功率。电功率用 P 表示，单位是瓦（W）**，此外还有千瓦（kW）和毫瓦（mW），它们之间的换算关系为

$$1kW = 10^3 W = 10^6 mW$$

电功率的计算公式为

$$P = UI$$

根据欧姆定律可知 $U = IR$，$I = U/R$，所以电功率还可以用公式 $P = I^2 R$ 和 $P = U^2/R$ 来求得。

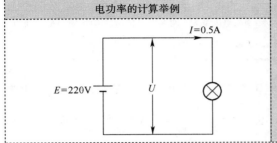

电功率的计算举例	在左图电路中，灯泡两端的电压为 220V（它与电源的电动势相等），流过灯泡的电流为 0.5A，求灯泡的功率、电阻和灯泡在 10s 所做的功。

灯泡的功率　$P = UI = 220V \times 0.5A = 110W$

灯泡的电阻　$R = U/I = 220V/0.5A = 440\Omega$

灯泡在 10s 做的功　$W = UIt = 220V \times 0.5A \times 10s = 1100J$

6.3.3　焦耳定律

电流流过导体时导体会发热，这种现象称为电流的热效应。电热锅、电饭煲和电热水

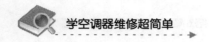

器等都是利用电流的热效应来工作的。

物理学家焦耳通过实验发现：电流流过导体，导体发出的热量与导体流过的电流、导体的电阻和通电的时间有关。**焦耳定律具体内容是：电流流过导体产生的热量，与电流的二次方及导体的电阻成正比，与通电时间也成正比。**由于这个定律除了由焦耳发现外，科学家楞次也通过实验独立发现，故该定律又称焦耳-楞次定律。

焦耳定律可用下面的公式表示

$$Q = I^2 Rt$$

式中，Q 表示热量（J）；R 表示电阻（Ω）；t 表示时间（s）。

举例：某台电动机额定电压是220V，绕组的电阻为0.4Ω，当电动机接220V的电压时，流过的电流是3A，求电动机的功率和绕组每秒发出的热量。

电动机的功率是 $P = UI = 220\text{V} \times 3\text{A} = 660\text{W}$

电动机绕组每秒发出的热量 $Q = I^2 Rt = (3\text{A})^2 \times 0.4\Omega \times 1\text{s} = 3.6\text{J}$

6.4 电阻的串联、并联和混联

电阻是电路中应用最多的一种元器件，电阻在电路中的连接形式主要有串联、并联和混联3种。

6.4.1 电阻的串联

两个或两个以上的电阻头尾相连串接在电路中，称为电阻的串联。

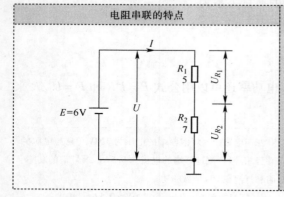

电阻串联的特点

电阻串联有以下特点：

1. 流过各串联电阻的电流相等，都为 I。

2. 电阻串联后的总电阻 R 增大，总电阻等于各串联电阻之和，即

$$R = R_1 + R_2$$

3. 总电压 U 等于各串联电阻上电压之和，即

$$U = U_{R_1} + U_{R_2}$$

4. 串联电阻越大，两端电压越高，因为 $R_1 < R_2$，所以 $U_{R_1} < U_{R_2}$。

在上图所示电路中，两个串联电阻上的总电压 U 等于电源电动势，即 $U = E = 6\text{V}$；电阻串联后总电阻 $R = R_1 + R_2 = 12\Omega$；流过各电阻的电流 $I = \dfrac{U}{R_1 + R_2} = \dfrac{6}{12}\text{A} = 0.5\text{A}$；电阻 R_1 上的电压 $U_{R_1} = IR_1 = (0.5 \times 5)\text{V} = 2.5\text{V}$，电阻 R_2 上的电压 $U_{R_2} = IR_2 = (0.5 \times 7)\text{V} = 3.5\text{V}$。

6.4.2 电阻的并联

两个或两个以上的电阻头头相接、尾尾相连并接在电路中，称为电阻的并联。

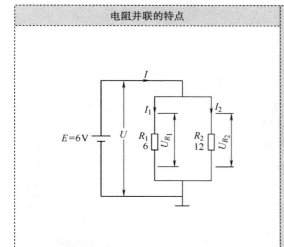

电阻并联的特点	电阻并联有以下特点。

1. 并联的电阻两端的电压相等，即
$$U_{R_1} = U_{R_2}$$

2. 总电流等于流过各个并联电阻的电流之和，即
$$I = I_1 + I_2$$

3. 电阻并联总电阻减小，总电阻的倒数等于各并联电阻的倒数之和，即
$$\frac{1}{R} = \frac{1}{R_1} + \frac{1}{R_2}$$

该式可变形为
$$R = \frac{R_1 R_2}{R_1 + R_2}$$

4. 在并联电路中，电阻越小，流过的电流越大，因为 $R_1 < R_2$，所以流过 R_1 的电流 I_1 大于流过 R_2 的电流 I_2。

在上图所示电路中，并联的电阻 R_1、R_2 两端的电压相等，$U_{R_1} = U_{R_2} = U = 6\text{V}$；流过 R_1 的电流 $I_1 = \dfrac{U_{R_1}}{R_1} = \dfrac{6}{6}\text{A} = 1\text{A}$，流过 R_2 的电流 $I_2 = \dfrac{U_{R_2}}{R_2} = \dfrac{6}{12}\text{A} = 0.5\text{A}$，总电流 $I = I_1 + I_2 = (1 + 0.5)\text{A} = 1.5\text{A}$；$R_1$、$R_2$ 并联总电阻为

$$R = \frac{R_1 R_2}{R_1 + R_2} = \frac{6 \times 12}{6 + 12}\Omega = 4\Omega$$

6.4.3 电阻的混联

一个电路中的电阻既有串联又有并联时，称为电阻的混联，如图 6-11 所示。

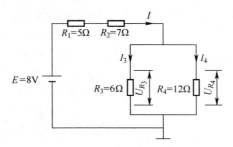

图 6-11 电阻的混联

对于电阻混联电路，总电阻可以这样求：先求并联电阻的总电阻，然后再求串联电阻与并联电阻的总电阻之和。在图 6-11 所示电路中，并联电阻 R_3、R_4 的总电阻为

$$R_0 = \frac{R_3 R_4}{R_3 + R_4} = \frac{6 \times 12}{6 + 12}\Omega = 4\Omega$$

电路的总电阻为

$$R = R_1 + R_2 + R_0 = (5 + 7 + 4)\Omega = 16\Omega$$

读者如果有兴趣，可求图 6-11 所示电路中总电流 I，R_1 两端电压 U_{R_1}，R_2 两端电压 U_{R_2}，R_3 两端电压 U_{R_3} 和流过 R_3、R_4 的电流 I_3、I_4 的大小。

6.5　直流电与交流电

6.5.1　直流电

直流电是指方向始终固定不变的电压或电流。能产生直流电的电源称为直流电源，常见的干电池、蓄电池和直流发电机等都是直流电源，直流电源常用图 6-12a 所示的图形符号表示。直流电的电流方向总是由电源正极流出，再通过电路流到负极。在图 6-12b 所示的直流电路中，电流从直流电源正极流出，经电阻 R 和灯泡流到负极结束。

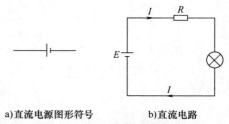

a)直流电源图形符号　　　　b)直流电路

图 6-12　直流电源图形符号与直流电路

直流电又分为稳定直流电和脉动直流电。

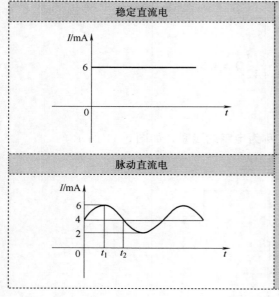

稳定直流电	稳定直流电是指方向固定不变并且大小也不变的直流电。稳定直流电可用左图所示波形表示，稳定直流电的电流 I 的大小始终保持恒定（始终为 6mA），在图中用直线表示；直流电的电流方向保持不变，始终是从电源正极流向负极，图中的直线始终在 t 轴上方，表示电流的方向始终不变。
脉动直流电	脉动直流电是指方向固定不变，但大小随时间变化的直流电。脉动直流电可用左图所示的波形表示，从图中可以看出，脉动直流电的电流 I 的大小随时间作波动变化（如在 t_1 时刻电流为 6mA，在 t_2 时刻电流变为 4mA），电流大小波动变化在图中用曲线表示；脉动直流电的方向始终不变（电流始终从电源正极流向负极），图中的曲线始终在 t 轴上方，表示电流的方向始终不变。

6.5.2　交流电

交流电是指方向和大小都随时间作周期性变化的电压或电流。交流电的类型很多，其中最常见的是正弦交流电，因此这里就以正弦交流电为例来介绍交流电。

1. 正弦交流电

正弦交流电的符号、电路和波形如图 6-13 所示。

下面以图 6-13b 所示的交流电路来说明图 6-13c 所示正弦交流电波形。

1）在 $0 \sim t_1$ 期间：交流电源 e 的电压极性是上正下负，电流 I 的方向是交流电源上

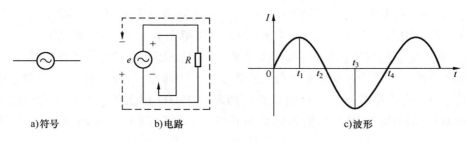

a)符号　　　　　　　b)电路　　　　　　　　　　c)波形

图 6-13　正弦交流电的符号、电路和波形

正→电阻 R→交流电源下负，并且电流 I 逐渐增大。电流逐渐增大在图 6-13c 中用波形逐渐上升表示，t_1 时刻电流达到最大值。

2）在 $t_1 \sim t_2$ 期间：交流电源 e 的电压极性仍是上正下负，电流 I 的方向仍是交流电源上正→电阻 R→交流电源下负，但电流 I 逐渐减小，电流逐渐减小在图 6-13c 中用波形逐渐下降表示，t_2 时刻电流为 0。

3）在 $t_2 \sim t_3$ 期间：交流电源 e 的电压极性变为上负下正，电流 I 的方向也发生改变，图 6-13c 中的交流电波形由 t 轴上方转到下方，表示电流方向发生改变。电流 I 的方向是交流电源下正→电阻 R→交流电源上负，电流反方向逐渐增大，t_3 时刻反方向的电流达到最大值。

4）在 $t_3 \sim t_4$ 期间：交流电源 e 的电压极性仍为上负下正，电流仍是反方向，电流的方向是交流电源下正→电阻 R→交流电源上负，电流反方向逐渐减小，t_4 时刻电流减小到 0。

t_4 时刻以后，交流电源的电流大小和方向变化与 $0 \sim t_4$ 期间变化相同。实际上，交流电源不但电流大小和方向按正弦波变化，其电压大小和方向变化也像电流一样按正弦波变化。

2. 周期和频率

周期和频率是交流电最常用的两个概念，下面以图 6-14 所示的正弦交流电波形图来说明。

（1）周期

从图 6-14 可以看出，交流电变化

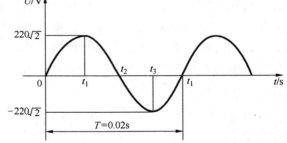

图 6-14　正弦交流电的周期、频率和瞬时值说明

过程是不断重复的，**交流电重复变化一次所需的时间称为周期，周期用 T 表示，单位是秒（s）**。图 6-14 所示交流电的周期 $T = 0.02\mathrm{s}$，说明该交流电每隔 $0.02\mathrm{s}$ 就会重复变化一次。

（2）频率

交流电在每秒内重复变化的次数称为频率，频率用 f 表示，它是周期的倒数，即

$$f = \frac{1}{T}$$

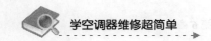

频率的单位是赫兹（Hz）。图 6-14 所示交流电的周期 $T = 0.02\mathrm{s}$，那么它的频率 $f = 1/T = 1/0.02\mathrm{s} = 50\mathrm{Hz}$，该交流电的频率 $f = 50\mathrm{Hz}$，说明在 1s 内交流电能重复 $0 \sim t_4$ 这个过程 50 次。交流电变化越快，变化一次所需要时间越短，周期就越短，频率就越高。

根据频率的高低不同，交流信号分为高频信号、中频信号和低频信号。高频、中频和低频信号划分没有严格的规定，一般认为：**频率在 3MHz 以上的信号称为高频信号，频率在 300kHz ~ 3MHz 范围内的信号称为中频信号，频率低于 300kHz 的信号称为低频信号。**

高频、中频和低频是一个相对概念，在不同的电子设备中，它们范围是不同的。例如在调频（FM）收音机中，88 ~ 108MHz 称为高频，10.7MHz 称为中频，20Hz ~ 20kHz 称为低频；而在调幅（AM）收音机中，525 ~ 1605kHz 称为高频，465kHz 称为中频，20Hz ~ 20kHz 称为低频。

3. 瞬时值和有效值

（1）瞬时值

交流电的大小和方向是不断变化的，交流电在某一时刻的值称为交流电在该时刻的瞬时值。以图 6-14 所示的交流电压为例，它在 t_1 时刻的瞬时值为 $220\sqrt{2}\mathrm{V}$（约为 311V），该值为最大瞬时值，在 t_2 时刻瞬时值为 0V，该值为最小瞬时值。

（2）有效值

交流电的大小和方向是不断变化的，这给电路计算和测量带来不便，为此引入有效值的概念。下面以图 6-15 所示电路来说明有效值的含义。

图 6-15 所示两个电路中的电热丝完全一样，现分别给电热丝通交流电和直流电，如果两电路通电时间相同，并且电热丝发出热量也相同，对电热丝来说，这里的交流电和直流电是等效的，那么就将图 6-15b 中直流电的电压值或电流值称为图 6-15a 中交流电的有效电压值或有效电流值。

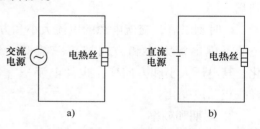

图 6-15　交流电有效值的说明图

交流市电电压为 220V 指的就是有效值，其含义是虽然交流电压时刻变化，但它的效果与 220V 直流电是一样的。若无特别说明，交流电的大小通常是指有效值，测量仪表的测量值一般也是指有效值。**正弦交流电的有效值与瞬时最大值的关系是**

$$最大瞬时值 = \sqrt{2} \times 有效值$$

例如，交流市电的有效电压值为 220V，它的最大瞬时电压值 $= 220\sqrt{2}\mathrm{V} \approx 311\mathrm{V}$。

4. 交流电的相位与相位差

（1）相位

正弦交流电的电压或电流值变化规律与正弦波一样，为了分析方便，将正弦交流电波形放在图 6-16 所示的坐标中。

图6-16 中画出了交流电的一个周期，一个周期的角度为 2π，一个周期的时间为 0.02s。从图中可以看出，在不同的时刻，交流电压所处的角度不同，如在 $t=0$ 时刻的角度为 0°，在 $t=0.005s$ 时刻的角度为 $\pi/2$（即 90°），在 $t=0.01s$ 时刻的角度为 π（即 180°）。

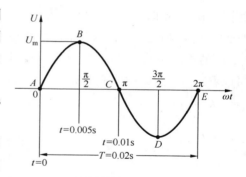

图 6-16　正弦交流电波形

交流电在某时刻的角度称为交流电在该时刻的相位。图 6-16 所示的交流电在 $t=0.005s$ 时刻的相位为 $\pi/2$，在 $t=0.01s$ 时刻的相位为 π。交流电在 $t=0$ 时刻的角度称为交流电的初相位，图 6-16中的交流电初相位为 0°。**对于初相位为 0°的交流电，可用下面的式子表示：**

$$U = U_m \sin\omega t$$

U 为交流电压的瞬时值，U_m 为交流电压的最大值，ωt 为交流电压的相位，其中 ω 称为交流电的角频率，$\omega = 2\pi/T = 2\pi f$。利用上面的式子可以求出交流电压在任一时刻的相位及该时刻的电压值。

例如：已知某交流电压的周期 $T=0.02s$，最大电压值 $U_m=10V$，初相位为 0°，求该交流电压在 $t=0.015s$ 时刻的相位及电压。

先求出交流电压在 $t=0.015s$ 时刻的相位 ωt：

$$\omega t = \frac{2\pi}{T}t = \frac{2\pi}{0.02} \times 0.015 = 1.5\pi = \frac{3}{2}\pi$$

再求交流电压在 $t=0.015s$ 时刻的电压值 U：

$$U = U_m\sin\omega t = 10\sin\left(\frac{3}{2}\pi\right) = 10 \times (-1)V = -10V$$

有些交流电在 $t=0$ 时刻的相位并不为 0°（即初相位不为 0°），如图 6-17 所示。在 $t=0$ 时刻，U_2 的初相位为 0°，它可以用 $U_2 = U_m\sin\omega t$ 表示；U_1 的初相位不为 0°，而为 φ。**初相位不为 0°的交流电压可用下面的式子表示：**

$$U_1 = U_m\sin(\omega t + \varphi)$$

式中，U_m 为交流电的最大值；$\omega t + \varphi$ 为交流电的相位；φ 为交流电的初相位（即 $t=0$ 时的相位）。

图 6-17 中 U_1 的初相位 $\varphi = \pi/2$，它的表达式为 $U_1 = U_m\sin(\omega t + \pi/2)$，根据这个表达式可以求出 U_1 在任何时刻的相位和电压值。

（2）相位差

相位差是指两个同频率交流电的相位之差。 如图 6-18a、b 所示，两个同频率的交流电流 i_1、i_2 分别从两条线路流向 A 点，在同一时刻，到达 A 点的 i_1、i_2 交流电的相位并不

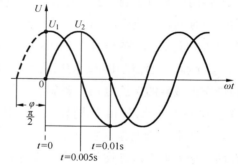

图 6-17　初相位不同的两个交流电示意图

相同。在 $t=0$ 时刻，i_1 的相位为 $\pi/2$，而 i_2 相位为 $0°$；在 $t=0.01\text{s}$ 时刻，i_1 的相位为 $3\pi/2$，而 i_2 相位为 π，两个电流的相位差为（$\pi/2-0°$）$=\pi/2$ 或（$3\pi/2-\pi$）$=\pi/2$，即 i_1、i_2 的相位差始终是 $\pi/2$。在图6-18b中，若将 i_1 的前一段补充出来（虚线所示），也可以看出 i_1、i_2 的相位差是 $\pi/2$，并且 i_1 超前 $i_2\pi/2$（$90°$）。

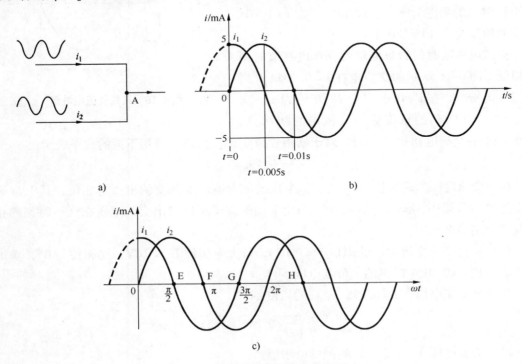

图6-18　交流电相位差示意图

两个交流电存在相位差实际上就是两个交流电的变化存在着时间差。例如图6-18b中的两个交流电，在 $t=0$ 时刻，电流 i_1 的值为 5mA，电流 i_2 的值为 0；而到 $t=0.005\text{s}$ 时，电流 i_1 的值变为 0，电流 i_2 的值变为 5mA。也就是说，i_2 电流变化总是滞后 i_1 电流的变化。

要在坐标图中求出两个同频率交流电的相位差，可采用下面两种方法：

若将两个交流电建立在 x 轴表示时间 t 的坐标图中，要求出它们的相位差，就需先确定在某一时刻各交流电的相位，然后对它们进行求差，即可得出相位差。在图6-18b中，两个交流电流 i_1、i_2 在 $t=0$ 时刻的相位分别是 $\pi/2$ 和 $0°$，那么它们的相位差是 $\pi/2-0°=\pi/2$，至于哪个交流电相位超前或落后，可根据相位差结果的正、负来判断，结果为正说明相位作被减数的交流电相位超前，为负说明相位作被减数的交流电相位落后。i_1、i_2 的相位差为 $\pi/2-0°$，i_1 相位作被减数，相位差为正，所以 i_1 相位超前。

若将两个交流电建立在 x 轴表示角度（ωt）的坐标图中，要求出它们的相位差，可以在两个交流电上取性质相同的相邻两个点，求得两点之间相差的角度就能得出两者的相位差。在图6-18c中，i_1 的 E 点与 i_2 的 F 点性质相同（两点变化趋势相同）且相邻，两

点相差的角度为 $\pi - \pi/2 = \pi/2$，那么它们之间的相位差就为 $\pi/2$，点位置在前的交流电相位超前，E 点在 F 点前面，故 i_1 相位超前 i_2。需要说明的是，i_1 的 E 点与 i_2 的 H 点性质相同但不相邻，故不能将它们之间的角度差看成相位差。

6.6　指针式万用表的使用

指针式万用表是一种广泛使用的电子测量仪表，它由一只灵敏很高的直流电流表（微安表）作表头，再加上挡位选择开关和相关电路组成。指针式万用表可以测量电压、电流、电阻，还可以测量电子元器件的好坏。指针式万用表种类很多，使用方法都大同小异，本节以 MF 47 型万用表为例进行介绍。

6.6.1　面板介绍

MF 47 型万用表的面板如图 6-19 所示。从面板上可以看出，**指针式万用表的面板主要由刻度盘、挡位选择开关、旋钮和插孔构成。**

（1）刻度盘

刻度盘用来指示被测量值

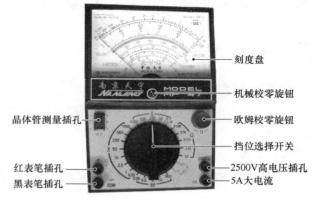

图 6-19　MF 47 型万用表的面板

的大小，它由 1 根指针和 7 条刻度线组成。刻度盘如图 6-20 所示。

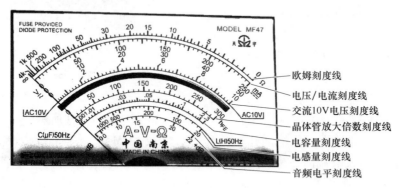

图 6-20　刻度盘

第 1 条标有"Ω"字样的为欧姆刻度线。在测量电阻器阻值时查看该刻度线。这条刻度线最右端刻度表示的阻值最小（为 0），最左端刻度表示阻值最大（为 ∞，即无穷大）。在未测量时指针指在左端无穷处。

第 2 条标有"V"（左方）和"mA"（右方）字样的为直、交流电压/电流刻度线。在测量直流电压、电流和交流电压、电流时都查看这条刻度线。该刻度线最左端刻度表示最小值，最右端刻度表示最大值，在该刻度线下方标有 3 组数，它们的最大值分别是

250、50 和 10，当选择不同挡位时，要将刻度线的最大刻度看作该挡位最大量程数值（其他刻度也要相应变化）。如挡位选择开关置于"50V"挡测量时，指针指在第 2 条刻度线最大刻度处，表示此时测量的电压值为 50V（而不是 10V 或 250V）。

第 3 条标有"**AC10V**"字样的为交流 **10V** 挡专用刻度线。在挡位开关置于交流 10V 挡测量时查看该刻度线。

第 4 条标有"**hFE**"字样的为晶体管放大倍数刻度线。在测量晶体管放大倍数时查看这条刻度线。

第 5 条标有"**C（μF）**"字样的为电容量刻度线。在测量电容器的电容量时查看这条刻度线。

第 6 条标有"**L（H）**"字样的为电感量刻度线。在测量电感器的电感量时查看该刻度线。

第 7 条标有"**dB**"字样的为音频电平刻度线。在测量音频信号电平时查看这条刻度线。

（2）挡位选择开关

挡位选择开关的功能是选择不同的测量挡位。挡位选择开关如图 6-21 所示。

（3）旋钮

万用表面板上有两个旋钮：机械校零旋钮和欧姆校零旋钮，如图 6-19 所示。

机械校零旋钮的功能是在测量前将指针调到电压/电流刻度线的"0"刻度处。欧姆校零旋钮的功能是在使用电阻挡测量时，将指针调到欧姆刻度线的"0"刻度处。两个旋钮的详细调节方法在后面将会介绍。

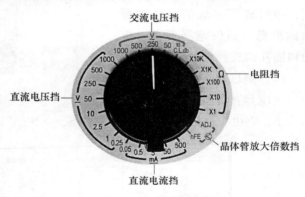

图 6-21　挡位选择开关

（4）插孔

万用表面板上有 4 个独立插孔和一个 6 孔组合插孔，如图 6-19 所示。

标有" ＋ "字样的为红表笔插孔；标有" －（或 COM）"字样的为黑表笔插孔；标有"5A"字样的为大电流插孔，当测量 500mA～5A 范围内的电流时，红表笔应插入该插孔；标有"2500V"字样的为高电压插孔，当测量 1000～2500V 范围内的电压时，红表笔应插入此插孔。6 孔组合插孔为晶体管测量插孔，标有"N"字样的 3 个孔为 NPN 型晶体管的测量插孔，标有"P"字样的 3 个孔为 PNP 型晶体管的测量插孔。

6.6.2　使用前的准备工作

在使用指针式万用表前，需要安装电池、机械校零和安插表笔。

（1）安装电池

在使用万用表测量前，需要在内部安装电池，若不安装电池，电阻挡和晶体管放大倍数挡将无法使用，但电压挡、电流挡仍可使用。MF 47 型万用表需要 9V 和 1.5V 两个电池，其中 9V 电池供给 $R \times 10k\Omega$ 挡使用，1.5V 电池供给 $R \times 10k\Omega$ 挡以外的电阻挡和晶体管放大倍数测量挡使用。

万用表的电池安装如图 6-22 所示。安装电池时，一定要注意电池的极性不能装错。

（2）机械校零

在出厂时，大多数厂家已对万用表进行了机械校零，对于某些原因造成指针未校零时，可自己进行机械校零。机械校零过程如图 6-23 所示。

（3）安装表笔

万用表有红、黑两根表笔，在测量时，红表笔要插入标有 "＋" 字样的插孔，黑表笔要插入标有 "－" 字样的插孔。

图 6-22 万用表的电池安装

6.6.3 测量直流电压

MF 47 型万用表的直流电压挡具体又分为 0.25V、1V、2.5V、10V、50V、250V、500V、1000V 和 2500V 挡。

下面通过测量一节电池的电压值来说明直流电压的测量，测量如图 6-24 所示，具体过程如下：

第 1 步：选择挡位。测量前先大致估计被测电压可能的最大值，再根据挡位应高于且最接近被测电压的原则选择挡位，若无

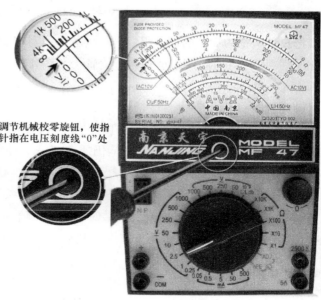

调节机械校零旋钮，使指针指在电压刻度线 "0" 处

图 6-23 机械校零

法估计，可先选最高挡测量，再根据大致测量值重新选取合适的低挡位测量。一节充电电池的电压一般低于 1.5V，根据挡位应高于且最接近被测电压原则，选择 2.5V 挡最为合适。

第 2 步：红、黑表笔接被测电压。红表笔接被测电压的高电位处（即电池的正极），黑表笔接被测电压的低电位处（即电池的负极）。

第 3 步：读数。在刻度盘上找到旁边标有 "V" 字样的刻度线（即第 2 条刻度线），该刻度线由最大值分别是 250、50、10 的三组数对应，因为测量时选择的挡位为 2.5V，

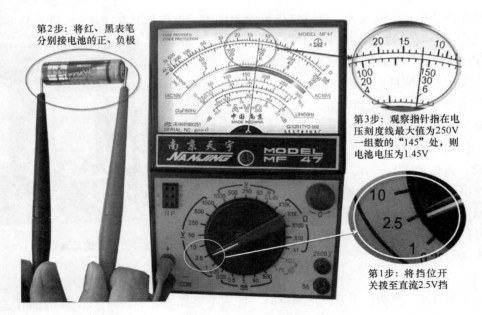

第2步：将红、黑表笔分别接电池的正、负极

第3步：观察指针指在电压刻度线最大值为250V一组数的"145"处，则电池电压为1.45V

第1步：将挡位开关拨至直流2.5V挡

图6-24　直流电压的测量

所以选择最大值为250的那一组数进行读数，但需将250看成2.5，该组其他数作相应的变化。现观察指针指在接近150的位置，约为145，那么被测电池的直流电压大小约为1.45V。

补充说明：

1）如果测量1000～2500V范围内的电压时，挡位选择开关应置于1000V挡位，红表笔要插在2500V专用插孔中，黑表笔仍插在"－"插孔中，读数时选择最大值为250的那一组数。

2）直流电压0.25V挡与直流电流0.05mA挡是共用的，在测直流电压选择该挡时可以测量0～0.25V范围内的电压，读数时选择最大值为250的那一组数，在测直流电流时选择该挡可以测量0～0.05mA范围内的电流，读数时选择最大值为50的那一组数。

6.6.4　测量交流电压

MF 47型万用表的交流电压挡具体又分为10V、50V、250V、500V、1000V和2500V挡。

下面通过测量市电电压的大小来说明交流电压的测量，测量如图6-25所示，具体过程如下：

第1步：选择挡位。市电电压一般在220V左右，根据挡位应高于且最接近被测电压的原则，选择250V挡最为合适。

第2步：红、黑表笔接被测电压。由于交流电压无正、负极性之分，故红、黑表笔可随意分别插在市电插座的两个插孔中。

第3步：读数。交流电压与直流电压共用刻度线，读数方法也相同。因为测量时选择

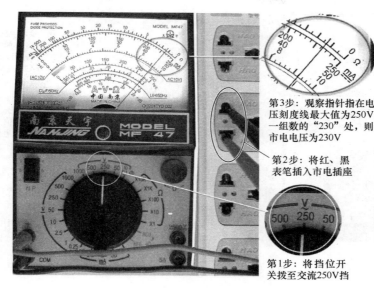

第3步：观察指针指在电
压刻度线最大值为250V
一组数的"230"处，则
市电电压为230V

第2步：将红、黑
表笔插入市电插座

第1步：将挡位开
关拨至交流250V挡

图 6-25 交流电压的测量

的挡位为 250V，所以选择最大值为 250 的那一组数进行读数。现观察指针指在刻度线"230"的位置，那么被测市电电压的大小为 230V。

注意：在选用 10V 交流挡测量时，需要查看标有"AC10V"字样的刻度线。

6.6.5 测量直流电流

MF 47 型万用表的直流电流挡具体又分为 0.05mA、0.5V、5V、50mA、500mA 和 5A 挡。

下面以测量图 6-26a 所示电路中流过灯泡的电流大小为例来说明直流电流的测量，其测量等效图如图 6-26b 所示。测量流过灯泡的电流的具体过程如下：

第 1 步：选择挡位。灯泡工作电流较大，这里选择直流 500mA 挡。

第 2 步：断开电路，将万用表红、黑表笔串接在电路的断开处，红表笔接断开处的高电位端，黑表笔接断开处的另一端。

第 3 步：读数。直流电流与直流电压共用刻度线，读数方法也相同。因为测量时选择的挡位为 500mA 挡，所以选择最大值为 50 的那一组数进行读数。现观察指针指在刻度线接近"40"的位置，约为 39.5，那么流过灯泡的电流为 395mA。

如果流过灯泡的电流大于 500mA，可将红表笔插入 5A 插孔，挡位仍置于 500mA 挡。

注意：测量电路的电流时，一定要断开电路，并将万用表串接在电路断开处，这样电路中的电流才能流过万用表，万用表才能指示被测电流的大小。

6.6.6 测量电阻

测量电阻的阻值时需要选择电阻挡。MF 47 型万用表的电阻挡具体又分为 ×1Ω、×10Ω、×10Ω、×1kΩ 和 ×10kΩ 挡。

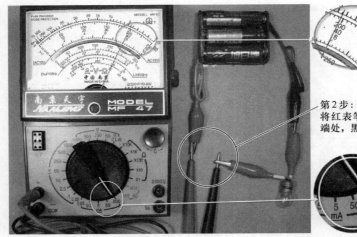

第3步：观察指针指在电流刻度线最大值为50一组数的"39.5"处，则流过灯泡的电流为395mA

第2步：断开被测电路，再将红表笔接断开处的高电位端处，黑表笔接断开处的低电位端

第1步：将挡位开关拨至500mA挡

a)测量图

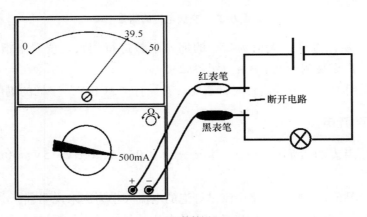

b)等效图

图6-26　直流电流的测量

　　下面以测量一只电阻器的阻值来说明电阻挡的使用，测量如图6-27所示，具体过程说明如下：

　　第1步：选择挡位。测量前先估计被测电阻器的阻值大小，选择合适的挡位。挡位选择的原则是：在测量时尽可能让指针指在欧姆刻度线的中央位置，因为指针指在刻度线中央时的测量值最准确，若不能估计电阻器的阻值，可先选高挡位测量，如果发现阻值偏小，再换成合适的低挡位重新测量。现估计被测电阻器的阻值为几百至几千欧，选择挡位×100Ω较为合适。

　　第2步：欧姆校零。挡位选好后要进行欧姆校零，欧姆校零过程如图6-27a所示。先将红、黑表笔短接，观察指针是否指到欧姆刻度线（即第1条刻度线）的"0"处，若指针没有指在"0"处，可调节欧姆校零旋钮，将指针调到"0"处为止，如果无法将指针调到"0"处，一般为万用表内部电池用旧所致，需要更换新电池。

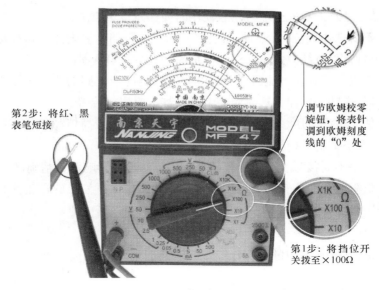

第2步：将红、黑
表笔短接

调节欧姆校零
旋钮，将表针
调到欧姆刻度
线的"0"处

第1步：将挡位开
关拨至×100Ω

a)欧姆校零

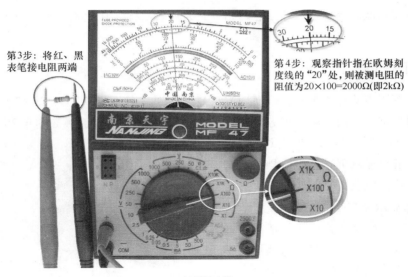

第3步：将红、黑
表笔接电阻两端

第4步：观察指针指在欧姆刻
度线的"20"处，则被测电阻的
阻值为20×100=2000Ω(即2kΩ)

b)测量电阻

图 6-27　电阻的测量

第 3 步：红、黑表笔接被测电阻。电阻没有正、负正分，红、黑表笔可随意接被测电阻两端。

第 4 步：读数。读数时查看欧姆刻度线，观察指针所指的数值，然后将该数值与挡位数相乘，得到的结果就是该电阻的阻值。在图 6-27b 中，万用表指针指在数值"20"处，选择挡位为 ×100Ω，则被测电阻的阻值为 $20 \times 100\Omega = 2000\Omega = 2k\Omega$。

6.6.7　使用注意事项

使用万用表时要按正确的方法进行操作，否则会出现测量值不准确，重则会烧坏万

127

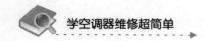

用表，甚至会触电危及人身安全。万用表使用时要注意以下事项：

1）测量时不要选错挡位，特别是不能用电流或电阻挡来测电压，这样极易烧坏万用表。万用表不用时，可将挡位置于交流电压最高挡（如 1000V 挡）。

2）测量直流电压或直流电流时，要将红表笔接电源或电路的高电位、黑表笔接低电位，若表笔接错，指针会反偏，这时应马上互换红、黑表笔位置。

3）若不能估计被测电压、电流或电阻的大小，应先用最高挡，如果高挡位测量值偏小，可根据测量大小重新选择相应的低挡位。

4）测量时，手不要接触表笔的金属部位，以免触电或影响测量精确度。

5）测量电阻阻值和晶体管放大倍数时要进行欧姆校零，如果旋钮无法将指针调到欧姆刻度线的"0"处，一般为万用表内部电池过旧，可更换新电池。

6.7 数字式万用表的使用

数字式万用表与指针式万用表相比，具有测量准确度高、测量速度快、输入阻抗大、过载能力强和功能多等优点。所以它与指针式万用表一样，在电工电子测量方面得到广泛的应用。

6.7.1 面板介绍

数字式万用表的种类很多，但使用方法基本相同，本节就以 VC9208 型数字式万用表为例来说明数字式万用表的使用方法。VC9208 型数字式万用表面板如图 6-28 所示。

从图 6-28 可以看出，数字式万用表面板上主要由液晶显示屏、按键、挡位选择开关和各种插孔组成。

1. 液晶显示屏

在测量时，数字式万用表是依靠液晶显示屏（简称显示屏）显示数字来表明被测对象的量值大小。图中的液晶显示屏可以显示 4 位数字和一个小数点，选择不同挡位时，小数点的位置会改变。

2. 按键

VC9208 型数字式万用表面板上有 3 个按键，如图 6-29 所示，左边标"POWER"的为电源开关键，按下时内部电源启动，万用表可以开始测量；弹起时关闭电源，万用表无法进行测量。中间标"HOLD"的为保持键，当显示屏显示的数字变化时，可以按下该键，显示的数字保持稳定不变。右边标

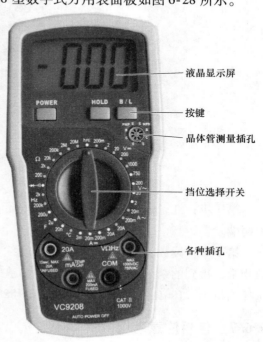

液晶显示屏

按键

晶体管测量插孔

挡位选择开关

各种插孔

图 6-28 VC9208 型数字式万用表面板

"B/L"的为背光灯控制键，按下时开启液晶显示屏的背光灯，弹起则背光灯关闭。

3. 挡位选择开关

在测量不同的量时，挡位选择开关要置于相应的挡位。挡位选择开关如图 6-30 所示，挡位有直流电压挡、交流电压挡、交流电流挡、直流电流挡、温度测量挡、电容量测量挡、频率测量挡、二极管测量挡和电阻挡及晶体管测量挡。

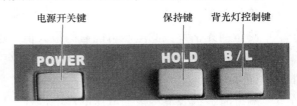

图 6-29　面板上的 3 个按键

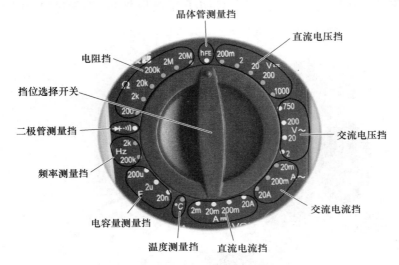

图 6-30　挡位选择开关及各种挡位

4. 插孔

面板上有 5 个插孔，如图 6-31 所示。标 "VΩHz" 的为红表笔插孔，在测电压、电阻和频率时，红表笔应插入该插孔；标 "COM" 的为黑表笔插孔；标 "mA" 的为小电流插孔，当测 0 ~ 200mA 电流时，红表笔应插入该插孔；标 "20A" 的为大电流插孔，当测 200mA ~ 20A 电流时，红表笔应插入该插孔。

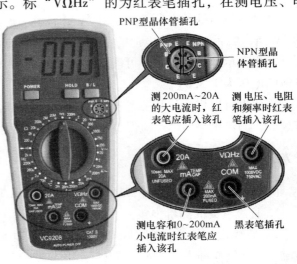

图 6-31　面板上的 5 个插孔

6.7.2　直流电压的测量

VC9208 型数字式万用表的直流电压测量挡位有 2V、20V、200V和 1000V。

1. 直流电压的测量步骤

1）将红表笔插入"VΩHz"插孔，黑表笔插入"COM"插孔。

2）测量前先估计被测电压可能有的最大值，选取比估计电压高并且最接近的电压挡位，这样测量值更准确，若无法估计，可先选最高挡测量，再根据大致测量值重新选取合适的挡位进行测量。

3）测量时，红表笔接被测电压的高电位处，黑表笔接被测电压的低电位处。

4）读数时，直接从显示屏读出的数字就是被测电压值，读数时要注意小数点。

2. 直流电压测量举例

下面以测量一节电池的电压来说明直流电压的测量方法，测量过程如图6-32所示。

第3步：观察显示屏显示"1.326"，则电池电压为1.326V

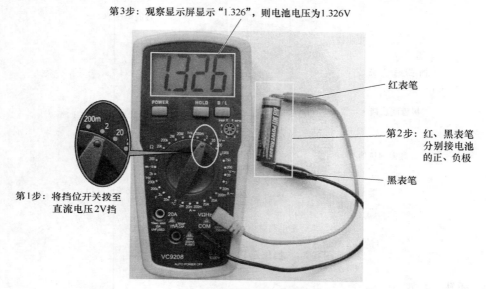

红表笔

第2步：红、黑表笔分别接电池的正、负极

黑表笔

第1步：将挡位开关拨至直流电压2V挡

图6-32　数字式万用表测电池电压

估计一节电池的电压不会超过2V并且最接近2V，因此将挡位选择开关置于直流电压的2V挡，然后红表笔接电池的正极，黑表笔接电池的负极，再从显示屏直接读出数值即可，如果显示数据有变化，可读取中间值，图中显示屏的显示值为"1.326"，说明被测电池的电压为1.326V。

当然也可以将挡位开关置于20V、200V挡测量，但准确度会下降，挡位偏离被测电压越大，测量出来的电压值误差越大。

6.7.3　直流电流的测量

测量直流电流的挡位有2mA、20mA、200mA和20A。

1. 直流电流的测量步骤

1）将黑表笔插入"COM"插孔，红表笔插入"mA"插孔，如果测量200mA～20A电流，红表笔应插入"20A"插孔。

2）测量前先估计被测电流的大小，选取合适的挡位，选取的挡位应大于并且最接近被测电流值。

3）测量时，要将被测电路断开，再将红表笔置于断开位置的高电位处，黑表笔置于断开位置的低电位处。

4）从显示屏上直接读出电流数值。

2．直流电流测量举例

下面以测量流过一只灯泡的电流大小为例来说明直流电流的测量方法，测量过程如图 6-33 所示。

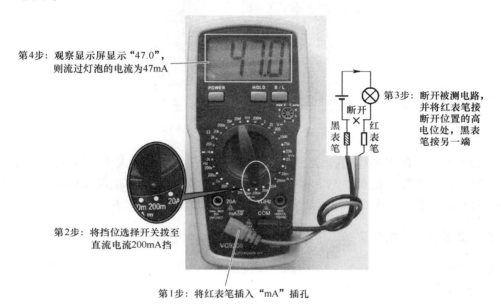

图 6-33　数字式万用表测流过灯泡的直流电流

估计流过灯泡的电流不会超过 250mA，先将电池与灯泡连接的一根线断开，再将红表笔置于断开位置的高电位处，黑表笔置于断开位置的低电位处，这样才能保证电流由红表笔流进，从黑表笔流出，然后观察显示屏，发现显示的数值为"47.0"，则被测电流的大小就为 47mA。

6.7.4　交流电压的测量

测量交流电压的挡位有 2V、20V、200V、750V 和 1000V。

1．交流电压的测量步骤

1）将红表笔插入"VΩHz"插孔，黑表笔插入"COM"插孔。

2）测量前，估计被测交流电压可能的最大值，选取合适的挡位，选取的挡位要大于并且最接近被测电压值。

3）红、黑表笔分别接被测电压两端（交流电压无正、负之分，故红、黑表笔可随意接）。

4）读数时，直接从显示屏读出的数字就是被测电压值。

2．交流电压测量举例

下面以测量市电电压的大小为例来说明交流电压的测量方法，测量过程如图 6-34 所示。

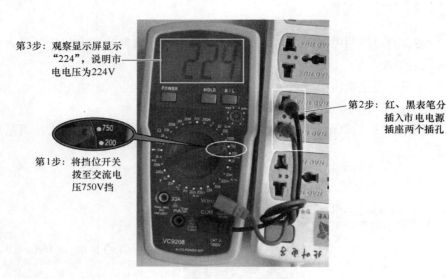

第3步：观察显示屏显示"224"，说明市电电压为224V

第2步：红、黑表笔分别插入市电电源插座两个插孔

第1步：将挡位开关拨至交流电压750V挡

图6-34　数字式万用表测市电电压

因为市电电压在220V左右，万用表交流电压挡只有750V挡大于且最接近被测电压，故将挡位选择开关置于交流750V挡，然后将红、黑表笔分别插入交流市电插座，再从显示屏读出显示的数字，现观察显示数字为"224"，故市电电压为224V。

6.7.5　交流电流的测量

测量交流电流的挡位有20mA、200mA和20A。

1. 交流电流的测量步骤

1）将黑表笔插入"COM"插孔，红表笔插入"mA"插孔，如果测量200mA～20A电流，红表笔应插入"20A"插孔。

2）测量前先估计被测电流的大小，选取合适的挡位，选取的挡位应大于且最接近被测电流。

3）测量时，要将被测电路断开，再将红、黑表笔各接断开位置的一端。

4）从显示屏上直接读出电流数值。

2. 交流电流测量举例

下面以测量流过一个电烙铁的电流为例来说明交流电流的测量方法，测量过程如图6-35所示。

估计流进电烙铁的电流不会超过200mA，故将挡位选择开关置于交流200mA挡，按图6-35所示的方法将万用表的红、黑表笔与电烙铁连接起来，然后观察显示屏显示的数字为"109.4"，则流入电烙铁的交流电流大小为109.4mA。

6.7.6　电阻的测量

电阻的测量用到电阻挡，电阻挡的挡位有200Ω、2kΩ、20kΩ、200kΩ、2MΩ和20MΩ。

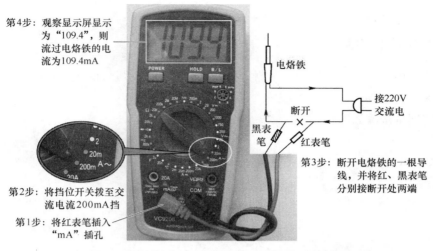

第4步：观察显示屏显示为 "109.4"，则流过电烙铁的电流为109.4mA

电烙铁

接220V 交流电

断开

黑表笔

红表笔

第3步：断开电烙铁的一根导线，并将红、黑表笔分别接断开处两端

第2步：将挡位开关拨至交流电流200mA挡

第1步：将红表笔插入 "mA" 插孔

图 6-35　数字式万用表测流过电烙铁的交流电流

1. 电阻的测量步骤

1）将红表笔插入 "VΩHz" 插孔，黑表笔插入 "COM" 插孔。

2）测量前，估计被测电阻阻值的大小，选取合适的挡位，选取的挡位要大于并且最接近被测电阻值。

3）红、黑表笔分别接被测电阻两端。

4）从显示屏上直接读出阻值大小。

2. 电阻挡测量举例

下面以测量一个阻值为几千欧的电阻为例来说明电阻挡的使用方法，测量过程如图6-36所示。

估计被测电阻的阻值大约为几千欧，将挡位选择开关置于 "20kΩ" 挡，然后红、黑表笔分别接被测电阻两端，再观察显示屏显示的数字为 "1.78"，则被测电阻的阻值

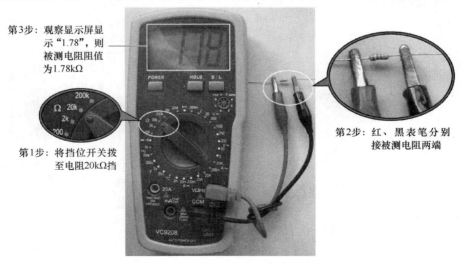

第3步：观察显示屏显示 "1.78"，则被测电阻阻值为1.78kΩ

第1步：将挡位开关拨至电阻20kΩ挡

第2步：红、黑表笔分别接被测电阻两端

图 6-36　数字式万用表测电阻的阻值

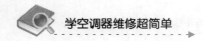

为 1.78kΩ。

6.7.7 二极管的测量

数字式万用表有一个二极管专用测量挡，可以判断出二极管的正、负极。二极管的测量过程如图 6-37 所示。

二极管测量步骤如下：

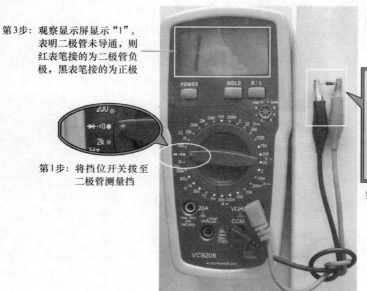

第3步：观察显示屏显示"1"，表明二极管未导通，则红表笔接的为二极管负极，黑表笔接的为正极

第1步：将挡位开关拨至二极管测量挡

第2步：红、黑表笔分别接二极管的两个管脚

a) 二极管反向测量

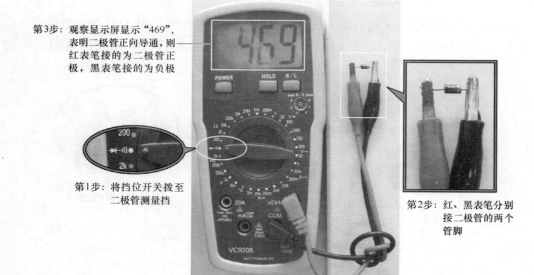

第3步：观察显示屏显示"469"，表明二极管正向导通，则红表笔接的为二极管正极，黑表笔接的为负极

第1步：将挡位开关拨至二极管测量挡

第2步：红、黑表笔分别接二极管的两个管脚

b) 二极管正向测量

图 6-37 二极管的测量

1）将红表笔插入"VΩHz"插孔，黑表笔插入"COM"插孔。将挡位选择开关置于二极管测量挡，如图 6-37a 所示。

2）红、黑表笔分别置于被测二极管的两个管脚，并记下显示屏显示的数值，如图 6-37a所示，图中显示数值为"1"。

3）再将红、黑表笔对调后接被测二极管的两个管脚，记下显示屏显示的数值，如图 6-37b所示，图中显示数值为"469"。

以显示数值为"469"的一次测量为准，红表笔接的为二极管的正极，二极管正向导通电压为 0.469V。

6.7.8　晶体管放大倍数的测量

与指针式万用表一样，数字式万用表也能测量晶体管放大倍数。这里以测量 NPN 型晶体管的放大倍数为例来说明，测量过程如图 6-38 所示。

晶体管放大倍数测量步骤如下：

1）将挡位选择开关置于"hFE"挡。

2）将被测晶体管的 B、C、E 3 个极插入 NPN 型 B、C、E 插孔中。

3）观察显示屏显示的数字为"205"，则被测晶体管的放大倍数为205。

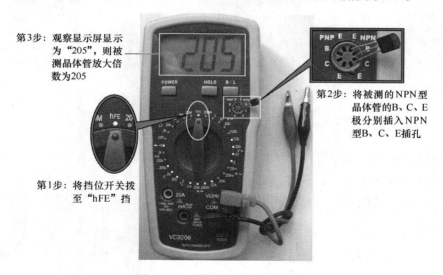

图 6-38　晶体管放大倍数的测量

6.7.9　电容的测量

电容测量挡的挡位有 20nF、2μF 和 200μF。

1. 电容的测量步骤

1）将黑表笔插入"COM"插孔，红表笔插入"mA CAP"插孔。

2）测量前，估计被测电容器电容量的大小，选取合适的挡位，选取的挡位要大于并且最接近被测电容器电容量值。

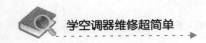

段

学空调器维修超简单

3）对于无极性电容器，红、黑表笔不分正、负分别接被测电容器两端；对于有极性电容器，红表笔接电容器正极，黑表笔接电容器负极。

4）从显示屏上直接读出电容器电容量的大小。

5）测量工作于较高电压（>50V）电路的电容器时，测量前应先放电，以免损坏数字式万用表。

2. 电容测量举例

下面以测量一个电解电容器（有极性电容器）的电容量为例来说明电容的测量方法，测量过程如图6-39所示。

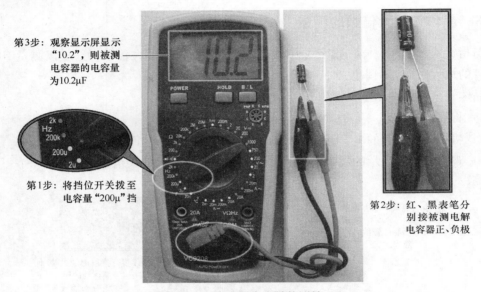

第3步：观察显示屏显示"10.2"，则被测电容器的电容量为10.2μF

第1步：将挡位开关拨至电容量"200μ"挡

第2步：红、黑表笔分别接被测电解电容器正、负极

图6-39　电容器电容量的测量

估计被测电容器的电容量不会大于200μF，将挡位选择开关置于电容量"200μ"挡，然后红表笔接电容器正极，黑表笔接电容器负极，再观察显示屏显示的数字为"10.2"，则被测电容器的电容量为10.2μF。

6.7.10　温度的测量

VC9208型数字式万用表可以测温度，它的温度测量范围是−40~1000℃。在检修空调器时，也可以使用数字式万用表的温度测量挡测量有关温度。

1. 温度测量的步骤

1）将万用表附带的热电偶的黑插头插入"mA"孔，红插头插入"COM"孔。热电偶是一种传感器，能将不同的温度转换成不同的电压，其外形如图6-40所示。

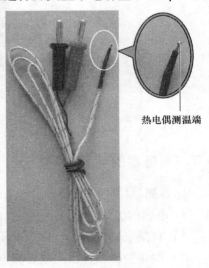

热电偶测温端

图6-40　热电偶的外形

136

2）将挡位选择开关置于"℃"挡。

3）将热电偶测温端（工作端）接触待测温的物体。

4）读取显示屏显示的温度数值。

2. 温度测量举例

下面以测一只电烙铁的温度来说明温度测量方法，测量过程如图 6-41 所示。将热电偶的黑插头插入"mA"插孔，红插头插入"COM"插孔，再将挡位选择开关置于"℃"挡，用热电偶测温端（工作端）接触电烙铁，然后观察显示屏显示的数值为"244"，则说明电烙铁的温度为 244℃。

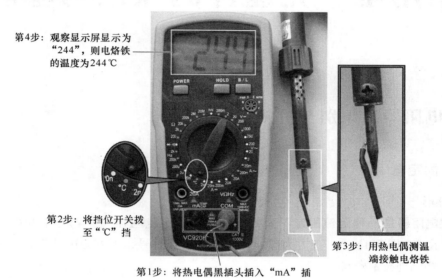

第4步：观察显示屏显示为"244"，则电烙铁的温度为244℃

第2步：将挡位开关拨至"℃"挡

第3步：用热电偶测温端接触电烙铁

第1步：将热电偶黑插头插入"mA"插孔，红插头插入"COM"插孔

图 6-41　电烙铁温度的测量

第7章

常用电子元器件的识别与检测

7.1 电阻器的识别与检测

7.1.1 固定电阻器

1. 外形与符号

固定电阻器是一种阻值固定不变的电阻器。固定电阻器的实物外形和电路符号如图7-1所示,在图7-1b中,上方为国家标准的电阻器符号,下方为国外常用的电阻器符号(在一些国外技术资料中常见)。

a)实物外形   b)电路符号

图7-1 固定电阻器的实物外形和电路符号

2. 功能

电阻器的功能主要有降压限流、分流和分压。

电阻器的降压限流功能	
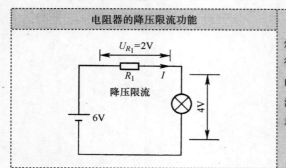	电阻器 R_1 与灯泡串联,如果用导线直接代替 R_1,加到灯泡两端的电压有 6V,流过灯泡的电流很大,灯泡将会很亮,串联电阻 R_1 后,由于 R_1 上有 2V 电压,灯泡两端的电压就被降低到 4V,同时由于 R_1 对电流有阻碍作用,流过灯泡的电流也就减小。电阻器 R_1 在这里就起着降压和限流功能。

（续）

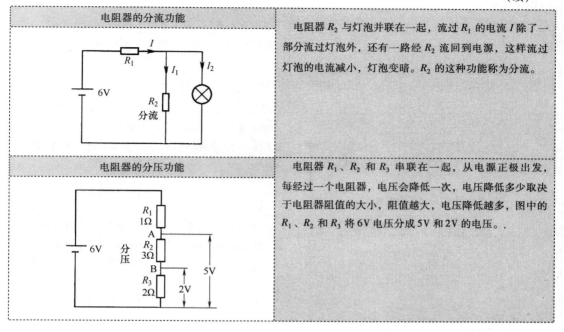

| 电阻器的分流功能 | 电阻器 R_2 与灯泡并联在一起，流过 R_1 的电流 I 除了一部分流过灯泡外，还有一路经 R_2 流回到电源，这样流过灯泡的电流减小，灯泡变暗。R_2 的这种功能称为分流。 |

| 电阻器的分压功能 | 电阻器 R_1、R_2 和 R_3 串联在一起，从电源正极出发，每经过一个电阻器，电压会降低一次，电压降低多少取决于电阻器阻值的大小，阻值越大，电压降低越多，图中的 R_1、R_2 和 R_3 将6V电压分成5V和2V的电压。 |

3. 标称阻值和允许偏差的识读

为了表示阻值的大小，电阻器在出厂时会在表面标注阻值。标注在电阻器上的阻值称为标称阻值。电阻器的实际阻值与标称阻值往往有一定的差距，这个差距称为允许偏差。电阻器标称阻值和允许偏差的标注方法主要有直标法和色环法。

（1）直标法

直标法是指用文字符号（数字和字母）在电阻器上直接标注出阻值和允许偏差的方法。 直标法的阻值单位有欧（Ω）、千欧（kΩ）和兆欧（MΩ）。

直标法表示允许偏差一般采用两种方式：一是用罗马数字 Ⅰ、Ⅱ、Ⅲ 分别表示允许偏差为 ±5%、±10%、±20%，如果不标注允许偏差，则允许偏差为 ±20%；二是用字母来表示，各字母对应的允许偏差见表7-1，如J、K分别表示允许偏差 ±5%、±10%。

表7-1 字母对应的允许偏差

字　母	B	C	D	F	G	J	K	M	N
允许偏差（%）	±0.1	±0.25	±0.5	±1	±2	±5	±10	±20	±30

直标法常见的表示形式如下：

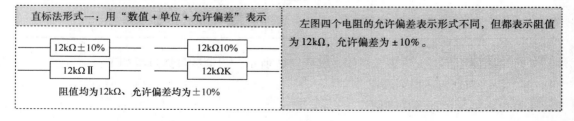

| 直标法形式一：用"数值＋单位＋允许偏差"表示 | 左图四个电阻的允许偏差表示形式不同，但都表示阻值为12kΩ，允许偏差为 ±10%。 |

139

（续）

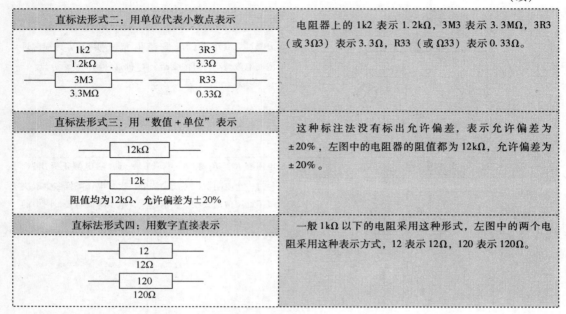

直标法形式二：用单位代表小数点表示	电阻器上的 1k2 表示 1.2kΩ，3M3 表示 3.3MΩ，3R3（或 3Ω3）表示 3.3Ω，R33（或 Ω33）表示 0.33Ω。
1k2 → 1.2kΩ 3R3 → 3.3Ω 3M3 → 3.3MΩ R33 → 0.33Ω	
直标法形式三：用"数值+单位"表示	这种标注法没有标出允许偏差，表示允许偏差为 ±20%，左图中的电阻器的阻值都为 12kΩ，允许偏差为 ±20%。
12kΩ 12k 阻值均为12kΩ、允许偏差为±20%	
直标法形式四：用数字直接表示	一般 1kΩ 以下的电阻采用这种形式，左图中的两个电阻采用这种表示方式，12 表示 12Ω，120 表示 120Ω。
12 → 12Ω 120 → 120Ω	

（2）色环法

色环法是指在电阻器上标注不同颜色圆环来表示阻值和允许偏差的方法。色环电阻器分为 4 环电阻器和 5 环电阻器。要正确识读色环电阻器的阻值和允许偏差，必须先了解各种色环代表的意义。4 环电阻器各色环颜色代表的意义及数值见表 7-2。

表 7-2　4 环电阻器各色环颜色代表的意义及数值

色 环 颜 色	第 1 环（有效数）	第 2 环（有效数）	第 3 环（倍乘数）	第 4 环（允许偏差数）
棕	1	1	$\times 10^1$	±1%
红	2	2	$\times 10^2$	±2%
橙	3	3	$\times 10^3$	
黄	4	4	$\times 10^4$	
绿	5	5	$\times 10^5$	±0.5%
蓝	6	6	$\times 10^6$	±0.2%
紫	7	7	$\times 10^7$	±0.1%
灰	8	8	$\times 10^8$	
白	9	9	$\times 10^9$	
黑	0	0	$\times 10^0 = 1$	
金				±5%
银				±10%
无色环				±20%

4 环电阻器阻值与允许偏差的识读如图 7-2 所示，识读的具体过程如下：

第 1 步：判别色环排列顺序。

4 环电阻器的色环顺序判别规律有：

1）4 环电阻的第 4 条色环为允许偏差环，一般为金色或银色，因此如果靠近电阻器一个引脚的色环颜色为金、银色，该色环必为第 4 环，从该环向另一引脚方向排列的 3 条色环顺序依次为 3、2、1。

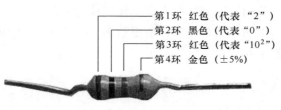

第1环 红色（代表"2"）
第2环 黑色（代表"0"）
第3环 红色（代表"10^2"）
第4环 金色（±5%）

标称阻值为 $20×10^2$ $(1±5\%)$ Ω＝2kΩ（95%～105%）

图 7-2　4 环电阻器阻值和允许偏差的识读

2）对于色环标注标准的电阻器，一般第 4 环与第 3 环间隔较远。

第 2 步：识读色环。

第 1、2 环为有效数环，第 3 环为倍乘数环，第 4 环为允许偏差数环，再对照表 7-2 各色环代表的数字识读出色环电阻器的阻值和允许偏差。

5 环电阻器阻值与允许偏差的识读方法与 4 环电阻器基本相同，不同之处在于 **5 环电阻器的第 1、2、3 环为有效数环，第 4 环为倍乘数环，第 5 环为允许偏差数环。另外，5 环电阻器的允许偏差数环颜色除了有金、银色外，还可能是棕、红、绿、蓝和紫色。**5 环电阻器阻值和允许偏差的识读如图 7-3 所示。

4. 额定功率

额定功率是指在一定的条件下元器件长期使用允许承受的最大功率。电阻器额定功率越大，允许流过的电流越大。固定电阻器的额定功率也要按国家标准进行标注，其标称系列有 1/8W、1/4W、1/2W、1W、2W、5W 和 10W 等。小电流电路一般采用功率为 1/8 ～ 1/2W 的电阻器，而大电流电路中常采用 1W 以上的电阻器。

电阻器额定功率识别方法如下：

1）对于标注了功率的电阻器，可根据标注的功率值来识别功率大小。图 7-4 中的电阻器标注的额定功率值为 10W，阻值为 330Ω，允许偏差为 ±5%。

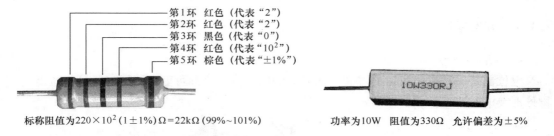

第1环 红色（代表"2"）
第2环 红色（代表"2"）
第3环 黑色（代表"0"）
第4环 红色（代表"10^2"）
第5环 棕色（代表"±1%"）

标称阻值为 $220×10^2$ $(1±1\%)$ Ω＝22kΩ（99%～101%）

图 7-3　5 环电阻器阻值和允许偏差的识读

功率为 10W　阻值为 330Ω　允许偏差为 ±5%

图 7-4　根据标注识别功率

2）对于没有标注功率的电阻器，可根据长度和直径来判别其功率大小。长度和直径值越大，功率越大，图 7-5 中的一大一小两个色环电阻器，大电阻器的功率更大。

5. 检测

固定电阻器常见故障有开路、短路和变值。检测固定电阻器使用万用表的电阻挡。

在检测时，先识读出电阻器上的标称阻值，然后选用合适的挡位并进行欧姆校零，然后开始检测电阻器。测量时为了减小测量误差，应尽量让万用表指针指在欧姆刻度线中

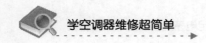

央，若指针在刻度线上过于偏左或偏右时，应切换更大或更小的挡位重新测量。

下面以测量一只标称阻值为 $2k\Omega$ 的色环电阻器为例来说明电阻器的检测方法，测量如图 7-6 所示。

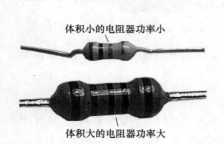

图 7-5　根据体积大小来判别功率

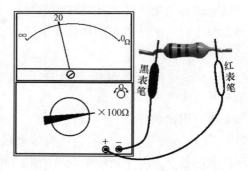

图 7-6　固定电阻器的检测

固定电阻器的检测如下：

第 1 步：将万用表的挡位开关拨至 $R \times 100\Omega$ 挡。

第 2 步：进行欧姆校零。将红、黑表笔短路，观察指针是否指在"Ω"刻度线的"0"刻度处，若未指在该处，应调节欧姆校零旋钮，让指针准确指在"0"刻度处。

第 3 步：将红、黑表笔分别接电阻器的两个引脚，再观察指针指在"Ω"刻度线的位置，图中指针指在刻度"20"，那么被测电阻器的阻值为 $(20 \times 100)\Omega = 2k\Omega$。

若万用表测量出来的阻值与电阻器的标称阻值相同，说明该电阻器正常（若测量出来的阻值与电阻器的标称阻值有些偏差，但只要在允许偏差范围内，电阻器也算正常）；若测量出来的阻值无穷大，说明电阻器开路；若测量出来的阻值为 0，说明电阻器短路；若测量出来的阻值大于或小于电阻器的标称阻值，并超出允许偏差范围，说明电阻器变值。

7.1.2　电位器

1. 外形与符号

电位器是一种阻值可以通过调节而变化的电阻器，又称可变电阻器。 常见电位器的实物外形及电路符号如图 7-7 所示。

2. 结构与原理

电位器种类很多，但结构基本相同，电位器的结构示意图如图 7-8 所示。

从图中可看出，电位器有 A、C、B 3 个引出极，在 A、B 极之间连接着

a)实物外形　　　　　b)电路符号

图 7-7　电位器的实物外形及电路符号

一段电阻体，该电阻体的阻值用 R_{AB} 表示，对于一个电位器，R_{AB} 的值是固定不变的，该值为电位器的标称阻值。C 极连接一个导体滑动片，该滑动片与电阻体接触，A 极与 C 极

之间电阻体的阻值用 R_{AC} 表示，B 极与 C 极之间电阻体的阻值用 R_{BC} 表示，R_{AC} + $R_{BC} = R_{AB}$。

当转轴逆时针旋转时，滑动片向 B 极滑动，R_{BC} 减小、R_{AC} 增大；当转轴顺时针旋转时，滑动片向 A 极滑动，R_{BC} 增大、R_{AC} 减小，当滑动片移到 A 极时，$R_{AC} = 0$，而 $R_{BC} = R_{AB}$。

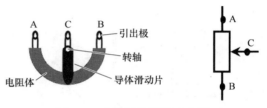

图 7-8　电位器的结构示意图

3. 应用

电位器与固定电阻器一样，都具有降压、限流和分流的功能，不过由于电位器具有阻值可调性，故它可随时调节阻值来改变降压、限流和分流的程度。

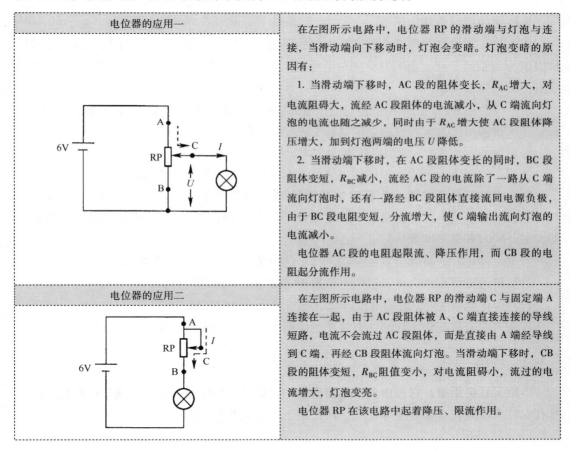

电位器的应用一	在左图所示电路中，电位器 RP 的滑动端与灯泡与连接，当滑动端向下移动时，灯泡会变暗。灯泡变暗的原因有：
	1. 当滑动端下移时，AC 段的阻体变长，R_{AC} 增大，对电流阻碍大，流经 AC 段阻体的电流减小，从 C 端流向灯泡的电流也随之减少，同时由于 R_{AC} 增大使 AC 段阻体降压增大，加到灯泡两端的电压 U 降低。
	2. 当滑动端下移时，在 AC 段阻体变长的同时，BC 段阻体变短，R_{BC} 减小，流经 AC 段的电流除了一路从 C 端流向灯泡时，还有一路经 BC 段阻体直接流回电源负极，由于 BC 段电阻变短，分流增大，使 C 端输出流向灯泡的电流减小。
	电位器 AC 段的电阻起限流、降压作用，而 CB 段的电阻起分流作用。
电位器的应用二	在左图所示电路中，电位器 RP 的滑动端 C 与固定端 A 连接在一起，由于 AC 段阻体被 A、C 端直接连接的导线短路，电流不会流过 AC 段阻体，而是直接由 A 端经导线到 C 端，再经 CB 段阻体流向灯泡。当滑动端下移时，CB 段的阻体变短，R_{BC} 阻值变小，对电流阻碍小，流过的电流增大，灯泡变亮。
	电位器 RP 在该电路中起着降压、限流作用。

4. 检测

电位器检测使用万用表的电阻挡。在检测时，先测量电位器两个固定端之间的阻值，正常测量值应与标称阻值一致，然后再测量一个固定端与滑动端之间的阻值，同时旋转转轴，正常测量值应在 0Ω 至标称阻值范围内变化。若是带开关电位器，还要检测开关是否正常。

电位器检测分两步，只有每步测量均正常才能说明电位器正常。电位器的检测如图 7-9 所示。

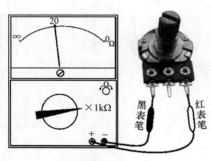
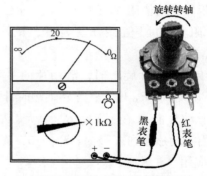

a)测量两个固定端之间的阻值　　　　　　b)测量固定端与滑动端之间的阻值

图 7-9　电位器的检测

电位器的检测步骤如下：

第 1 步：测量电位器两个固定端之间的阻值。将万用表拨至 $R \times 1\text{k}\Omega$ 挡（该电位器标称阻值为 $20\text{k}\Omega$），红、黑表笔分别与电位器两个固定端接触，如图 7-9a 所示，然后在刻度盘上读出阻值大小。

若电位器正常，测得的阻值应与电位器的标称阻值相同或相近（在允许偏差范围内）。

若测得的阻值为∞，说明电位器两个固定端之间开路。

若测得的阻值为 0，说明电位器两个固定端之间短路。

若测得的阻值大于或小于标称阻值，说明电位器两个固定端之间的阻体变值。

第 2 步：测量电位器一个固定端与滑动端之间的阻值。万用表仍置于 $R \times 1\text{k}\Omega$ 挡，红、黑表笔分别接电位器任意一个固定端和滑动端接触，如图 7-9b 所示，然后旋转电位器转轴，同时观察刻度盘指针。

若电位器正常，指针会发生摆动，指示的阻值应在 $0 \sim 20\text{k}\Omega$ 范围内连续变化。

若测得的阻值始终为∞，说明电位器固定端与滑动端之间开路。

若测得的阻值为 0，说明电位器固定端与滑动端之间短路。

若测得的阻值变化不连续、有跳变，说明电位器滑动端与阻体之间接触不良。

7.1.3　排阻

排阻又称电阻排，它是由多个电阻器按一定的方式制作并封装在一起而构成的。排阻具有安装密度高和安装方便等优点，广泛用于数字电路系统中。

1. 实物外形

常见的排阻实物外形如图 7-10 所示，前面两种为直插封装式（SIP）排阻，后一种为

图 7-10　常见的排阻实物外形

144

表面贴装式（SMD）排阻。

2. 命名方法

排阻命名一般由 4 部分组成：第 1 部分为内部电路类型；第 2 部分为引脚数（由于引脚数可直接看出，故该部分可省略）；第 3 部分为阻值，第 4 部分为阻值允许偏差。

排阻命名方法见表 7-3。

表 7-3 排阻命名方法

第 1 部分（内部电路类型）	第 2 部分（引脚数）	第 3 部分（阻值）	第 4 部分（阻值允许偏差）
A：所有电阻共用一端，公共端从左端（第 1 引脚）引出 B：每个电阻有各自独立引脚，相互间无连接 C：各个电阻首尾相连，各连接端均有引出脚 D：所有电阻共用一端，公共端从中间引出 E、F、G、H、I：内部连接较为复杂，但不常用	4 ~ 14	3 位数字（第 1、2 位为有效数，第 3 位为有效数后面 0 的个数，如 102 表示 1000Ω）	F：$\pm1\%$ G：$\pm2\%$ J：$\pm5\%$

举例：A08472J 型排阻即为 8 引脚、阻值为 4700（$1\pm5\%$）Ω 的 A 类排阻。

3. 类型与内部电路结构

根据内部电路结构不同，排阻种类可分为 A、B、C、D 等。排阻虽然种类很多，但最常用的为 A、B 类。排阻的类型及电路结构见表 7-4。

表 7-4 排阻的类型及电路结构

类型代码	电路结构	类型代码	电路结构
A	R_1 R_2 … R_n，引脚 1 2 3 … $n+1$，$R_1=R_2=\cdots=R_n$	B	R_1 R_2 … R_n，引脚 1 2 3 4 … $2n$，$R_1=R_2=\cdots=R_n$
C	R_1 R_2 … R_n，引脚 1 2 … n $n+1$，$R_1=R_2=\cdots=R_n$	D	R_1 R_2 … R_{n-1} R_n，引脚 1 2 … n $n+1$，$R_1=R_2=\cdots=R_n$

4. 检测

（1）好坏检测

在检测排阻前，要先找到排阻的第 1 引脚，第 1 引脚旁一般有标志（如圆点），也可正对排阻字符，字符左下方第一个引脚即为第 1 引脚。

在检测时，根据排阻的标称阻值，将万用表置于合适的电阻挡。图 7-11 是测量一只 $10k\Omega$ 的 A 型排阻（A103J），万用表选择 $R\times1k\Omega$ 挡，将黑表笔接排阻的第 1 引脚不动，红表笔依次接第 2、3、…、8 引脚，如果排阻正常，第 1 引脚与其他各引脚的阻值均为 $10k\Omega$，如果第 1 引脚与某引脚的阻值为无穷大，则该引脚与第 1 引脚之间的内部电阻开路。

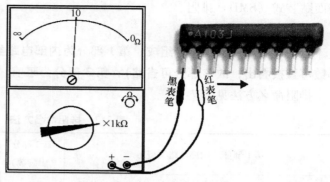

图 7-11　排阻的检测

（2）类型判别

在判别排阻的类型时，可以直接查看其表面标注的类型代码，然后对照表 7-4 就可以了解该排阻的内部电路结构。如果排阻表面的类型代码不清晰，可以用万用表检测来判断其类型。

在检测时，将万用表拨至 $R\times10\Omega$ 挡，用黑表笔接第 1 引脚，红表笔接第 2 引脚，记下测量值，然后保持黑表笔不动，红表笔再接第 3 引脚，并记下测量值，再用同样的方法依次测量并记下其他引脚阻值，分析第 1 引脚与其他引脚的阻值规律，对照表 7-4 判断出所测排阻的类型。例如，第 1 引脚与其他各引脚阻值均相等，所测排阻应为 A 型；如果第 1 引脚与第 2 引脚之后所有引脚的阻值均为无穷大，则所测排阻为 B 型。

7.2　电容器、电感器与变压器的识别与检测

7.2.1　电容器

电容器是一种可以存储电荷的元器件，其存储电荷的多少称为电容量。**电容器可分为固定电容器与可变电容器，**固定电容器的电容量不能改变，而可变电容器的电容量可采用手动方式调节。

1. 结构、外形与符号

电容器由相距很近且中间隔有绝缘介质（如空气、纸和陶瓷等）的两块导电极板构成。固定电容器的结构、外形与电路符号如图 7-12 所示。

a)结构　　　　　　　　b)实物外形　　　　　　　　c)电路符号

图 7-12　固定电容器的结构、外形与电路符号

2. 极性识别与检测

固定电容器可分为无极性电容器和有极性电容器。

（1）无极性电容器

无极性电容器的引脚无正、负极之分。无极性电容器的电路符号如图 7-13a 所示，常见无极性电容器外形如图 7-13b 所示。**无极性电容器的电容量小，但耐压值高。**

（2）有极性电容器

有极性电容器又称电解电容器，引脚有正、负之分。有极性电容器的电路符号如图 7-14a所示，常见有极性电容器外形如图 7-14b 所示。**有极性电容器的电容量大，但耐压值较低。**

a)符号　　　　　　　　　　b)实物外形

图 7-13　无极性电容器

有极性电容器的引脚有正、负之分，在电路中不能乱接，若正、负位置接错，轻则电容器不能正常工作，重则电容器炸裂。**有极性电容器正确的连接方法是：电容器正极接电路中的高电位，负极接电路中的低电位。**有极性电容器在电路中正确和错误的连接方式分别如图 7-15 所示。

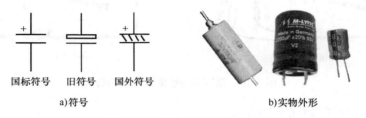

国标符号　　旧符号　　国外符号

a)符号　　　　　　　　　　　　　　　　b)实物外形

图 7-14　有极性电容器

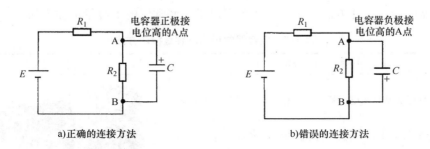

a)正确的连接方法　　　　　　　　　　　　b)错误的连接方法

图 7-15　有极性电容器在电路中正确与错误的连接方法

（3）有极性电容器极性的识别与检测

由于有极性电容器有正、负之分，在电路中又不能乱接，所以在使用有极性电容器前需要判别出正、负极。有**极性电容器的正、负极判别方法如下：**

方法一：对于未使用过的新电容器，可以根据引脚长短来判别。长引脚为正极，短引脚为负极，如图 7-16 所示。

方法二：根据电容器上标注的极性判别。电容器上标"**＋**"的引脚为正极，标"**－**"的引脚为负极，如图 7-17 所示。

图7-16 长引脚为正极

图7-17 标"-"的引脚为负极

方法三：用万用表检测。万用表拨至 $R \times 10\text{k}\Omega$ 挡，测量电容器两极之间的阻值，正、反各测一次，每次测量时指针都会先向右摆动，然后慢慢往左返回，待指针稳定不移动后再观察阻值大小，两次测量会出现阻值一大一小，以阻值大的那次为准，如图7-18b所示，黑表笔接的为正极，红表笔接的为负极。

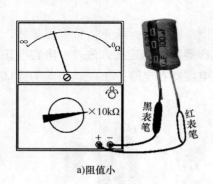
a)阻值小

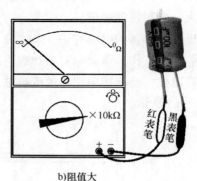
b)阻值大

图7-18 用万用表检测电容器的极性

3. 电容量与允许偏差的标注方法

（1）电容量的标注方法

电容器电容量标注方法很多，表7-5列出了一些常用的电容量标注方法。

表7-5 电容器常用的电容量标注方法

电容量的标注方法及说明	例 图
直标法：直标法是指在电容器上直接标出电容量值和电容量单位 电解电容器常采用直标法，右图左侧的电容器的电容量为2200μF，耐压值为63V，允许偏差为±20%；右侧电容器的电容量为68nF，J表示允许偏差为±5%	(2200μF 63V ±20%) (68nJ)
小数点标注法：电容量较大的无极性电容器常采用小数点标注法。小数点标注法的电容量单位是μF 右图中的两个实物电容器的电容量分别是0.01μF和0.033μF。有的电容器用μ、n、p来表示小数点，同时指明电容量单位，如图中的p1、4n7、3μ3分别表示电容量为0.1pF、4.7nF、3.3μF，如果用R表示小数点，单位则为μF，如R33表示电容量是0.33μF	0.01 .033 p1=0.1pF 4n7=4.7nF 3μ3=3.3μF R33=0.33μF

148

（续）

电容量的标注方法及说明	例　　图
整数标注法：电容量较小的无极性电容器常采用整数标注法，单位为 pF 若整数末位是 0，如标"330"则表示该电容器电容量为 330pF；若整数末位不是 0，如标"103"，则表示电容量为 10×10^3 pF。右图中的几个电容器的电容量分别是 180pF、330pF 和 22 000pF。如果整数末尾是 9，不是表示 10^9，而是表示 10^{-1}，如 339 表示 3.3pF	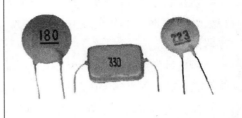

（2）允许偏差表示法

电容器允许偏差的表示方法主要有罗马数字表示法、字母表示法和直接表示法。

1）罗马数字表示法是在电容器标注罗马数字来表示允许偏差大小。这种方法用 0、Ⅰ、Ⅱ、Ⅲ 分别表示允许偏差为 ±2%、±5%、±10% 和 ±20%。

2）字母表示法是在电容器上标注字母来表示允许偏差的大小。字母及其代表的允许偏差数见表 7-6。例如某电容器上标注"K"，表示允许偏差为 ±10%。

表 7-6　字母及其代表的允许偏差数

字　　母	允 许 偏 差	字　　母	允 许 偏 差
L	±0.01%	B	±0.1%
D	±0.5%	V	±0.25%
F	±1%	K	±10%
G	±2%	M	±20%
J	±5%	N	±30%
P	±0.02%	不标注	±20%
W	±0.05%		

3）直接表示法。直接表示法是指在电容器上直接标出允许偏差数值。例如，标注"68pF±5pF"表示允许偏差为 ±5pF，标注"±20%"表示允许偏差为 ±20%，标注"0.033/5"表示允许偏差为 ±5%（% 被省掉）。

4. 检测

电容器常见的故障有开路、短路和漏电。

（1）无极性电容器的检测

无极性电容器的检测如图 7-19 所示。

检测无极性电容器时，万用表拨至 $R \times 10k\Omega$ 或 $R \times 1k\Omega$ 挡（对于电容量小的电容器选 $R \times 10k\Omega$ 挡），测量电容器两引脚之间的阻值。

如果电容器正常，指针先向右摆动，然后慢慢返回到无穷大处，电容量越小向右摆动的幅度越小，该过程如图 7-19 所示。指针摆动过程实际上就是万用表内部电池通过表笔对被测电容器充电的过程，被测电容器电容量越小充电越快，指针摆动幅度越小，充电完成后指针就停在无穷大处。

若检测时指针无摆动过程，而是始终停在无穷大处，说明电容器不能充电，该电容器开路。

若指针能向右摆动，也能返回，但不能回到无穷大处，说明电容器能充电，但绝缘电阻小，该电容器漏电。

若指针始终指在阻值小或0处不动，这说明电容器不能充电，并且绝缘电阻很小，该电容器短路。

注：对于电容量小于 $0.01\mu F$ 的正常电容器，在测量时指针可能不会摆动，故无法用万用表判断

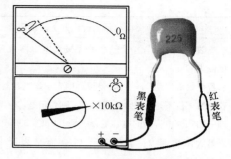

图7-19　无极性电容器的检测

是否开路，但可以判别是否短路和漏电。如果怀疑电容量小的电容器开路，万用表又无法检测时，可找相同电容量的电容器代换，如果故障消失，就说明原电容器开路。

（2）有极性电容器的检测

有极性电容器的检测如图7-20所示。

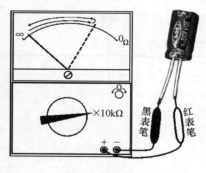

a)测量正向电阻

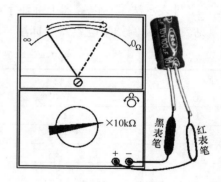

b)测量反向电阻

图7-20　有极性电容器的检测

在检测有极性电容器时，万用表拨至 $R \times 1k\Omega$ 或 $R \times 10k\Omega$ 挡（对于电容量很大的电容器，可选择 $R \times 100\Omega$ 挡），测量电容器的正、反向电阻。

如果电容器正常，在测量正向电阻（黑表笔接电容器正引脚，红表笔接负引脚）时，指针先向右作大幅度摆动，然后慢慢返回到无穷大处（用 $R \times 10k\Omega$ 挡测量可能到不了无穷大处，但非常接近也是正常的），如图7-20a所示；在测量反向电阻时，指针也是先向右摆动，也能返回，但一般回不到无穷大处，如图7-20b所示。也就是说，正常电解电容器的正向电阻大、反向电阻略小，它的检测过程与判别正、负极是一样的：若正、反向电阻均为无穷大，表明电容器开路；若正、反向电阻都很小，说明电容器漏电；若正、反向电阻均为0，说明电容器短路。

7.2.2　电感器

1. 外形与符号

用导线在绝缘支架上绕制一定的匝数（圈数）就构成了电感器。常见的电感器的实

物外形如图 7-21a 所示，**根据绕制的支架不同，电感器可分为空心电感器（无支架）、磁心电感器（磁性材料支架）和铁心电感器（硅钢片支架）**，它们的电路符号如图 7-21b 所示。

a)实物外形　　　　　　　　b)电路符号

图 7-21　电感器的实物外形和电路符号

2. 主要参数与标注方法

（1）主要参数

电感器的主要参数有电感量、允许偏差和额定电流等。

1）电感量。电感器由线圈组成，当电感器通过电流时就会产生磁场，电流越大，产生的磁场越强，穿过电感器的磁场（又称为磁通量 Φ 就越大。实验证明，通过电感器的磁通量 Φ 和通入的电流 I 成正比关系。磁通量 Φ 与电流的比值称为自感系数，又称电感量 L，用公式表示为

$$L = \frac{\Phi}{I}$$

电感量的基本单位为亨利（简称亨），用字母"H"表示。此外，还有毫亨（mH）和微亨（μH），它们之间的关系为

$$1H = 10^3 mH = 10^6 \mu H$$

电感器电感量的大小主要与线圈的匝数（圈数）、绕制方式和磁心材料等有关。 线圈匝数越多、绕制的线圈越密集，电感量就越大；有磁心的电感器比无磁心的电感量大；电感器的磁心磁导率越高，电感量也就越大。

2）允许偏差。允许偏差是指电感器上标称电感量与实际电感量的差距。对于精度要求高的电路，电感器的允许偏差范围通常为 $\pm 0.2\% \sim \pm 0.5\%$，一般的电路可采用允许偏差为 $\pm 10\% \sim \pm 15\%$ 的电感器。

3）额定电流。额定电流是指电感器在正常工作时允许通过的最大电流值。电感器在使用时，流过的电流不能超过额定电流，否则电感器就会因发热而使性能参数发生改变，甚至会因过电流而烧坏。

（2）参数标注方法

电感器的参数标注方法主要有直标法和色标法。

1）直标法。电感器采用直标法标注时，一般会在外壳上标注电感量、允许偏差和额定电流值。图 7-22 列出了几个采用直标法标注的电感器。

在标注电感量时，通常会将电感量值及单位直接标出。在标注允许偏差时，分别用Ⅰ、Ⅱ、Ⅲ表示±5%、±10%、±20%。在标注额定电流时，用A、B、C、D、E分别表示50mA、150mA、300mA、0.7A和1.6A。

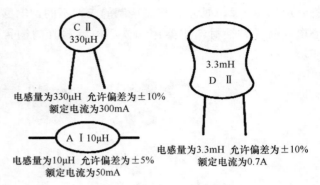

电感量为330μH 允许偏差为±10%
额定电流为300mA

电感量为10μH 允许偏差为±5%
额定电流为50mA

电感量为3.3mH 允许偏差为±10%
额定电流为0.7A

图7-22　电感器的直标法示例

2）色标法。色标法是采用色点或色环标在电感器上来表示电感量和允许偏差的方法。色码电感器采用色标法标注，其电感量和允许偏差标注方法同色环电阻器，单位为μH。色码电感器的各种颜色含义及代表的数值与色环电阻器相同，具体可见表7-2。色码电感器颜色的排列顺序识别方法也与色环电阻器相同。色码电感器与色环电阻器识读不同仅在于单位不同，色码电感器的单位为μH。色码电感器的识别如图7-23所示，图中的色码电感器上标注"红棕黑银"，表示电感量为21μH，允许偏差为±10%。

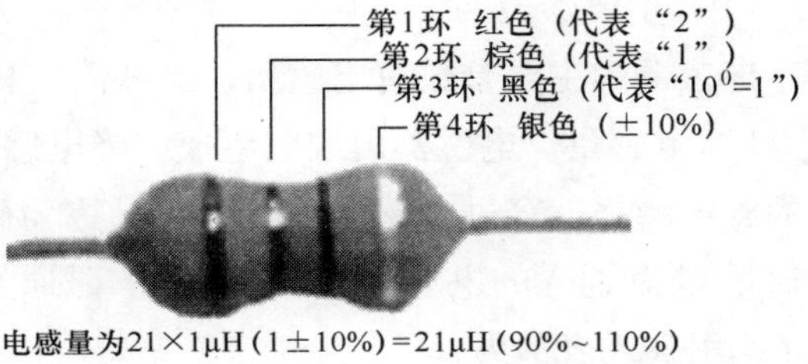

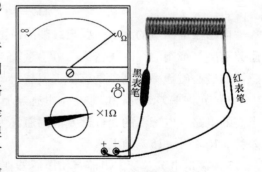

第1环　红色（代表"2"）
第2环　棕色（代表"1"）
第3环　黑色（代表"$10^0=1$"）
第4环　银色（±10%）

电感量为$21×1$μH$(1±10\%)=21$μH（90%~110%）

图7-23　色码电感器参数的识读

3. 检测

电感器的电感量和 Q 值一般用专门的电感测量仪和 Q 表来测量，一些功能齐全的万用表也具有电感量测量功能。

电感器常见的故障有开路和线圈匝间短路。电感器实际上就是线圈，由于线圈的电阻一般比较小，测量时一般用万用表的 $R×1\Omega$ 挡。电感器的检测如图7-24所示。

线径粗、匝数少的电感器电阻小，接近于0Ω，线径细、匝数多的电感器阻值较大。在测量电感器时，万用表可以很容易检测出是否开路（开路时测出的电阻为无穷大），但很难判断它是否匝间短路，因为电感器匝间短路时电阻减小很少。解决方法是，当怀疑电感器匝间有短路，万用表又无法检测出来时，可更换新的同型号电感器，故障排除则说明原电感器已损坏。

图7-24　电感器的检测

7.2.3　变压器

1. 外形与符号

变压器可以改变交流电压或交流电流的大小。 常见变压器的实物外形及电路符号如图7-25所示。

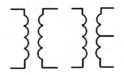

a)实物外形　　　　　　　　　　　b)电路符号

图 7-25　常见变压器的实物外形及电路符号

2. 结构与工作原理

（1）结构

两组相距很近、又相互绝缘的线圈就构成了变压器。变压器的结构如图 7-26 所示，从图中可以看出，**变压器主要是由绕组和铁心组成**。绕组通常是由漆包线（在表面涂有绝缘层的导线）或纱包线绕制而成，**与输入信号连接的绕组称为一次绕组，输出信号的绕组称为二次绕组**。

（2）工作原理

变压器是利用电—磁和磁—电转换原理工作的。下面以图 7-27 所示电路来说明变压器的工作原理。

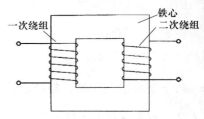

图 7-26　变压器的结构

当交流电压 U_1 送到变压器的一次绕组 L_1 两端时（L_1 的匝数为 N_1），有交流电流 I_1 流过 L_1，L_1 立刻产生磁场，磁场的磁感线沿着导磁良好的铁心穿过二次绕组 L_2（其匝数为 N_2），有磁感线穿过 L_2，L_2 上立刻产生感应电动势，此时 L_2 相当一个电源，由于 L_2 与电阻 R 连接成闭合电路，L_2 就有交流电流 I_2 输出并流过电阻 R，R 两端的电压为 U_2。

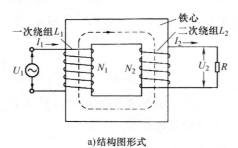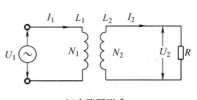

a)结构图形式　　　　　　　　　　b)电路图形式

图 7-27　变压器工作原理说明

变压器的一次绕组进行电—磁转换，而二次绕组进行磁—电转换。

3. 特殊绕组变压器

前面介绍的变压器一、二次绕组分别只有一组绕组，实际应用中经常会遇到其他一些形式绕组的变压器。图 7-28 列出了一些特殊绕组变压器。

（1）多绕组变压器

多绕组变压器的一、二次绕组由多个绕组组成，图 7-28a 是一种典型的多个绕组的变

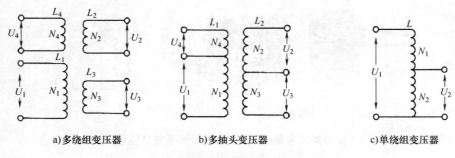

a)多绕组变压器　　　　b)多抽头变压器　　　　c)单绕组变压器

图 7-28　特殊绕组变压器

压器，如果将 L_1 作为一次绕组，那么 L_2、L_3、L_4 都是二次绕组，绕组 L_1 上的电压与其他绕组的电压关系都满足 $\dfrac{U_1}{U_2}=\dfrac{N_1}{N_2}$。

例如 $N_1=1000$、$N_2=200$、$N_3=50$、$N_4=10$，当 $U_1=220\mathrm{V}$ 时，电压 U_2、U_3、U_4 分别是 44V、11V 和 2.2V。

对于多绕组变压器，各绕组的电流不能按 $\dfrac{U_1}{U_2}=\dfrac{I_2}{I_1}$ 来计算，而遵循 $P_1=P_2+P_3+P_4$，即 $U_1I_1=U_2I_2+U_3I_3+U_4I_4$，当某个二次绕组接的负载电阻很小时，该绕组流出的电流会很大，其输出功率就增大，其他二次绕组输出电流就会减小，功率也相应减小。

（2）多抽头变压器

多抽头变压器的一、二次绕组由两个绕组构成，除了本身具有 4 个引出线外，还在绕组内部接出抽头，将一个绕组分成多个绕组。图 7-28b 是一种多抽头变压器。从图中可以看出，多抽头变压器由抽头分出的各绕组之间电气上是连通的，并且两个绕组之间共用一个引出线，而多绕组变压器的各个绕组之间在电气上是隔离的。如果将输入电压加到匝数为 N_1 的绕组两端，该绕组称为一次绕组，其他绕组就都是二次绕组，各绕组之间的电压关系都满足 $\dfrac{U_1}{U_2}=\dfrac{N_1}{N_2}$。

（3）单绕组变压器

单绕组变压器又称自耦变压器，它只有一个绕组，通过在绕组中引出抽头而产生一、二次绕组。单绕组变压器如图 7-28c 所示。如果将输入电压 U_1 加到整个绕组上，那么整个绕组就为一次绕组，其匝数为（N_1+N_2），匝数为 N_2 的绕组为二次绕组，U_1、U_2 电压关系满足 $\dfrac{U_1}{U_2}=\dfrac{N_1+N_2}{N_2}$。

4. 检测

在检测变压器时，通常要测量各绕组的电阻、绕组间的绝缘电阻、绕组与铁心之间的绝缘电阻。下面以图 7-29 所示的电源变压器为例来说明变压器的检测方法。（注：该变压器输入电压为 220V、输出电压为 3V-0V-3V、额定功率为 3V·A）。

变压器的检测如图 7-30 所示。**变压器的检测步骤如下：**

第1步：测量各绕组的电阻。

万用表拨至 $R \times 100\Omega$ 挡，红、黑表笔分别接变压器的 1、2 端，测量一次绕组的电阻，如图 7-30a 所示，然后在刻度盘上读出阻值大小。图中显示的是一次绕组的正常阻值，为 1.7kΩ。若测得的阻值为 ∞，说明一次绕组开路；若测得的阻值为 0，说明一次绕组短路；若测得的阻值偏小，则可能是一次绕组匝间出现短路。

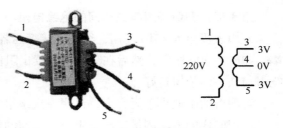

图 7-29 一种常见的电源变压器

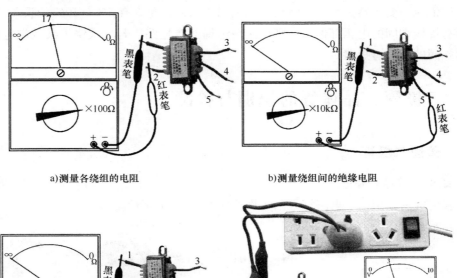

a)测量各绕组的电阻   b)测量绕组间的绝缘电阻

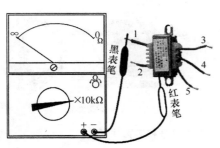 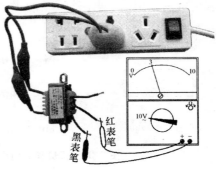

c)测量绕组与铁心之间的绝缘电阻   d)测量空载二次电压

图 7-30 变压器的检测

然后万用表拨至 $R \times 1\Omega$ 挡，用同样的方法测量变压器的 3、4 端和 4、5 端的电阻，正常时约几欧。

一般来说，变压器的额定功率越大，一次绕组的电阻越小，变压器的输出电压越高，其二次绕组电阻越大（因匝数多）。

第2步：测量绕组间绝缘电阻。

万用表拨至 $R \times 10k\Omega$ 挡，红、黑表笔分别接变压器一、二次绕组的一端，如图 7-30b 所示，然后在刻度盘上读出阻值大小。图中显示的是阻值为无穷大，说明一、二次绕组间绝缘良好。

若测得的阻值小于无穷大，说明一、二次绕组间存在短路或漏电。

第 3 步：测量绕组与铁心间的绝缘电阻。

万用表拨至 $R \times 10\text{k}\Omega$ 挡，红表笔接变压器铁心或金属外壳、黑表笔接一次绕组的一端，如图 7-30c 所示，然后在刻度盘上读出阻值大小。图中显示的是阻值为无穷大，说明绕组与铁心间绝缘良好。

若测得的阻值小于无穷大，说明一次绕组与铁心间存在短路或漏电。

再用同样的方法测量二次绕组与铁心间的绝缘电阻。

对于电源变压器，一般还要按图 7-30d 所示方法测量其空载二次电压。先给变压器的一次绕组接 220V 交流电压，然后用万用表的 10V 交流挡测量二次绕组某两端的电压，测出的电压值应与变压器标称二次绕组电压相同或相近，允许有 5% ~ 10% 的误差。若二次绕组所有接线端间的电压都偏高，则一次绕组局部有短路。若二次绕组某两端电压偏低，则这两端间的绕组有短路。

7.3 二极管、晶体管的识别与检测

7.3.1 普通二极管

1. 结构、符号和外形

二极管的内部结构、电路符号和实物外形如图 7-31 所示。

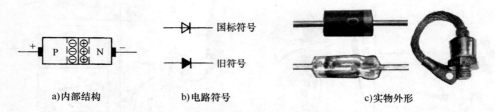

a)内部结构　　　　b)电路符号　　　　　　　　c)实物外形

图 7-31 二极管的内部结构、电路符号和实物外形

2. 性质

下面通过分析图 7-32 中的两个电路来说明二极管的性质。

在图 7-32a 所示电路中，当闭合开关 S 后，发现灯泡会发光，表明有电流流过二极管，二极管导通；而在图 7-32b 所示电路中，当开关 S 闭合后灯泡不亮，说明无电流流过二极管，二极管不导通。通过观察这两个电路中二极管的接法可以发现：在图 7-32a 中，二极管

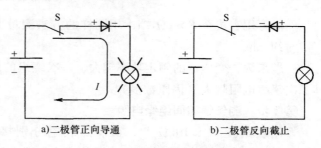

a)二极管正向导通　　　　b)二极管反向截止

图 7-32 二极管的性质说明

的正极通过开关 S 与电源的正极连接，二极管的负极通过灯泡与电源负极相连，而在

图 7-32b 中，二极管的负极通过开关 S 与电源的正极连接，二极管的正极通过灯泡与电源负极相连。

由此可以得出这样的结论：**当二极管正极与电源正极连接，负极与电源负极相连时，二极管能导通，反之二极管不能导通。二极管这种单方向导通的性质称为二极管的单向导电性。**

3. 极性的识别与检测

二极管的引脚有正、负之分，在电路中接错，轻则不能正常工作，重则损坏。二极管的极性判别可采用下面一些方法。

（1）根据标注或外形判断极性

为了让人们更好地区分出二极管正、负极，有些二极管的表面会有标志指示，有些特殊的二极管，从外形上也可判断出正、负极。

在图 7-33 中，左上方的二极管表面标有二极管符号，其中三角形端对应的一端为正极，另一端为负极；左下方的二极管标有白色圆环的一端为负极；右方的二极管金属螺栓为负极，另一端为正极。

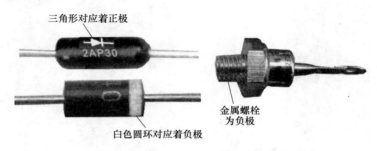

图 7-33   根据标注或外形判断二极管的极性

（2）用指针式万用表判断极性

对于没有标注极性或无明显外形特征的二极管，可用指针式万用表的电阻挡来判断极性。万用表拨至 $R \times 100\Omega$ 或 $R \times 1k\Omega$ 挡，测量二极管两个引脚之间的阻值，正、反各测一次，会出现阻值一大一小，如图 7-34 所示，以阻值小的一次为准（见图 7-34a）黑表笔接的为二极管的正极，红表笔接的为二极管的负极。

（3）用数字式万用表判别极性

数字式万用表与指针式万用表一样，也有电阻挡，但由于两者测量原理不同，数字式万用表电阻挡无法判断二极管的正、负极（数字式万用表测量正、反向电阻时阻值都显示无穷大符号"1"），不过数字式万用表有一个二极管专用测量挡，可以用该挡来判断二极管的极性。用数字式万用表判断二极管极性过程如图 7-35 所示。

在检测判断时，将数字式万用表拨至"➤|"挡（二极管测量专用挡），然后红、黑表笔分别接被测二极管的两极，正、反各测一次，一次显示"1"（见图 7-35a），另一次显示 100~800 之间的数字，如图 7-35b 所示，以显示 100~800 之间数字的那次测量为准，红表笔接的为二极管的正极，黑表笔接的为二极管的负极。在图中，显示"1"表示

二极管未导通，显示"585"表示二极管已导通，并且二极管当前的导通电压为585mV（即0.585V）。

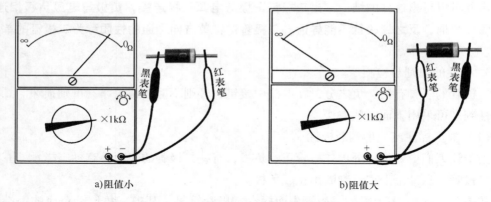

a) 阻值小   b) 阻值大

图7-34　用指针式万用表判断二极管的极性

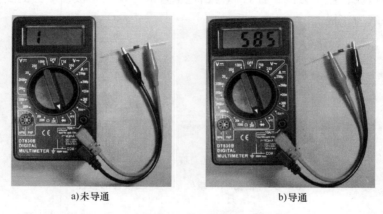

a) 未导通   b) 导通

图7-35　用数字式万用表判断二极管的极性

4. 常见故障及检测

二极管的常见故障有开路、短路和性能不良。

在检测二极管时，万用表拨至 $R \times 1\text{k}\Omega$ 挡，测量二极管正、反向电阻，测量方法与极性判断相同，可参见图7-34。正常锗材料二极管的正向阻值在 $1\text{k}\Omega$ 左右，反向阻值在 $500\text{k}\Omega$ 以上；正常硅材料二极管的正向电阻在 $1 \sim 10\text{k}\Omega$，反向电阻为无穷大（注：不同型号万用表的测量值略有差距）。也就是说，正常二极管的正向电阻小、反向电阻很大。若测得二极管正、反向电阻均为0，说明二极管短路；若测得二极管正、反向电阻均为无穷大，说明二极管开路；若测得正、反向电阻差距小（即正向电阻偏大、反向电阻偏小），说明二极管性能不良。

7.3.2　稳压二极管

1. 外形与符号

稳压二极管又称齐纳二极管或反向击穿二极管，它在电路中起稳压作用。稳压二极管

的实物外形和电路符号如图 7-36 所示。

2. 工作原理

在电路中，稳压二极管可以稳定电压。要让稳压二极管起稳压作用，必须将它反接在电路中（即稳压二极管的负极接电路中的高电位，正极接低电位），稳压二极管在电路中正接时的性质与普通二极管相同。下面以图 7-37 所示的电路来说明稳压二极管的稳压原理。

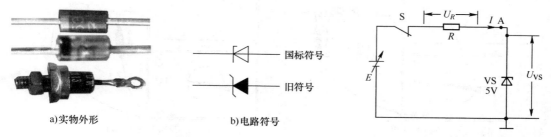

a)实物外形　　　　　　　　b)电路符号

图 7-36　稳压二极管的实物外形和电路符号

图 7-37　稳压二极管的稳压原理

图 7-37 中的稳压二极管 VS 的稳压值为 5V，若电源电压低于 5V，当闭合开关 S 时，VS 反向不能导通，无电流流过限流电阻 R，$U_R = IR = 0$，电源电压途经 R 时，R 上没有压降，故 A 点电压与电源电压相等，VS 两端的电压 U_{VS} 与电源电压也相等。例如 $E = 4V$ 时，U_{VS} 也为 4V，电源电压在 5V 范围内变化时，U_{VS} 也随之变化。也就是说，当加到稳压二极管两端电压低于它的稳压值时，稳压二极管处于截止状态，无稳压功能。

若电源电压超过稳压二极管的稳压值，如 $E = 8V$，当闭合开关 S 时，8V 电压通过电阻 R 送到 A 点，该电压超过稳压二极管的稳压值，VS 反向击穿导通，马上有电流流过电阻 R 和稳压二极管 VS，电流在流过电阻 R 时，R 产生 3V 的压降（即 $U_R = 3V$），稳压二极管 VS 两端的电压 $U_{VS} = 5V$。

若调节电源 E 使电压由 8V 上升到 10V，由于电压的升高，流过 R 和 VS 的电流都会增大，因流过 R 的电流增大，R 上的电压 U_R 也随之增大（由 3V 上升到 5V），而稳压二极管 VS 上的电压 U_{VS} 维持 5V 不变。

稳压二极管的稳压原理可概括为：当外加电压低于稳压二极管稳压值时，稳压二极管不能导通，无稳压功能；当外加电压高于稳压二极管稳压值时，稳压二极管反向击穿，两端电压保持不变，其大小等于稳压值。（注：为了保护稳压二极管并使它有良好的稳压效果，需要给稳压二极管串接限流电阻）。

3. 检测

稳压二极管的检测包括极性判断、好坏检测和稳压值检测。稳压二极管具有普通二极管的单向导电性，故极性判断与普通二极管相同，这里仅介绍稳压二极管的好坏检测和稳压值检测。

（1）好坏检测

将万用表拨至 $R \times 100\Omega$ 或 $R \times 1k\Omega$ 挡，测量稳压二极管正、反向电阻，如图 7-38 所示。正常的稳压二极管正向电阻小，反向电阻很大。若测得的正、反向电阻均为 0，说明

159

稳压二极管短路；若测得的正、反向电阻均为无穷大，说明稳压二极管开路；若测得的正、反向电阻差距不大，说明稳压二极管性能不良。

注：对于稳压值小于 9V 的稳压二极管，用万用表 $R \times 10k\Omega$ 挡（选择此挡位时万用表内接 9V 电池）测反向电阻时，稳压二极管会被反向击穿，此时测出的反向阻值较小，这属于正常现象。

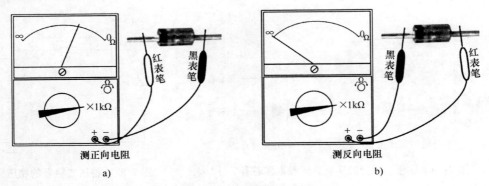

测正向电阻 a)　　测反向电阻 b)

图 7-38　稳压二极管好坏的检测

（2）稳压值检测

检测稳压二极管的稳压值可按下面两个步骤进行：

1）按图 7-39 所示的方法将稳压二极管与电容器、电阻器和耐压值大于 300V 的二极管接好，再与 220V 市电连接。

2）将万用表拨至 DC 50V 挡，红、黑表笔分别接被测稳压二极管的负、正极，然后在表盘上读出测得的电压值，该值即为稳压二极管的稳定电压值。图中测得稳压二极管的稳压值为 15V。

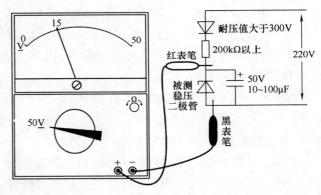

图 7-39　稳压二极管稳压值的检测

7.3.3　晶体管

晶体管是在电子电路中应用最广泛的一种半导体元器件，它有放大、饱和和截止 3 种状态，因此不但可在电路中用来放大，还可作为电子开关使用。

1. 外形与符号

晶体管是一种具有放大功能的半导体器件。 图 7-40a 是一些常见的晶体管实物外形，电路符号如图 7-40b 所示。

2. 结构

晶体管有 PNP 型和 NPN 型两种。 PNP 型晶体管的构成如图 7-41 所示。

将两个 P 型半导体和一个 N 型半导体按图 7-41a 所示的方式结合在一起，两个 P 型

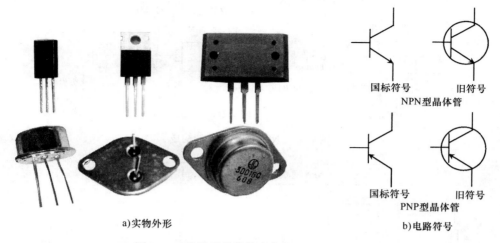

a)实物外形　　　　　　　　　　　　　　　　b)电路符号

图 7-40　常见晶体管的实物外形及电路符号

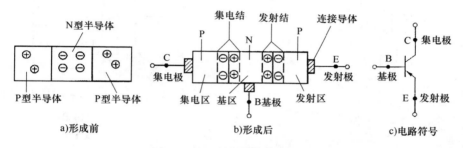

a)形成前　　　　　　　　　　　b)形成后　　　　　　　　c)电路符号

图 7-41　PNP 型晶体管的构成

半导体中的正电荷会向中间的 N 型半导体中移动，N 型半导体中的负电荷会向两个 P 型半导体移动，结果在 P、N 型半导体的交界处形成 PN 结，如图 7-41b 所示。

　　在两个 P 型半导体和一个 N 型半导体上通过连接导体各引出一个电极，然后封装起来就构成了晶体管。**晶体管的 3 个电极分别称为集电极（用 c 或 C 表示）、基极（用 b 或 B 表示）和发射极（用 e 或 E 表示）。**PNP 型晶体管的电路符号如图 7-41c 所示。

　　晶体管内部有两个 PN 结，其中基极和发射极之间的 PN 结称为发射结，基极与集电极之间的 PN 结称为集电结。两个 PN 结将晶体管内部分为 3 个区，与发射极相连的区称为发射区，与基极相连的区称为基区，与集电极相连的区称为集电区。发射区的半导体掺入杂质多，故有大量的电荷，便于发射电荷；集电区掺入的杂质少且面积大，便于收集发射区送来的电荷；基区处于两者之间，发射区流向集电区的电荷要经过基区，故基区可控制发射区流向集电区电荷的数量，基区就像设在发射区与集电区之间的关卡。

　　NPN 型晶体管的构成与 PNP 型晶体管类似，它是由两个 N 型半导体和一个 P 型半导体构成的，具体如图 7-42 所示。

　　3. 电流、电压规律

　　单独晶体管是无法正常工作的，在电路中需要为晶体管各极提供电压，让它内部有电流流过，这样的晶体管才具有放大能力。为晶体管各极提供电压的电路称为偏置电路。

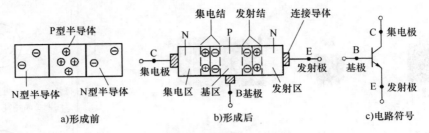

图 7-42　NPN 型晶体管的构成

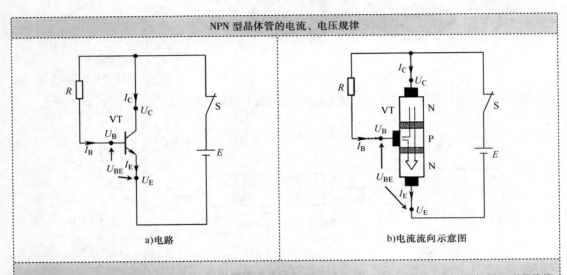

NPN 型晶体管的电流、电压规律

a)电路　　　　　　　　　　　b)电流流向示意图

　　NPN 型晶体管的集电极接电源的正极，发射极接电源的负极，基极通过电阻接电源的正极，这与 PNP 型晶体管连接正好相反。

1. 电流关系

　　在电路中，开关 S 闭合后，电源输出的电流流过晶体管，晶体管导通。流经发射极的电流称为 I_E，流经基极的电流称为 I_B，流经集电极的电流称为 I_C。

　　I_E、I_B、I_C 的途径分别是

1）I_B 的途径：从电源的正极输出电流→开关 S→电阻 R→电流流入晶体管 VT 的基极→基区。

2）I_C 的途径：从电源的正极输出电流→电流流入晶体管 VT 的集电极→集电区→基区。

3）I_E 的途径：晶体管集电极和基极流入的 I_B、I_C 在基区汇合→发射区→电流从发射极输出→电源的负极。

　　不难看出，**NPN 型晶体管 I_E、I_B、I_C 电流的关系是 $I_B + I_C = I_E$，并且电流 I_C 要远大于电流 I_B。**

2. 电压关系

　　在电路中，NPN 型晶体管的集电极接电源的正极，发射极接电源的负极，基极通过电阻接电源的正极。故 **NPN 型晶体管 U_E、U_B、U_C 电压之间的关系是**

$$U_E < U_B < U_C$$

　　$U_C > U_B$ 可以使基区电压较集电区电压低，这样基区才将集电区的电荷吸引穿过集电结而到达基区。

　　$U_B > U_E$ 可以使发射区的电压较基极的电压低，两区之间的发射结（PN 结）导通，基区的电荷才能穿过发射结到达发射区。

　　NPN 型晶体管基极与发射极之间的电压 U_{BE}（$U_{BE} = U_B - U_E$）称为发射结正向电压。

4. 3 种状态及应用

晶体管可以工作在放大、截止和饱和 3 种状态，处于不同状态时可以实现不同的功能。**当晶体管处于放大状态时，可以对信号进行放大，当晶体管处于饱和与截止状态时，可以当成电子开关使用。**

（1）放大状态的应用

在图 7-43a 所示电路中，电阻 R_1 的阻值很大，流进晶体管基极的电流 I_B 较小，从集电极流入的电流 I_C 也不是很大，I_B 变化时 I_C 也会随之变化，故晶体管处于放大状态。

当闭合开关 S 后，有电流 I_B 通过 R_1 流入晶体管 VT 的基极，马上有电流 I_C 流入 VT 的集电极，从 VT 的发射极流出电流 I_E，晶体管有正常大小的 I_B、I_C、I_E 流过，处于放大状态。这时如果将一个微弱的交流信号经 C_1 送到晶体管的基极，晶体管就会对它进行放大，然后从集电极输出幅度大的信号，该信号经 C_2 送往后级电路。

要注意的是，当交流信号从基极输入，经晶体管放大后从集电极输出时，晶体管除了对信号放大外，还会对信号进行倒相再从集电极输出。若交流信号从基极输入，从发射极输出时，晶体管对信号会进行放大但不会倒相，如图 7-43b 所示。

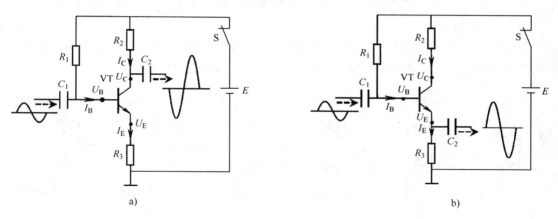

图 7-43　晶体管放大状态的应用

（2）饱和与截止状态的应用

晶体管饱和与截止状态的应用如图 7-44 所示。

在图 7-44a 中，当闭合开关 S_1 后，有电流 I_B 经 S_1、R 流入晶体管 VT 的基极，马上有电流 I_C 流入 VT 的集电极，然后从发射极输出电流 I_E，由于 R 的阻值很小，故 VT 基极电压很高，I_B 很大，I_C 也很大，并且 $I_C < \beta I_B$，晶体管处于饱和状态。晶体管进入饱和状态后，从集电极流入、发射极流出的电流很大，晶体管集射极之间就相当于一个闭合的开关。

在图 7-44b 中，当开关 S_1 断开后，晶体管基极无电压，基极无 I_B 流入，集电极无 I_C 流入，发射极也就没有 I_E 流出，晶体管处于截止状态。晶体管进入截止状态后，集电极电流无法流入，发射极无电流流出，晶体管集射极之间就相当于一个断

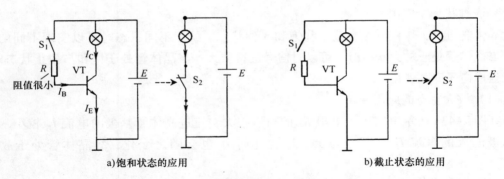

a)饱和状态的应用   b)截止状态的应用

图7-44　晶体管饱和与截止状态的应用

开的开关。

晶体管处于饱和与截止状态时，集射极之间分别相当于开关闭合与断开，由于晶体管具有这种性质，故在电路中可以当作电子开关（依靠电压来控制通断）。当晶体管基极加较高的电压时；集射极之间导通，当基极不加电压时，集射极之间断开。

5. 类型检测

晶体管类型有 NPN 型和 PNP 型，晶体管的类型可用万用表电阻挡进行检测。

（1）检测规律

NPN 型和 PNP 型晶体管的内部都有两个 PN 结，故晶体管可视为两个二极管的组合，万用表在测量晶体管任意两个引脚之间时有 6 种情况，如图7-45 所示。

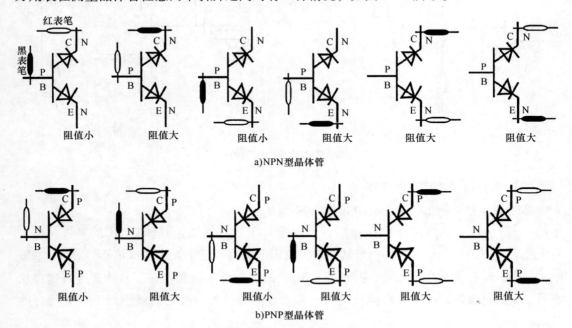

a)NPN型晶体管

b)PNP型晶体管

图7-45　万用表测晶体管任意两脚的6种情况

从图7-45 中不难得出这样的规律：当黑表笔接 P 端、红表笔接 N 端时，测的是 PN 结的正向电阻，该阻值小；当黑表笔接 N 端，红表笔接 P 端时，测的是 PN 结的反向电阻，该阻值很大（接近无穷大）；当黑、红表笔接的两极都为 **P** 端（或两极都为 **N** 端）时，测得的阻值大（两个 **PN** 结不会导通）。

（2）类型检测

晶体管类型的检测如图 7-46 所示。在检测时，万用表拨至 $R \times 100\Omega$ 或 $R \times 1k\Omega$ 挡，测量晶体管任意两脚之间的电阻，当测量出现一次阻值小时，黑表笔接的为 P 极，红表笔接的为 N 极，如图 7-46a 所示。然后黑表笔不动（即让黑表笔仍接 P 极），将红表笔接到另外一个极，有两种可能：若测得阻值很大，红表笔接的极一定是 P 极，该晶体管为 PNP 型，红表笔之前接的极为基极，如图 7-46b 所示；若测得阻值小，则红表笔接的为 N 极，则该晶体管为 NPN 型，黑表笔所接为基极。

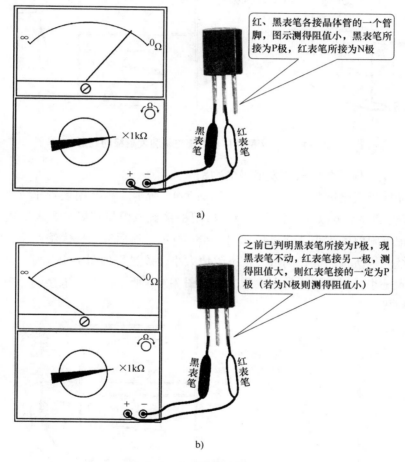

图 7-46　晶体管类型的检测

6. 集电极与发射极的判别

晶体管有发射极、基极和集电极 3 个电极，在使用时不能混用，由于在检测类型时已经找出基极，下面介绍如何用万用表电阻挡检测出发射极和集电极。

（1）NPN 型晶体管集电极和发射极的判别

NPN 型晶体管集电极和发射极的判别如图 7-47 所示。将万用表置于 $R \times 1k\Omega$ 或 $R \times$

100Ω 挡，黑表笔接基极以外任意一个极，再用手接触该极与基极（手相当于一个电阻，即在该极与基极之间接一个电阻），红表笔接另外一个极，测量并记下阻值的大小，该过程如图 7-47a 所示；然后红、黑表笔互换，手再捏住基极与对换后黑表笔所接的极，测量并记下阻值大小，该过程如图 7-47b 所示。两次测量会出现阻值一大一小，以阻值小的那次为准，如图 7-47a 所示，黑表笔接的为集电极，红表笔接的为发射极。

注意：如果两次测量出来的阻值大小区别不明显，可先将手蘸点水，让手的电阻减小，再用手接触两个电极进行测量。

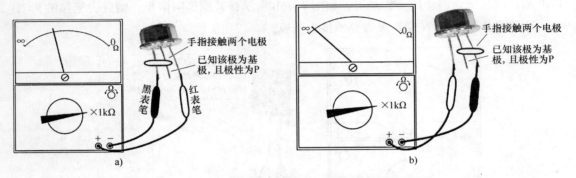

图 7-47　NPN 型晶体管的集电极和发射极的判别

（2）PNP 型晶体管集电极和发射极的判别

PNP 型晶体管集电极和发射极的判别如图 7-48 所示。将万用表置于 $R \times 1k\Omega$ 或 $R \times 100\Omega$ 挡，红表笔接基极以外任意一个极，再用手接触该极与基极，黑表笔接余下的一个极，测量并记下阻值的大小，该过程如图 7-48a 所示；然后红、黑表笔互换，手再接触基极与对换后红表笔所接的极，测量并记下阻值大小，该过程如图 7-48b 所示。两次测量会出现阻值一大一小，以阻值小的那次为准，如图 7-48a 所示，红表笔接的为集电极，黑表笔接的为发射极。

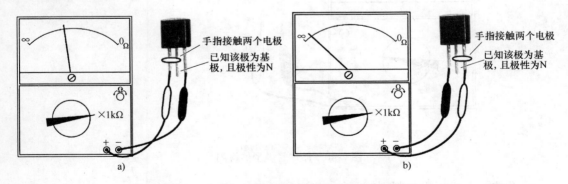

图 7-48　PNP 型晶体管的集电极和发射极的判别

（3）利用 hFE 挡来判别发射极和集电极

如果万用表有 hFE 挡（晶体管放大倍数测量挡），可利用该挡判别晶体管的电极，使用这种方法应在已检测出晶体管的类型和基极后使用。

利用万用表的 hFE 挡来判别发射极和集电极的测量过程如图 7-49 所示。将万用表拨至 hFE 挡（晶体管放大倍数测量挡），再根据晶体管类型选择相应的插孔，并将基极插入基极插孔中，另外两个未知极分别插入另外两个插孔中，记下此时测得的放大倍数值，如图 7-49a 所示；然后让晶体管的基极不动，将另外两个未知极互换插孔，观察这次测得的放大倍数，如图 7-49b 所示，两次测得的放大倍数会出现一大一小，以放大倍数大的那次为准，如图 7-49b 所示，C 极插孔对应的电极是集电极，E 极插孔对应的电极为发射极。

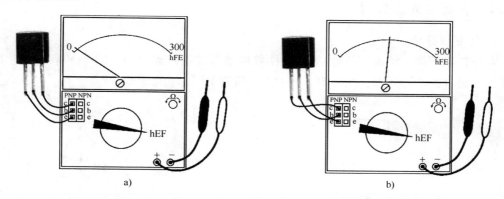

图 7-49　利用万用表的 hFE 挡来判别发射极和集电极

7. 好坏检测

晶体管好坏的检测具体包括以下内容：

（1）测量集电结和发射结的正、反向电阻

晶体管内部有两个 PN 结，任意一个 PN 结损坏，晶体管就不能使用，所以晶体管检测先要测量两个 PN 结是否正常。检测时万用表拨至 $R \times 100\Omega$ 或 $R \times 1k\Omega$ 挡，测量 PNP 型或 NPN 型晶体管集电极和基极之间的正、反向电阻（即测量集电结的正、反向电阻），然后再测量发射极与基极之间的正、反向电阻（即测量发射结的正、反向电阻）。正常时，集电结和发射结正向电阻都比较小，为几百欧至几千欧，反向电阻都很大，为几百千欧至无穷大。

（2）测量集电极与发射极之间的正、反向电阻

对于 PNP 型晶体管，红表笔接集电极，黑表笔接发射极，测得的为正向电阻，正常为十几千欧至几百千欧（用 $R \times 1k\Omega$ 挡测得），互换表笔后测得的为反向电阻，与正向电阻阻值相近；对于 NPN 型晶体管，黑表笔接集电极，红表笔接发射极，测得的为正向电阻，互换表笔后测得的为反向电阻，正常时正、反向电阻阻值相近，为几百千欧至无穷大。

如果晶体管任意一个 PN 结的正、反向电阻不正常，或发射极与集电极之间正、反向电阻不正常，说明晶体管损坏。如发射结正、反向电阻阻值均为无穷大，说明发射结开路；集射极之间阻值为 0，说明集射极之间击穿短路。

综上所述，一个晶体管的好坏检测需要进行 6 次测量：其中测发射结正、反向电阻各一次（共两次），集电结正、反向电阻各一次（共两次）和集射极之间的正、反向电阻各一次（共两次）。只有这 6 次检测都正常才能说明晶体管是正常的，只要有一次测量发现不正常，该晶体管就不能使用。

7.4 光电器件的识别与检测

7.4.1 普通发光二极管

1. 外形与符号

发光二极管是一种电-光转换器件，能将电信号转换成光信号。图 7-50a 是一些常见的发光二极管的实物外形，图 7-50b 为发光二极管的图形符号。

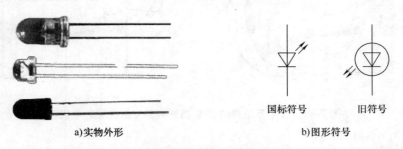

a)实物外形   b)图形符号

图 7-50 发光二极管的实物外形及图形符号

2. 性质

发光二极管在电路中需要正接才能工作。下面以图 7-51 所示的电路来说明发光二极管的性质。

在图 7-51 中，可调电源 E 通过电阻 R 将电压加到发光二极管 VL 两端，电源正极对应 VL 的正极，负极对应 VL 的负极。将电源 E 的电压由 0 开始慢慢调高，VL 两端电压 U_{VL} 也随之升高，在电压较低时 VL 并不导通，只有 U_{VL} 达到一定值时，VL 才导通，此时的电压 U_{VL} 称为发光二极管的导通电压。发光二极管导通后有电流流过，就开始发光，流过的电流越大，发出光线越强。

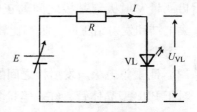

图 7-51 发光二极管的性质说明图

不同颜色的发光二极管，其导通电压有所不同，红外线发光二极管最低，略高于 **1V**，**红色发光二极管为 1.5 ~ 2V，黄色发光二极管约为 2V，绿色发光二极管为 2.5 ~ 2.9V，高亮度蓝色、白色发光二极管的导通电压一般达到 3V 以上。**

发光二极管正常工作时的电流较小，小功率的发光二极管工作电流一般在 5 ~ 30mA，若流过发光二极管的电流过大，容易被烧坏。**发光二极管的反向耐压值也较低，一般在 10V 以下。**

3. 引脚极性识别与检测

（1）从外观判别引脚极性

对于未使用过的发光二极管，较长的引脚为正极，较短的引脚为负极，也可以通过观察发光二极管内电极来判别引脚极性，内电极大的引脚为负极，如图 7-52 所示。

（2）万用表检测引脚极性

发光二极管与普通二极管一样具有单向导电性，即正向电阻小、反向电阻大。根据这一点可以用万用表检测发光二极管的极性。

由于发光二极管的导通电压在 1.5V 以上，而万用表选择 $R \times 1\Omega \sim R \times 1k\Omega$ 挡时，内部使用 1.5V 电池，它所提供的电压无法使发光二极管正向导通，故检测发光二极管极性时，万用表选择 $R \times 10k\Omega$ 挡（内部使用 9V 电池），红、黑表笔分别接发光二极管

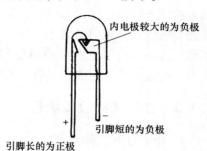

图 7-52　从外观判别引脚极性

的两个电极，正、反各测一次，两次测量的阻值会出现一大一小，以阻值小的那次为准，黑表笔接的为正极，红表笔接的为负极。

4. 好坏检测

在检测发光二极管好坏时，万用表选择 $R \times 10k\Omega$ 挡，测量两引脚之间的正、反向电阻。若发光二极管正常，正向电阻小，反向电阻大（接近∞）。若正、反向电阻均为∞，则发光二极管开路。若正、反向电阻均为 0Ω，则发光二极管短路。若反向电阻偏小，则发光二极管反向漏电。

7.4.2　红外线发光二极管

1. 外形与图形符号

红外线发光二极管通电后会发出人眼无法看见的红外光，家用电器的遥控器就采用红外线发光二极管发射遥控信号。红外线发光二极管的外形与图形符号如图 7-53 所示。

2. 引脚极性及好坏检测

红外线发光二极管具有单向导电性，其正向导通电压略高于 1V。在检测时，万用表拨至 $R \times 1k\Omega$ 挡，红、黑表笔分别接两个电极，正、反各测一次，以阻值小

a）外形　　　　　　b）图形符号

图 7-53　红外线发光二极管的外形与图形符号

的一次测量为准，红表笔接的为负极，黑表笔接的为正极。对于未使用过的红外线发光二极管，较长的引脚为正极，较短的引脚为负极。

在检测红外线发光二极管好坏时，使用万用表的 $R \times 1k\Omega$ 挡测正、反向电阻，正常时正向电阻在 $20 \sim 40k\Omega$ 之间，反向电阻应达 $500k\Omega$ 以上。若正向电阻偏大或反向电阻偏

小，表明管子性能不良；若正、反向电阻均为 0 或无穷大，表明管子短路或开路。

3. 区分红外线发光二极管与普通发光二极管的检测

红外线发光二极管的起始导通电压为 1 ~ 1.3V，普通发光二极管为 1.6 ~ 2V，万用表选择 $R \times 1\Omega$ ~ $R \times 1k\Omega$ 挡时，内部使用 1.5V 电池，根据这些规律可使用万用表 $R \times 100\Omega$ 挡来测管子的正、反向电阻。若正、反向电阻均为无穷大或接近无穷大，所测管子为普通发光二极管；若正向电阻小、反向电阻大，所测管子为红外线发光二极管。由于红外线为不可见光，故也可使用 $R \times 10k\Omega$ 挡测量正、反向电阻，同时观察管子是否有可见光发出，有可见光发出者为普通二极管，无可见光发出者为红外线发光二极管。

7.4.3 红外线接收二极管

1. 外形与图形符号

红外线接收二极管又称红外线光敏二极管，简称红外线接收管，能将红外光转换成电信号，为了减少可见光的干扰，常采用黑色树脂材料封装。红外线接收二极管的外形与图形符号如图 7-54 所示。

2. 引脚极性与好坏检测

红外线接收二极管具有单向导电性，在检测时，万用表拨至 $R \times 1k\Omega$ 挡，红、黑表笔分别接两个电极，正、反各测一次，以阻值小的一次测量为准，红表笔接的为负极，黑表笔接的为正极。对于未使用过的红外线接收二极管，较长的引脚为正极，较短的引脚为负极。

a)外形   b)图形符号

图 7-54　红外线接收二极管的外形与图形符号

在检测红外线接收二极管好坏时，使用万用表的 $R \times 1k\Omega$ 挡测正反、向电阻，正常时正向电阻在 3 ~ 4kΩ 之间，反向电阻应达 500kΩ 以上。若正向电阻偏大或反向电阻偏小，表明管子性能不良；若正、反向电阻均为 0 或无穷大，表明管子短路或开路。

3. 受光能力检测

将万用表拨至 50μA 或 0.1mA 挡，让红表笔接红外线接收二极管的正极，黑表笔接负极，然后让阳光照射被测管，此时万用表指针应向右摆动，摆动幅度越大，表明管子的光-电转换能力越强，性能越好，若指针不摆动，说明管子性能不良，不可使用。

7.4.4 光耦合器

1. 外形与符号

光耦合器是将发光二极管和光敏晶体管组合在一起并封装起来构成的。图 7-55a 是一些常见的光耦合器的实物外形，图 7-55b 为光耦合器的电路符号。

2. 工作原理

光耦合器内部集成了发光二极管和光敏晶体管。下面以图 7-56 所示的电路来说明光耦合器的工作原理。

在图 7-56 中，当闭合开关 S 时，电源 E_1 经开关 S 和电位器 RP 为光耦合器内部

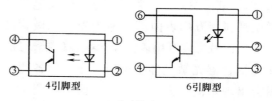

4引脚型   6引脚型

a)实物外形   b)电路符号

图 7-55   光耦合器的实物外形与电路符号

的发光二极管提供电压，有电流流过发光二极管，发光二极管发出光线，光线照射

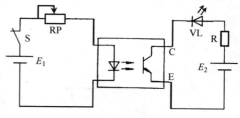

到内部的光敏晶体管，光敏晶体管导通，电源 E_2 输出的电流经电阻 R、发光二极管 VL 流入光耦合器的 C 极，然后从 E 极流出，回到 E_2 的负极，有电流流过发光二极管 VL，VL 发光。

调节电位器 RP 可以改变发光二极管 VL 的光线亮度。当 RP 滑动端右移时，其阻值变小，

图 7-56   光耦合器的工作原理

流入光耦合器内部发光二极管的电流大，发光二极管光线增强，光敏晶体管导通程度变深，光敏晶体管 C、E 极之间电阻变小，电源 E_2 的回路总电阻变小，流经发光二极管 VL 的电流大，VL 变得更亮。

若断开开关 S，无电流流过光耦合器内部发光二极管，发光二极管不亮，光敏晶体管无光照射不能导通，电源 E_2 回路切断，发光二极管 VL 无电流通过而熄灭。

3. 引脚极性检测

光耦合器内部有发光二极管和光敏晶体管，根据引出脚数量不同，可分为四引脚型和六引脚型。光耦合器的引脚识别如图 7-57 所示，光耦合器上小圆点处对应第 1 脚，按逆时针方向依次为第 2 脚、第 3 脚、…。对于 4 引脚光耦合器，通常 1、2 脚接内部发光二极管，3、4 脚接内部光敏晶体管；对于 6 引脚型光耦合器，通常 1、2 脚接内部发光二极管，3 脚为空脚，4、5、6 脚接内部光敏晶体管，如图 7-55b 所示。

光耦合器的电极也可以用万用表判别。下面以检测四引脚光耦合器为例来说明。

在检测光耦合器时，先检测出发光二极管的引脚。万用

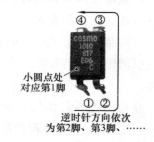

小圆点处对应第1脚

逆时针方向依次为第2脚、第3脚、……

图 7-57   光耦合器引脚识别

表选择 $R \times 1k\Omega$ 挡，测量光耦合器任意两脚之间的电阻，当出现较小的阻值时，如图 7-58 所示，黑表笔接的为发光二极管的正极，红表笔接的为负极，剩余两极为光敏晶体管的引脚。

找出光耦合器的发光二极管引脚后，再判别光敏晶体管的 C、E 极引脚。在判别光敏晶体管 C、E 极引脚时，可采用两只万用表，如图 7-59 所示，其中一只万用表拨至 $R \times$

100Ω 挡，黑表笔接发光二极管的正极，红表笔接负极，这样做是利用万用表内部电池为发光二极管供电，使之发光；另一只万用表拨至 $R \times 1k\Omega$ 挡，红、黑表笔接光耦合器光敏晶体管引脚，正、反各测一次，测量会出现阻值一大一小，以阻值小的测量为准，黑表笔接的为光敏晶体管的 C 极，红表笔接的为光敏晶体管的 E 极。

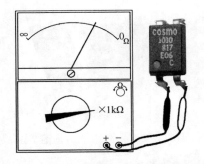

图 7-58　光耦合器发光二极管的检测

如果只有一只万用表，可用一节 1.5V 电池串联一个 100Ω 的电阻，来代替万用表为光耦合器的发光二极管供电。

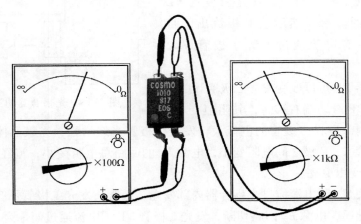

图 7-59　光耦合器的光敏晶体管 C、E 极的判别

4. 好坏检测

在检测光耦合器的好坏时，要进行三项检测：①检测发光二极管好坏；②检测光敏晶体管好坏；③检测发光二极管与光敏晶体管之间的绝缘电阻。

在检测发光二极管的好坏时，万用表选择 $R \times 1k\Omega$ 挡，测量发光二极管两引脚之间的正、反向电阻。若发光二极管正常，正向电阻小、反向电阻无穷大，否则发光二极管损坏。

在检测光敏晶体管的好坏时，万用表仍选择 $R \times 1k\Omega$ 挡，测量光敏晶体管两引脚之间的正、反向电阻。若光敏晶体管正常，正、反向电阻均为无穷大，否则光敏晶体管损坏。

在检测发光二极管与光敏晶体管的绝缘电阻时，万用表选择 $R \times 10k\Omega$ 挡，一支表笔接发光二极管任意一个引脚，另一支表笔接光敏晶体管任意一个引脚，测量两者之间的电阻，正、反各测一次。若光耦合器正常，两次测得的发光二极管与光敏晶体管之间的绝缘电阻均应为无穷大。

检测光耦合器时，只有上面 3 项测量都正常，才能说明光耦合器正常，任意一项测量不正常，光耦合器都不能使用。

7.5　集成电路简介

7.5.1　结构

将许多电阻器、二极管和晶体管等元器件以电路的形式制作在半导体硅片上，然后接出引脚并封装起来，就构成了集成电路。集成电路简称集成块，又称 **IC**。图 7-60a 所示的 LM380N 就是一种常见的音频放大集成电路，其内部电路如图 7-60b 所示。

a)实物外形

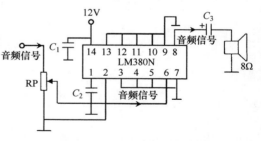

b)内部结构

图 7-60　LM380N 集成电路

由于集成电路内部结构复杂，对于大多数人来说，不用了解内部电路具体结构，只需知道集成电路的用途和各引脚的功能。

单独集成电路是无法工作的，需要给它加接相应的外围元器件并提供电源才能工作。图 7-61 中的集成电路 LM380N 提供了电源并加接了外围元器件，它就可以对 6 脚输入的音频信号进行放大，然后从 8 脚输出放大的音频信号，再送入扬声器使之发声。

7.5.2　引脚识别

集成电路的引脚很多，少则几个，多则几百个，各个引脚的功能又不一样，所以在使用时一定要对号入座，否则集成电路不工作甚至烧坏。因此一定要知道集成电路引脚的识别方法。

图 7-61　LM380N 构成的实用电路

不管什么集成电路，它们都有一个标志指出第 **1** 脚，常见的标志有小圆点、小凸起、缺口、缺角，找到该脚后，逆时针依次为第 **2** 脚、第 **3** 脚、第 **4** 脚、…，如

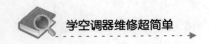

图 7-62a所示。对于单列或双列引脚的集成电路，若表面标有文字，识别引脚时正对标注文字，文字左下角为第 1 脚，然后逆时针依次为第 2 脚、第 3 脚、第 4 脚、…，如图 7-62b所示。

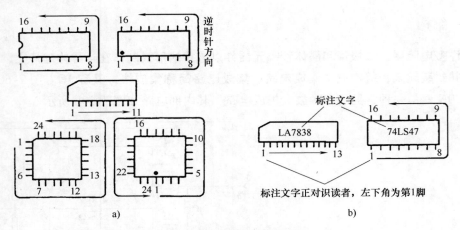

图 7-62　集成电路引脚识别

第8章

电控系统的电路分析与检修

8.1 空调器电控系统的组成及工作模式说明

8.1.1 电控系统的组成框图及说明

1. 组成框图

空调器电控系统的典型组成框图如图 8-1 所示。

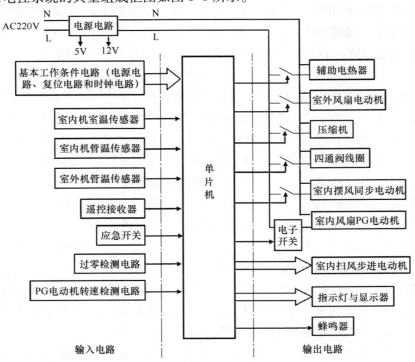

图 8-1 空调器电控系统的典型组成框图

2. 框图说明

1）电源电路。其功能主要有：①直接将输入的 220V 交流电源分成多路，分别送给辅助电热器、室外风扇电动机、压缩机、四通阀线圈、室内风扇电动机和室内摆风同步电动机等作为电源；②将输入的 220V 交流电压降压并转换成直流 12V 和 5V 电压，5V 电压主要供给单片机及输入电路作为电源，12V 电压主要供给输出电路作为电源。

2）基本工作条件电路。单片机必须要提供电源、时钟信号和复位信号才能工作，它们分别由电源电路、时钟电路和复位电路提供。有的单片机还需外接存储器和设置跳线（格力空调器专有）才能正常工作。

3）室内机室温传感器。其功能是探测室内环境温度并送给单片机，使其能随时了解室内环境温度，以作为发出有关控制的依据。

4）室内机管温传感器。其功能是探测室内机热交换器铜管的温度并送给单片机，使其能随时了解室内机热交换器铜管的温度，以作为发出有关控制的依据。

5）室外机管温传感器。其功能是探测室外机热交换器铜管的温度并送给单片机，使其能随时了解室外机热交换器铜管的温度，以作为发出有关控制的依据。

6）遥控接收器。其功能是接收遥控器发射过来的操作指令并送给单片机，单片机根据指令内容及检测到的温度信息作出相应的控制。例如，单片机通过室温传感器探测到室温低于 16℃时，即使接收到的开启制冷模式指令，也不会发出让机器进入制冷模式的控制信号。

7）应急开关。在无法用遥控器操作空调器时，可以操作应急开关来开启空调器并进行制冷、制热等模式的切换，操作应急开关（可能要特殊的操作方法）也可强行让空调器进入制冷或制热工作模式。

8）过零检测电路和 PG 电动机转速检测电路。它们都是与室内风扇 PG 电动机有关的电路。

过零检测电路从电源电路检出过零信号送给单片机，单片机以此作为参照信号并结合用户设置的风速模式，发出 PG 驱动脉冲去控制电子开关（一般为光控晶闸管）的导通时间，比如用户设置为高风模式，单片机在过零信号输入时立刻发出 PG 驱动脉冲，如果设置为中风模式，则在过零信号输入后隔一定时间才发出驱动脉冲，这样电子开关导通时间缩短，提供给 PG 电动机的有效电压偏低，电动机转速变慢。

PG 电动机转速检测电路用于检测 PG 电动机的转速，以便单片机能随时了解 PG 电动机转速信息。负荷较大或供电电压下降均会使 PG 电动机转速下降，该转速信息经检测电路送给单片机后，单片机将 PG 脉冲的发出时间提前，让电子开关导通时间提前，提供给 PG 电动机的有效电压提高，电动机转速变快。

9）辅助电热器。室外环境温度很低时，空调器制冷剂从室外吸收的热量很少，传输到室内的热量也少，室内温度上升很慢，这时给室内机的辅助电热器通电使之直接发热，其热量由室内风扇吹出，可提高空调器在低温环境下的制热效果。

10）室外风扇电动机。其功能是加快室外空气在室外热交换器的流动，使室外热交换器能迅速与空气交换热量。

11）压缩机。其功能是吸入由蒸发器排放过来的低温、低压气态制冷剂，再压缩成高温、高压的气态制冷剂排往冷凝器。压缩机的动力来自内部电动机。

12）四通阀线圈。四通阀的功能是切换制冷剂在制冷管道中的流向，从而实现制冷与制热的切换，四通阀内部的切换部件位置由线圈控制，线圈未通电时切换部件处于制冷切换位置，线圈通电时切换部件处于制热切换位置。

13）室内风扇 PG 电动机。其功能是加快室内空气在室内热交换器的流动，使室内热交换器能迅速与空气交换热量。

14）室内扫风步进电动机。其功能是控制室内机导风板在上、下方向转动，使室内机吹出的风在垂直方向扫动。

15）室内摆风同步电动机。其功能是控制室内机导风条在左、右方向的摆动，使室内机吹出的风在左右方向摆动。

16）指示灯与显示器。用于指示空调器的工作状态（如待机、制冷、制热、除湿、送风等）和显示温度或故障码等。

17）蜂鸣器。一般在操作机器时发声，用于提醒用户操作指令已被接收，有的空调器也以不同的发声进行故障报警。

8.1.2　各种工作模式及常用功能说明

空调器的工作模式主要有自动、制冷、除湿、制热和送风模式，常用功能有辅助电加热和睡眠等。

1. 自动模式

当空调器设为"自动模式"时，单片机会根据检测到的室温来控制机器进入制冷或制热模式，不同品牌空调器的切换温度可能略有不同。一般地，若室温小于或等于 23℃，机器会自动进入制热模式；若室温大于 26℃，则自动进入制冷模式；制冷达到 23℃ 或制热达到 26℃ 时，压缩机停止工作，隔一段时间（几分钟～十几分钟）再检测室温大小来确定进入何种工作模式。

2. 制冷模式

当空调器设为"制冷模式"时，机器工作特点如下：

1）若室温低于 16℃，压缩机不工作；当室温高于 16℃ 时，若设定温度低于室温，压缩机工作，若设定温度高于室温，压缩机不工作。

2）为避免同时起动时电流过大，压缩机起动工作几秒后，室外风扇电动机才起动，在压缩机停机后，室外风扇电动机还会工作一定时间才停止工作，让室外机热交换器能充分散热。

3）在制冷模式时，室内风扇电动机始终工作，并可以设置高速风、中速风、低速风和自动风。当设置自动风时，一般室温与设定温度差距越大，风速越高。

4）压缩机起动后运行时间至少在 2min 以上，停机后至少 3min 后才能重新起动。

5）在制冷或除湿模式时，如果室内机管温低于 0℃ 且压缩机运行时间超过 5min，系统会让压缩机停止工作，防止室内机热交换器因温度过低而结霜和结冰，只有管温高于

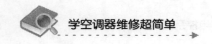

6℃时压缩机才能重新开始工作。

3. 除湿模式

当空调器设为"除湿模式"时，机器工作特点如下：

1）若室温低于16℃，压缩机不工作。

2）当室温高于16℃时，若设定温度<（室温－2）℃，机器进行制冷运行，压缩机和室内外风扇电动机都连续工作；当室温降到（设定温度＋2）℃范围内时，即室温降到接近设定温度时，机器进行间歇制冷运行，压缩机和室外风扇电动机先工作10min，再停止6min，室内风扇电动机在压缩机停止3min后也停止工作，3min后以低风速运行。

3）当室温低于设定温度时，压缩机和室外风扇电动机均停止工作，3min后室内风扇电动机也停止工作，3min后以低风速运行。

4）压缩机起动后运行时间至少在2min以上，停机后至少3min后才能重新起动。

4. 制热模式

当空调器设为"制热模式"时，机器工作特点如下：

1）若室温高于30℃，压缩机不工作。

2）当设定温度低于室温时，压缩机、四通阀线圈、室内外风扇电动机均工作，开始制热运行。当室温升到（设定温度＋4)℃时，压缩机、四通阀线圈、室内外风扇电动机均停止工作。之所以让机器在室温上升到（设定温度＋4)℃时停止制热，是因为热空气上升、冷空气下降，故室内高处的空气温度较高，低处空气温度相对要低些，当空调器检测到的高处空气的温度为（设定温度＋4)℃时，人所处的低处空气温度恰好为设定温度。

3）压缩机控制。压缩机起动后运行时间至少在8min以上，停机后至少3min后才能重新起动。室外风扇电动机在压缩机起动运行2s后才开始运行。

4）四通阀控制。四通阀线圈通电10～60s后，压缩机才会起动，压缩机停止工作2min后，四通阀线圈才会断电。

5）除霜功能。在制热运行时，如果压缩机运行45min以上，检测到的室外机管温低于－5℃、室内机管温低于42℃，机器起动除霜程序，即让机器由制热转为制冷，让室外机热交换器变为冷凝器，融化室外热交换器上可能存在的冰霜。在除霜过程中，如果室外机管温大于12℃或压缩机除霜运行时间超过12min，机器自动退出除霜运行（制冷），又开始制热运行。

6）防冷风功能。在压缩机首次运行或除霜结束后运行时，如果室内机管温低于23℃，室内风扇电动机不工作，室内机管温在23～30℃时，室内风扇电动机以低速风运行，管温达到30℃以上时以中速风运行，管温达到38℃以上或压缩机工作时间超过4min时，室内机风扇都以设定风速运行。

7）高温保护功能。当室内管温大于65℃时，室外风扇电动机停止工作，管温降到60℃时室外风扇电动机又重新工作。当室内管温大于72℃且超过2s，压缩机和室外风扇电动机均停止工作，3min后如果管温降到低于64℃，压缩机和室外风扇电动机又开始工作。

5. 送风模式

当空调器设为"送风模式"时，只有室内风扇电动机和扫风电动机工作，而室外风扇电动机和压缩机均不工作。在该模式时，空调器室内机就相当于一台无制冷和制热功能的风扇，可以调节风速和风向。

6. 辅助电加热功能

辅助电加热是采用电热器来制热的，只有在制热模式下才能开启辅助电加热功能，在制冷、除湿和送风模式下均不能开启该功能。

开启辅助电热功能的条件有：①空调器工作在制热模式；②室温低于 26℃ 且设定温度大于室温 2℃；③压缩机和室内风扇电动机已工作 5s。只有这些条件全满足时才能开启辅助电热功能。

关闭辅助电热功能的条件有：①空调器切换到制热以外的其他模式；②室温大于28℃；③室温超过设定温度 1℃；④室内风扇电动机停止工作；⑤室内管温超过 50℃。出现以上任一情况，机器会自动关闭辅助电热功能。

在辅助电加热功能开启时，如果操作遥控器关机，辅助电加热会立即关闭，但室内风扇电动机需要延迟 50s 后才会关闭。

7. 睡眠功能

当空调器工作在制冷或除湿模式时，如果开启睡眠功能，机器运行 1h 后自动将设定温度上调 1℃，继续运行 1h 后，再自动将设定温度上调 1℃，运行 6h 后空调器自动关机。这样可以避免睡眠时人体体温下降而感觉到温度低。

当空调器工作在制热模式时，如果开启睡眠功能，机器运行 1h 后自动将设定温度降低 2℃，继续运行 1h 后自动将设定温度下降 2℃，再运行 3h 后将设定温度上调 1℃，继续运行 3h 后空调器自动关机，这样可以避免睡眠时人体体温下降而感觉到温度高。

8.2　电源电路的分析与检修

8.2.1　电源电路的组成

空调器电控系统的电源电路组成如图 8-2 所示。220V 市电送到过电流、过电压保护与抗干扰电路，输出仍为 220V 交流电压，该电压一方面作为电源直接供给压缩机、四通阀线圈、室外风扇电动机、室内风扇电动机和辅助电热器，另一方面送到降压、整流与滤波电路，处理后得到 12～18V 的直流电压，该直流电压经稳压电路后得到 12V 和 5V 电压，12V 电压主要供给继电器线圈和各种驱动电路，5V 电压主要供给 CPU 等电路。

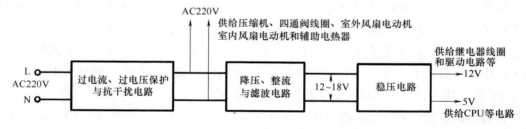

图 8-2　空调器电控系统的电源电路组成

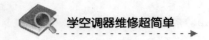

8.2.2　过电流、过电压保护与抗干扰电路

1．典型的过电流、过电压保护与抗干扰电路

图8-3是一种典型的过电流、过电压保护与抗干扰电路，在空调器电控系统的电源电路中较为常用。

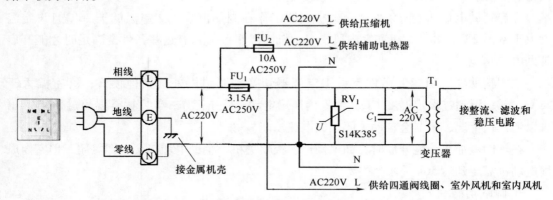

图8-3　一种典型的过电流、过电压保护与抗干扰电路

（1）过电流保护

图8-3中的熔断器FU_1、FU_2起过电流保护作用。FU_1是一个3.15A的熔断器（俗称保险丝），当后级电路出现短路，使流过FU_1的电流超过3.15A时，FU_1熔断，切断后级电路的供电，从而避免后级电路进一步损坏；FU_2是一个10A（或大于10A）的熔断器，专用于对辅助电热器进行过电流保护；压缩机未采用熔断器进行过电流保护，这是因为压缩机在起动时电流很大，正常运行时电流小，若采用较正常工作电流稍大的熔断器，在起动时会被熔断，若采用较起动电流稍大的熔断器，则无法在正常工作时起过电流保护作用（流过压缩机线圈的起动电流时间很短，若流过的电流长时间达到起动值则会烧掉压缩机绕组）。

（2）过电压保护

图中的压敏电阻器RV_1起过电压保护作用。RV_1是一个压敏电压为385V的压敏电阻器，在两端电压低于385V时，其阻值接近无穷大，相当于开路，若某些原因（如雷电窜入电网）使220V电压上升超过385V时，RV_1被击穿，阻值变小，相当于短路，流过FU_1的电流很大而熔断，切断后级的供电，从而避免后级电路也被过高的电压损坏。

（3）抗干扰电路

图8-3中的电容器C_1起抗干扰作用。在220V的电网中接有很多用电设备，有些用电设备在起动或工作时会产生一些高频干扰信号，如果这些干扰信号窜入空调器的电控系统，可能会使一些电路或元件工作不正常，C_1可以抑制高频干扰信号窜入电控系统。假设L线中混有高频干扰信号，由于电容C_1对高频信号阻碍小，L线中的高频干扰信号会通过C_1到N线中，就不会窜入变压器等后级电路中。

普通空调器通常采用三芯插头从三孔插座中取电，三孔插座极性规定为"左N右L中间E"，L、N孔提供220V交流电压，E孔通过导线直接与埋入大地的金属接地体连接，三芯插头的地线接空调器的金属外壳和热交换器。当出现漏电使空调器外壳带电时，电压会通过插头的地线进入三孔插座的 E 孔，再通过导线泄放到大地，人接触空调器外壳就不会发生触电。

2. 功能齐全的过电流、过电压保护与抗干扰电路

图 8-4 是一种功能齐全的过电流、过电压保护与抗干扰电路。该电路的过电压保护仍采用压敏电阻器，过电流保护除了采用熔断器 FU_1、FU_2 外，还采用了热敏电阻器 RT，抗干扰电路则采用了抗干扰电感 L_1 和多个电容器，由于该电路使用元器件较多，故会增加电源电路成本。

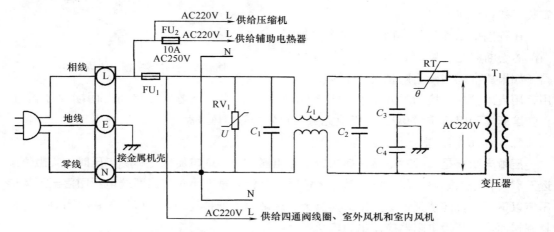

图 8-4　一种功能齐全的过电流、过电压保护与抗干扰电路

RT 是一个正温度系数热敏电阻器（简称 PTC），当温度升高时其阻值增大，温度达到一定值时阻值会急剧增大，相当于开路，温度下降后阻值又会变小。当变压器绕组出现短路或负载电流过大（即变压器二次绕组所接电路的电流过大）时，均会使流过 RT 的电流很大，RT 温度升高使阻值变大，RT 阻值增大会减小流过变压器的电流，防止变压器烧坏，如果 RT 长时间流过大电流，其温度会很高，其阻值变成接近无穷大，变压器供电被切断，后级电路失去供电而停止工作。排除过电流故障后，待 RT 冷却下来，其阻值变小，又能重新正常工作。

C_1、C_2、C_3、C_4 与 L_1 构成抗干扰电路，用来抑制电网和电源电路中的高频干扰信号。电感 L_1 的电感量小，对 50Hz 的市电阻碍很小，几乎不受阻碍地通过，而 L_1 对市电中混有的高频信号（干扰信号）阻碍大，通过 L_1 的高频信号很少。L_1 可以阻止电网中的高频干扰信号窜入电源电路，也可以阻止电源电路产生高频干扰信号窜入电网；C_1 用于消除电网中的差频干扰信号，当 L、N 线混有极性相反大小相同的高频干扰信号（差模信号）时，它们可以通过 C_1 形成回路而相互抵消；C_2 功能与 C_1 一样，用于消除电源电路产生的差模信号；C_3、C_4 用于消除电源电路产生的共模信号，当电源电路产生极性和大小相同的高频干扰信号（共模信号）窜到两线时，无法通过 C_2 抵消，但是可以分别经 C_3、C_4 并通过地线进入大地而消失。

3. 熔断器、压敏电阻器和热敏电阻器介绍

（1）熔断器

熔断器是一种过电流保护元件，当流过的电流超过指定值时会被熔断，从而切断后级电路供电，避免过大的电流进一步损坏后级电路。 空调器主板常用的熔断器如图 8-5 所示，熔断器两端的金属帽卡在电路板的卡座内，为防止熔断器熔断时中间的玻壳炸散，除了在玻壳上套了加固带外，还在熔断器上安装了塑料护罩。

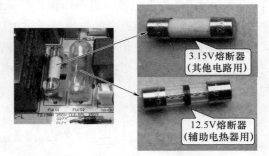

图 8-5　空调器主板上的熔断器

在判别熔断器的好坏时，可先查看玻壳内部的熔断器是否断开，若断开则熔断器开路。如果要准确判断熔断器是否损坏，应使用万用表来检测，检测时万用表拨 $R \times 1\Omega$ 挡，红、黑表笔分别接熔断器两端的金属帽，正常熔断器的阻值应为 0Ω，若阻值无穷大则为内部熔体开路。

（2）压敏电阻器

压敏电阻器是一种对电压敏感的特殊电阻器，当两端电压低于标称电压时，其阻值接近无穷大；当两端电压超过电压敏电压值时，阻值急剧变小；如果两端电压回落至压敏电压值以下时，其阻值又恢复到接近无穷大。 压敏电阻器种类较多，以氧化锌（ZnO）为材料制作而成的压敏电阻器应用最为广泛。

1）外形与符号。压敏电阻器的外形与符号如图 8-6 所示。

　　　　a)外形　　　　　　　　　　　　　　　　
b)符号

图 8-6　压敏电阻器的外形与符号

2）参数识读。压敏电阻器的参数很多，主要参数有压敏电压、最大连续工作电压和最大限制电压。

压敏电压又称击穿电压或阈值电压，当加到压敏电阻器两端电压超过压敏电压时，阻值会急剧减小。最大连续工作电压是指压敏电阻器长期使用时两端允许的最高交流或直流电压，最大限制电压是指压敏电阻器两端不允许超过的电压。对于压敏电阻器，若最大连续工作交流电压为 U，则最大连续工作直流电压约为 $1.3U$，压敏电压约为 $1.6U$，最大限制电压约为 $2.6U$。

压敏电阻器的压敏电压可在 $10 \sim 9000V$ 范围选择。压敏电阻器一般会标出压敏电压值。在图 8-7 中，压敏电阻器标注 "621K"，其中 "621" 表示压敏电压为 $62 \times 10^1 V = 620V$，

"K" 表示允许偏差为 $\pm 10\%$ ，若标注为 "620" 则表示压敏电压为 $62 \times 10^{0}\,\mathrm{V} = 62\mathrm{V}$ 。

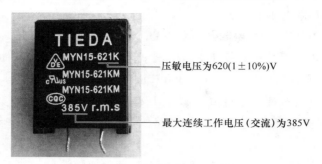

　　　压敏电压为620(1±10%)V

　　　最大连续工作电压(交流)为385V

图 8-7　压敏电阻器的参数识别

　　3）检测。由于压敏电阻器两端电压低于压敏电压时不会导通，故可以用万用表电阻挡检测其好坏。将万用表置于 $R \times 10\mathrm{k}\Omega$ 挡，如图 8-8 所示，并将红、黑表笔分别接压敏电阻器两个引脚，然后在刻度盘上查看测得阻值的大小。

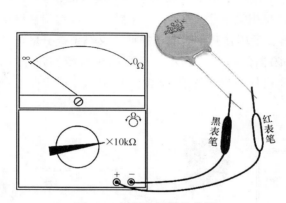

黑表笔　　红表笔

图 8-8　压敏电阻器的检测

　　若压敏电阻器正常，阻值应无穷大或接近无穷大；若阻值为 0，说明压敏电阻器短路；若阻值偏小，说明压敏电阻器漏电，不能使用。

　　（3）热敏电阻器

　　热敏电阻器是一种对温度敏感的电阻器，它一般由半导体材料制作而成，当温度变化时其阻值也会随之变化。

　　1）外形与符号。热敏电阻器的实物外形和符号如图 8-9 所示。

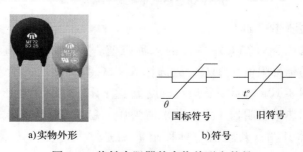

国标符号　　　旧符号

a)实物外形　　　　　　　　b)符号

图 8-9　热敏电阻器的实物外形和符号

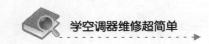

2）种类。热敏电阻器的种类很多，通常可分为负温度系数（NTC）热敏电阻器和正温度系数（PTC）热敏电阻器两类。

负温度系数（NTC）热敏电阻器简称 NTC，其阻值随温度的升高而减小，是以氧化锰、氧化钴、氧化镍、氧化铜和氧化铝等金属氧化物为主要原料制作而成的。根据使用温度条件不同，NTC 可分为低温（−60～300℃）、中温（300～600℃）、高温（＞600℃）3 种。NTC 的温度每升高 1℃，阻值会减小 1%～6%，阻值减小程度视不同型号而定。NTC 广泛用于温度补偿和温度自动控制电路，如冰箱、空调、温室等温控系统常采用 NTC 作为测温元件。

正温度系数（PTC）热敏电阻器简称 PTC，其阻值随温度升高而增大，是在钛酸钡（$BaTiO_3$）中掺入适量的稀土元素制作而成。**PTC 可分为缓慢型和开关型**。缓慢型 PTC 的温度每升高 1℃，其阻值会增大 0.5%～8%。开关型 PTC 有一个转折温度（又称居里点温度，钛酸钡材料 PTC 的居里点温度一般为 120℃左右），当温度低于居里点温度时，阻值较小，并且温度变化时阻值基本不变（相当于一个闭合的开关），一旦温度超过居里点温度，其阻值会急剧增大（相关于开关断开）。缓慢型 PTC 常用在温度补偿电路中，开关型 PTC 由于具有开关性质，常用在开机瞬间接通而后又马上断开的电路中。

3）检测。热敏电阻器的检测分两步，只有两步测量均正常才能说明热敏电阻器正常，在这两步测量时还可以判断出电阻器的类型（NTC 或 PTC）。热敏电阻器的检测如图 8-10 所示。

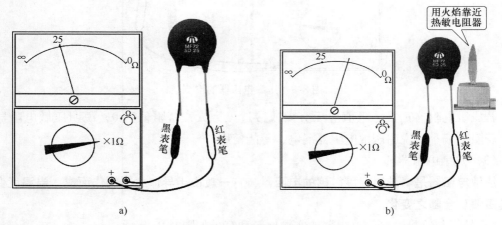

图 8-10　热敏电阻器的检测

热敏电阻器的检测步骤如下：

第 1 步：测量常温下（25℃左右）的标称阻值。根据标称阻值选择合适的电阻挡，图中的热敏电阻器的标称阻值为 25Ω，故选择 $R×1Ω$ 挡，将红、黑表笔分别接触热敏电阻器两个电极，如图 8-10a 所示，然后在刻度盘上查看测得阻值的大小。若阻值与标称阻值一致或接近，说明热敏电阻器正常；若阻值为 0，说明热敏电阻器短路；若阻值为无穷大，说明热敏电阻器开路；若阻值与标称阻值偏差过大，说明热敏电阻器性能变差或损坏。

第 2 步：改变温度测量阻值。 用火焰靠近热敏电阻器（不要让火焰接触电阻器，以免烧坏电阻器），如图 8-10b 所示，利用火焰的热量对热敏电阻器进行加热，然后将红、黑表笔分别接触热敏电阻器两个电极，再在刻度盘上查看测得阻值的大小。若阻值与标称阻值比较有变化，说明热敏电阻器正常；若阻值向大于标称阻值的方向变化，说明热敏电阻器为 PTC；若阻值向小于标称阻值的方向变化，说明热敏电阻器为 NTC；若阻值不变化，说明热敏电阻器损坏。

8.2.3　降压、整流与滤波电路

1. 降压和整流电路

典型的降压、整流电路及有关电压波形如图 8-11 所示，这种整流电路用到了 4 个整流二极管，称为桥式整流电路。

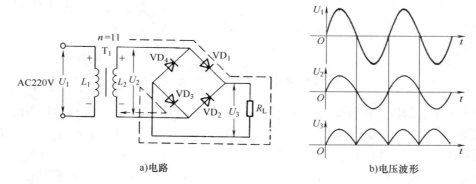

图 8-11　典型的降压、整流电路及有关电压波形

电路工作原理分析如下：

220V 交流电压 U_1 送到变压器 T_1 的一次绕组 L_1 两端，该电压经降压感应到 L_2 上，在 L_2 上得到电压 U_2，U_1、U_2 的电压波形如图 8-11b 所示。当交流电压 U_1 为正半周时，L_1 上的电压极性是上正下负，L_2 上感应的电压 U_2 极性也是上正下负，U_2 使 VD$_1$、VD$_3$ 导通，有电流流过 R_L，电流途径是 L_2 上正→VD$_1$→R_L→VD$_3$→L_2 下负；当交流电压负半周到来时，L_1 上的电压极性是上负下正，L_2 上感应的电压 U_2 极性也是上负下正，U_2 使 VD$_2$、VD$_4$ 导通，电流途径是 L_2 下正→VD$_2$→R_L→VD$_4$→L_2 上负。如此反复工作，在 R_L 上得到如图 8-11b 所示的脉动直流电压 U_3。

从上面分析可以看出，桥式整流电路在交流电压整个周期内都能导通，即桥式整流电路能利用整个周期的交流电压。

桥式整流电路输出的直流电压脉动小，由于能利用到交流电压正、负半周，故整流效率高，正因为有这些优点，故空调器的电源电路一般都采用桥式整流电路。

2. 滤波电路

整流电路能将交流电转变为直流电，但由于交流电压大小时刻在变化，故整流后流过负载的电流大小也时刻变化。例如当变压器绕组的正半周交流电压逐渐上升时，经二极管整流后流过负载的电流会逐渐增大；而当绕组的正半周交流电压逐渐下降时，经整流后流过负载的电流会逐渐减小，这样忽大忽小的电流流过负载，负载很难正常工作。为了让流过负载的电流大小稳定不变或变化尽量小，需要在整流电路后加上滤波电路。滤波电路的种类很多，空调器的电源电路通常采用电容滤波电路。

电容滤波是利用电容充放电原理工作的。电容滤波电路及有关电压波形如图 8-12 所示。

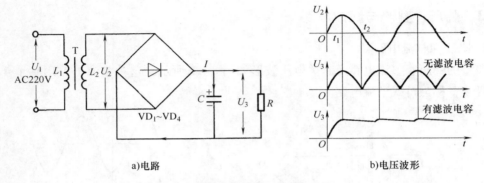

a)电路   b)电压波形

图 8-12 电容滤波电路及有关电压波形

图 8-12a 中的桥式整流采用了简化符号表示，电容 C 为滤波电容。220V 交流电压经变压器 T_1 降压后，在 L_2 上得到图 8-12b 所示的电压 U_2，在没有滤波电容 C 时，负载 R 两端得到的电压 U_3 随电压 U_2 的波动而波动，波动变化很大，如 t_1 时刻电压最大，t_2 时刻电压变为 0，这样时大时小、时有时无的电压使负载无法正常工作。在整流电路之后增加滤波电容后，在电压 U_2 高、电流 I 大时，I 除了流向负载 R 外，还会对电容 C 充电，这样流过 R 的电流不会很大，在电压 U_2 低、电流 I 小时，电容 C 会向负载放电，与电流 I 一起流向 R，故流过 R 的电流只略有减小，当 U_3 再次升高时又会对电容 C 充电，C 两端两压波动很小。

电容器使整流电路输出电压波动变小的功能称为滤波。电容滤波的实质是在输入电压高时通过电容充电将电能存储起来，而在输入电压较低时通过电容放电将电能释放出来，从而保证负载得到波动较小的电压。电容滤波与水缸蓄水相似，如果自来水白天不供水或供水量很少而晚上供水量充足时，为了保证全天都能正常用水，可以在晚上水多时一边用水一边用水缸蓄水（相当于给电容充电），而白天水少或无水时水缸可以供水（相当于电容放电），这里的水缸就相当于电容，只不过水缸存储水，而电容存储电能。

电容器能使整流输出电压波动变小，电容器的电容量越大，其两端的电压波动越小，即电容量越大，滤波效果越好。电容量大和电容量小的电容器可分别相当于大水缸和小茶杯，大水缸蓄水多，在停水时可以供应很长时间的用水，而小茶杯蓄水少，停水时供水时间短，还会造成用水时有时无。

3. 整流全桥介绍

（1）外形与结构

桥式整流电路使用了 4 个二极管，为了方便起见，有些厂家将 4 个二极管做在一起并封装成一个器件，该器件称为整流全桥，其外形与内部连接如图 8-13 所示。**全桥有 4 个引脚，标有"~"的两个引脚为交流电压输入端，标有"＋"和"－"的引脚分别为直流电压"＋"和"－"输出端。**

a)外形　　　　　　　　　　　b)内部连接

图 8-13　整流全桥的外形与内部连接

（2）引脚极性检测

整流全桥有 4 个引脚，两个为交流电压输入引脚（两引脚不用区分），两个为直流电压输出引脚（分正引脚和负引脚），在使用时需要区分出各引脚。如果整流全桥上无引脚极性标注，可使用万用表电阻挡来测量判别。

在判别引脚极性时，万用表选择 $R \times 1k\Omega$ 挡，黑表笔固定接某个引脚不动，红表笔分别测其他 3 个引脚，有以下几种情况：

1）如果测得 3 个阻值均为无穷大，黑表笔接的为"＋"引脚，如图 8-14a 所示。再将红表笔接已识别的"＋"引脚不动，黑表笔分别接其他 3 个引脚，测得 3 个阻值会出现两小一大（略大），测得阻值稍大的那次时黑表笔接的为"－"引脚，测得阻值略小的两次时黑表笔接的均为"~"引脚。

2）如果测得 3 个阻值一小两大（无穷大），黑表笔接的为一个"~"引脚，在测得阻值小的那次时红表笔接的为"＋"引脚，如图 8-14b 所示。再将红表笔接已识别出的"~"引脚，黑表笔分别接另外两个引脚，测得阻值一小一大（无穷大），在测得阻值小的那次时黑表笔接的为"－"引脚，余下的那个引脚为另一个"~"引脚。

3）如果测得阻值两小一大（略大），黑表笔接的为"－"引脚，在测得阻值略大的那次时红表笔接的为"＋"引脚，测得阻值略小的两次时黑表笔接的均为"~"引脚，如图 8-14c 所示。

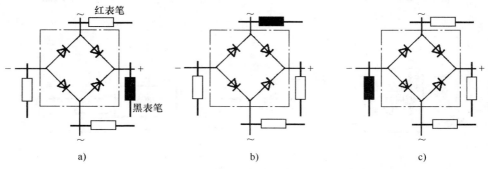

a)　　　　　　　　　b)　　　　　　　　　c)

图 8-14　整流全桥引脚极性检测

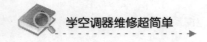

（3）好坏检测

整流全桥内部由4个整流二极管组成，在检测整流全桥好坏时，应先判明各引脚的极性（如查看全桥上的引脚极性标志），然后用万用表 $R \times 10k\Omega$ 挡通过外部引脚测量4个二极管的正、反向电阻，如果4个二极管均正向电阻小、反向电阻无穷大，则整流全桥正常。

8.2.4　稳压电路

滤波电路可以将整流输出波动大的脉动直流电压平滑成波动小的直流电压，但如果因供电原因引起220V电压大小变化时（如220V上升至240V），经整流得到的脉动直流电压平均值会随之变化（升高），滤波供给负载的直流电压也会变化（升高）。**为了保证在市电电压大小发生变化时，提供给负载的直流电压始终保持稳定，还需要在整流滤波电路之后增加稳压电路。**

1. 3种常用的稳压电路

图8-15是空调器电源电路常用的3种稳压电路，它们采用了三端稳压块（稳压集成电路）7805和7812进行稳压。对于7805稳压块，当输入端（1脚）输入在 8～36V 范围内变化的电压时，经内部电路稳压后，输出端（3脚）可输出5V电压，并且电压变化很

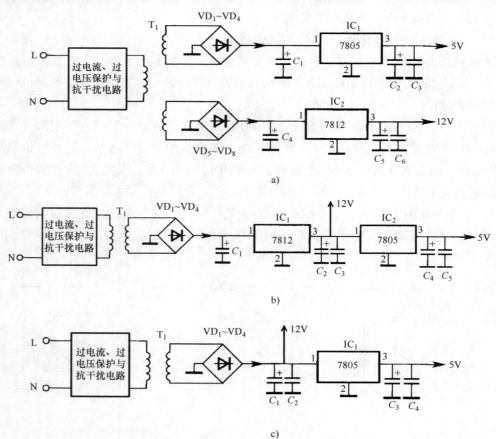

图8-15　空调器电源电路常用的3种稳压电路

小；对于 7812 稳压块，当输入端（1 脚）输入在 15～36V 范围内变化的电压时，输出端可输出稳定的 12V 电压。

图 8-15a 所示电路采用了两路整流、滤波和稳压电路，两路电路互不影响，获得的 5V 和 12V 电压最为稳定，但成本较高；图 8-15b 所示电路采用了一路整流、滤波和稳压电路，由于稳压电路采用了 7812 和 7805，故也可以获得较稳定的 12V 和 5V 电压，但前级电路不正常会影响后级电路；图 8-15c 所示电路采用了一路整流、滤波和稳压电路，稳压电路只用了 7805，可获得稳定的 5V 电压，而 12V 电压直接取自滤波电路，由于未经稳压，故 12V 电压不稳定（会随 220V 交流电压变化而变化），对于一些对电压稳定要求不高的电路（如驱动电路和继电器线圈），这样供电也是允许的。

在图 8-15 中，有极性电容器的电容量都比较大，起电源滤波作用，电容量越大，电容器两端电压波动越小，有极性电容器旁边的无极性电容器电容量很小，用于滤除直流电压中的高频干扰信号。

2. 三端稳压块 7805、7812 和 78L05 介绍

三端稳压块 7805、7812 和 78L05 如图 8-16 所示，图中的空调器主板只用了 7805，未使用 7812，其电源电路与图 8-15c 所示电路类似。7805 为中功率的三端稳压块，采用塑封带散热片结构，最大输出电流可达到 1.5A；78L05 为小功率的三端稳压块，其采用塑封结构，最大输出电流仅为 7805 的 1/10，即 150mA，两者引脚排列规律也不一样。

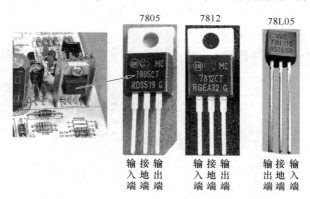

图 8-16　三端稳压块 7805、7812 和 78L05

8.2.5　电源电路的常见故障及检修

电源电路的常见故障是整机不工作，故障表现为插上电源插头时，蜂鸣器不会发声、指示灯也不亮，遥控器和应急开关操作均无效。

图 8-17 为典型的空调器电源电路，点画线框内的为强电电路部分，电压为交流 220V，点画线框右方为弱电电路部分。强电电路中的高压经变压器感应得到低压提供给弱电电路，强电电路中的继电器触点开关由弱电电路中的继电器线圈来控制，弱电电路中的继电器线圈通电时产生磁场吸合强电电路中的触点开关。如果强、弱电电路在一块电路板上，两者间一般会画有较粗的分界线，继电器触点开关位于强电区域，继电器线圈则位

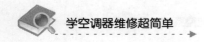

于弱电区域。

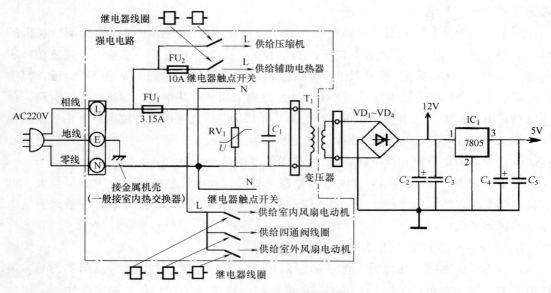

图 8-17　典型的空调器电源电路

空调器整机不工作的检修步骤如下（以图 8-17 所示的电源电路为例）：

1）取下空调器的电源插头，然后将室内机导风板扳开，再插上电源插头，如图 8-18 所示，如果导风板能自动转动返回（导风板复位），表明电源电路正常，单片机也能工作，否则可能是电源电路损坏或单片机不工作。若导风板不能复位，进行下一步检查。

将室内机导风板扳开，再插上电源插头，如果导风板能自动转回，表明电源电路正常，单片机也能工作

图 8-18　在空调器上电时查看导风板能否自动复位

2）用万用表电阻挡测量空调器电源插头的 L、N 极，正常阻值约为几百欧，如图 8-19 所示，该阻值实际是电源变压器一次绕组的电阻。如果阻值无穷大，可能是熔断器开路、变压器一次绕组开路或接插件松动；如果阻值为 0，可能是压敏电阻短路、抗干扰电容器短路、变压器一次绕组短路；若测得电源插头电阻正常，进行下一步检查。

3）用万用表直流电压挡测量三端稳压块 7805 输出端电压（红表笔接 7805 的输出脚、黑表笔接 7805 的接地脚）。若输出端电压为 5V，表明电源电路正常，整机不工作的原因为单片机损坏或不工作；若输出端电压为 0V，可测量 7805 输入端电压，正常为 12V。如果 7805 输入端电压为 12V 而输出端电压为 0V，可能原因为 7805 损坏，C_4、C_5 或后级电路短路。若 7805 输入端电压很低（或为 0V），可能是 C_2、C_3 漏电（或短路），4 个整流二极管有一个开路（或邻近两个二极管同时开路），变压器绕组匝间局部短路（或全部短路）。

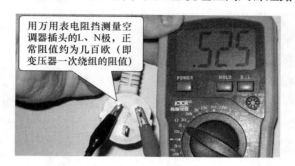

用万用表电阻挡测量空调器插头的 L、N 极，正常阻值约为几百欧（即变压器一次绕组的阻值）

图 8-19　测量空调器的电源插头来判断电源电路故障

在检查电源电路时，当怀疑某元器件开路或短路时，可以先切断电源（拔掉电源插头），在路测量元器件好坏。例如怀疑压敏电阻 RV_1 短路，可选择万用表电阻挡，一支表笔接 RV_1 的一个引脚，另一支表笔接 RV_1 的另一个引脚，如果测得阻值为 0，则可能是 RV_1 短路，也可能是 C_1 和 T_1 的一次绕组短路。要准确判断 RV_1 是否短路，应拆下 RV_1 测量，对于熔断器，可以直接在路测量（不用取下元件而在电路板上直接测量）其电阻，阻值为 0 表示正常，阻值很大则为开路。

8.3　单片机工作条件电路的分析与检修

8.3.1　单片机

1. 单片机简介

单片机又称单片微控制器（MCU），它是一种大规模的集成电路，将运算器、控制器、存储器和输入输出接口电路等做在一块芯片内。单片机相当于一个小型的计算机，与计算机相比，只缺少了外围输入输出设备（如键盘、显示器）等。图 8-20 所示为两种常见的单片机。

图 8-20　两种常见的单片机

单片机广泛应用于家用电器、仪器仪表、工业控制、汽车电子、医用设备、航空航天、专用设备的智能化管理及过程控制等领域。在家用电器中，如电饭煲、洗衣机、电话机、电冰箱、空调器、彩电、其他音响视频器材等设备中都能看到单片机的身影。

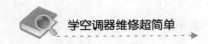

单片机能完成何种控制功能是由内部程序决定的。在编写单片机控制程序时，先在计算机中用专门的编程软件编写好控制程序，再将单片机插入与计算机连接的编程器中，利用编程器将程序写入单片机内部的 ROM（只读存储器，失电后程序不会丢失）。单片机是靠程序驱动的，但单独一块写入程序的单片机还是无法工作的，必须要给它加一些外围电路，才能让单片机具有控制功能。

2. 单片机控制系统的一般组成

单片机控制系统一般由单片机、输入电路和输入部件、输出电路和输出部件组成，如图 8-21 所示。图 8-22 是一台 DVD 机控制托盘进出的单片机控制电路，下面以它为例来说明单片机控制系统的工作过程。

图 8-21　单片机控制系统的一般组成　　图 8-22　一台 DVD 机的托盘进出控制的单片机控制电路

当按"出盒"键后，DVD 机的托盘被推出机器，在托盘上放好光盘，然后向机器内轻推托盘，托盘马上将托盘检测开关压上闭合，在 A 点得到一个低电平。该电平送到单片机，单片机立刻输出控制信号（高电平），通过 R_2 送到晶体管 VT 的基极，VT 导通，有电流过托盘电动机，使托盘电动机运转，将托盘收回到机器内。一旦托盘完全进入机器，与托盘连动的托盘检测开关断开，A 点得到一个高电平，高电平送入单片机，单片机立刻发出控制信号（低电平），晶体管 VT 截止，电动机停转。在图 8-22 中，托盘检测开关为输入部件，托盘电动机为输出部件。

8.3.2　典型的单片机基本工作条件电路（一）

单片机是一种大规模的集成电路，要让单片机工作必须满足 3 个基本条件，即提供电源、复位信号和时钟信号。有的单片机内部未集成用于存储数据的只读存储器，对于这种单片机需要外接只读存储器。图 8-23 是一种带外接存储器的单片机基本工作条件电路。

（1）电源的提供电路

由电源电路送来的 5V 电压加到单片机 IC_1 的 VCC（电源）引脚，为内部电路提供工作电源。电容器 C_{13} 的电容量较小，用于滤除电源中的高频干扰信号，以免干扰单片机内部电路。

（2）复位信号的提供电路

单片机内部有大量的电路，接通电源后这些电路可能处于各种各样的状态，在工作时容易产生混乱，将复位信号提供给这些电路时，可以让这些电路全部恢复到初始状态，然

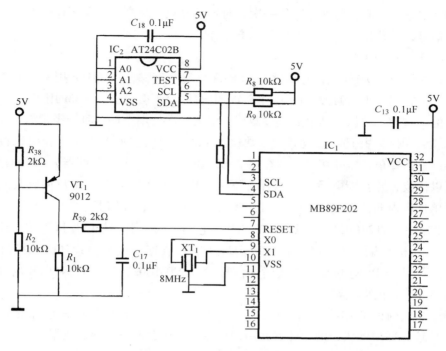

图 8-23 一种带外接存储器的单片机基本工作条件电路

后开始工作就不会产生混乱。复位信号与学校的上课铃声类似，当上课铃声一响，学生们听到铃声后马上进入教室坐好等待老师上课，如果没有上课铃声，可能老师已进入教室上课，还有很多学生在教室外面休息，这样教学会产生混乱。

图 8-23 中的 R_1、R_2、R_{38}、R_{39}、C_{17} 和 VT_1 构成复位电路。由电源电路送来的 5V 电压除了会加到单片机的 VCC 脚外，还会送到复位电路，5V 电压会使 PNP 型晶体管 VT_1 导通（电流 I_B 的途径是 $5V \rightarrow VT_1$ 的 E 极 $\rightarrow VT_1$ 的 B 极 $\rightarrow R_2 \rightarrow$ 地），VT_1 的电流 I_C 对 C_{17} 充电，充电途径是 $5V \rightarrow VT_1$ 的 E 极 $\rightarrow VT_1$ 的 C 极 $\rightarrow R_{39} \rightarrow C_{17} \rightarrow$ 地，C_{17} 两端的电压慢慢上升。C_{17} 两端电压由 0V 开始上升到较高电压需要一定的时间，在 C_{17} 两端的电压较低（一般 1V 以下）时，该较低电压（又称低电平）送入单片机的 RESET（复位）引脚，对内部电路进行复位；当 C_{17} 两端电压上升较高时，送入单片机 RESET 引脚的为高电平，停止对内部电路复位，内部电路开始工作。这种采用低电平对单片机内部电路进行复位的方式称为低电平复位，对于低电平复位的单片机，若复位引脚一直为低电平，则内部电路一直处于复位状态，无法工作，只有复位引脚由低电平变为高电平后才开始工作。也有少数单片机采用高电平复位，它与低电平复位正好相反。

（3）时钟电路

单片机内部有大量的电路，为了使这些电路有条不紊地按一定节拍工作，需要为这些电路提供时钟信号，如果没有时钟信号的控制，单片机内部电路将无法工作。图 8-23 中的 XT_1 称为晶体振荡器，它与 X0、X1 引脚内部电路构成时钟振荡器，产生 8MHz 的时钟信号，提供给内部电路，控制这些电路的工作节拍。例如有的电路来一个时钟脉冲工作一

次，有的需要来 4 个时钟脉冲才工作一次，时钟信号频率越高，电路工作频率越快，如果没有时钟信号，单片机内部很多电路都不会工作。

（4）外部存储电路

单片机内部有 ROM（只读存储器）和 RAM（随机存储器）。ROM 用来存储工厂写入的程序和数据，用户无法修改，断电后 ROM 中的内容不会消失；RAM 用来存放 CPU 工作时产生的一些临时数据，断电后这些数据会消失。在使用空调器时，经常需要修改一些参数（如设置温度）并且将修改后的参数保存下来，以便空调器下次工作时仍按这些参数工作，这就需要单片机外接另一种存储器 EEPROM（电可编程存储器），这种存储器中的数据可以修改，并且断电后数据可保存下来。EEPROM 用来存放用户可修改的程序数据。如果单片机内部已集成了 EEPROM，就无需再外接这种存储器。

图 8-23 中的 AT24C02B 为 EEPROM 芯片，它通过两个引脚与单片机连接。SDA 为数据引脚，单片机可通过该引脚向 AT24C02 内写入数据，或从 AT24C02 中读出数据；SCL 为时钟引脚，CPU 通过该引脚将时钟信号送入 AT24C02B，使 AT24C02B 内部电路的工作节拍与单片机内部电路保持一致。

如果单片机的外部存储器损坏或内部数据丢失，空调器会通过显示器显示代码报"存储器故障"，需要购买新的存储器并用编程器写入适合该空调器的数据。

8.3.3 典型的单片机基本工作条件电路（二）

图 8-24 是一种带复位芯片的单片机基本工作条件电路。由电源电路提供的 5V 电压送到单片机的 VCC 引脚，为内部电路提供电源；C_{20}、C_{21}、XT_1 与单片机 X1、X2 引脚内部电路构成时钟振荡器，产生 6MHz 的时钟信号，提供给内部电路。

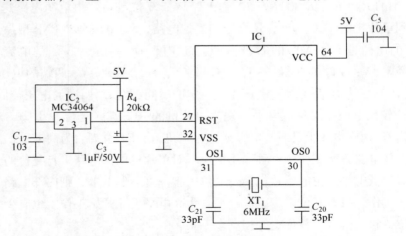

图 8-24　一种带复位芯片的单片机基本工作条件电路

MC34064 为低电压检测复位芯片，2 脚为电压检测端，3、1 脚内部接有一个 NPN 型晶体管（1 脚内接 C 极，3 脚内接 E 极）。接通电源后，5V 电压加到 MC34064 的 2 脚，由于该电压正常，MC34064 的 3、1 脚内部的晶体管截止，与此同时，5V 电压通过 R_4 对电

容 C_3 充电，在 C_3 两端的电压较低（一般 1V 以下）时，该较低电压（又称低电平）送入单片机的 RST（复位）引脚，对内部电路进行复位；当 C_3 两端电压较高时，送入单片机 RST 引脚的为高电平，停止对内部电路复位，内部电路开始工作。如果某些原因使 5V 电压低于一定值，MC34064 的 2 脚检测到该电压下降后，让 1、3 脚之间的内部晶体管导通，电容 C_3 通过 1、3 脚之间导通的晶体管放电，C_3 两端电压迅速下降。当 C_3 两端电压很低时，送入单片机的 RST（复位）引脚的为低电平，单片机内部电路被复位，都停止工作，这样可避免单片机在供电电压较低时产生误动作。当 5V 电压恢复正常后，MC34064 的 2 脚检测到电压正常，会让 1、3 脚之间的内部晶体管截止，5V 电压通过 R_4 对电容 C_3 充电，当 C_3 两端电压升高到一定值（达到高电平的电压范围），RST 引脚为高电平，停止对单片机电路复位，单片机又开始正常工作。

8.3.4　单片机工作条件电路的常见故障及检修

单片机工作条件电路的常见故障是整机不工作，其故障表现与电源电路损坏相似，即插上电源插头时，蜂鸣器不会发声，指示灯也不亮，遥控器和应急开关操作均无效，但测得电源输出 5V 电压正常。单片机电路引起整机不工作，可能是单片机基本工作条件不满足或单片机本身损坏。

单片机工作条件电路引起整机不工作的检修步骤如下：

1）检查单片机供电是否正常。测量单片机电源引脚有无 5V 电压，正常单片机电源引脚与电源电路的 7805 输出端直接或通过电感连接（用万用表电阻挡测量两者间的阻值应为 0），如果电源引脚电压为 0V，可检查该脚与 7805 之间的电路。如果单片机电源引脚有 5V，进行下一步检查。

2）检查时钟电路。单片机时钟电路采用的晶体振荡器外形如图 8-25 所示，这个晶体振荡器有 3 个引脚，中间为接地脚，另两个引脚与单片机时钟脚连接。

检查时钟电路时，最佳方法是用示波器测量晶体振荡器的两个引脚有无信号，有信号则表明时钟电路已工作，能产生时钟信号，如果无示波器，可测量晶体振荡器两个引脚与地之间的电压，正常约为 2V，其中一个引脚较另一个引脚略高（0.1 ~ 0.3V）。如果两引脚电压为 0V，说明时钟电路未工作，可能是单片机内部时钟电路损坏，也可能是

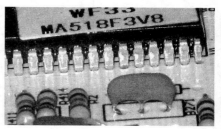

图 8-25　单片机时钟电路采用的
晶体振荡器外形（3 个引脚）

外围的晶体振荡器等元器件损坏。由于晶体振荡器 3 个引脚之间的正常阻值均为无穷大，与开路阻值一样，故怀疑晶体振荡器开路时可更换新晶体振荡器，故障排除则说明原晶体振荡器损坏。如果时钟电路正常，进行下一步检查。

3）检查复位电路。复位分高电平复位和低电平复位，其中低电平复位更为常见。如果采用低电平复位，复位电路在开机瞬间为单片机复位脚提供一个低电平，正常工作时单片机复位脚为高电平（5V），如果采用高电平复位，复位电路在开机瞬间为单片机复位脚

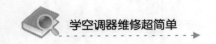

提供一个高电平，正常工作时单片机复位脚为低电平（0V）。

在检查复位电路时，先测量单片机复位脚电压是否正常（5V或0V），若电压正常，不能确定复位电路一定正常，需要用人工复位方法进一步判断。若单片机为低电平复位，可用一根导线将单片机复位脚与地瞬间短路；若单片机为高电平复位，可用一根导线将单片机复位脚与5V电压瞬间短路，如果单片机正常工作，则为复位电路不正常，应检查单片机复位引脚的外部复位电路。

如果单片机的供电电路、时钟电路和复位电路均正常，则可能是单片机内部电路不正常，可更换单片机。

8.3.5 跳线电路

格力空调器的电控板上常设置跳线电路，当电控板用于不同制冷量的空调器时，需要将跳线设置到相应位置，单片机根据跳线信号识别出空调器的制冷量，工作时就会执行适合该制冷量的控制程序。

1. 电路分析

跳线电路如图8-26所示，如果空调器的制冷量为3000W，可按图示方式用跳线（短路线）将5、4、3、2号断点连接，单片机输入为11110，就执行3000W（30）制冷量的控制程序。

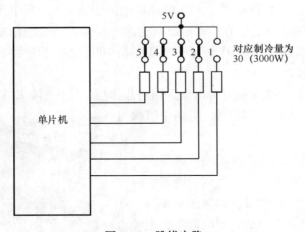

图8-26　跳线电路

2. 跳线帽

格力空调器电控板上的跳线及跳线帽如图8-27所示，在跳线帽上标有两位制冷量值（高位），跳线帽的5、4、3、2位均有短路片，当它插在电路板的跳线上就会为单片机送入11110，单片机启动3000W制冷量控制程序。

在更换格力空调器的电控板时，需要将旧电控板上的跳线帽取下，并安装到新电控板的跳线上。单片机在上电时检测有无跳线帽，如果无跳线帽，空调器不会工作，指示灯会闪烁或显示故障码"C5"。在安装跳线帽时，需要先切断空调器的电源，安装后再通电。

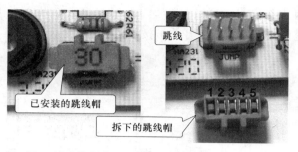

图 8-27 格力空调器电控板上的跳线及跳线帽

8.4 操作与显示电路的分析及检修

操作电路用于给单片机输入操作命令，主要包括应急开关电路、按键输入电路和遥控输入电路，显示电路用于显示操作信息和机器的工作状态和温度值等内容。

8.4.1 应急开关电路

1. 应急开关

壁挂式空调器的室内机安装位置较高，如果在室内机上设置按键，操作会很不方便，故壁挂式空调器主要采用遥控器来操作。**为了在一些特殊的情况下也能操控空调器，壁挂式空调器在室内机上也设置一个应急开关，用户在遥控器丢失或强制空调器进入某种模式时，可以使用应急开关来操控空调器。**应急开关一般安装在主板或显示面板上，如图 8-28 所示，可以用手直接按压或借助尖物按压。

图 8-28 应急开关

不同品牌空调器的应急开关操作运行方式可能不同。对于多数格力空调器，在停机时按压一次应急开关，机器会进入自动运行模式，系统会根据室内温度自动选择模式（制冷、制热和送风）；在运行时按压应急开关，空调器会停机。对于多数格兰仕空调器，每按压一次应急开关，空调器的运行模式会按"制冷→制热→关机"的顺序切换，并且在操作应急开关后的 30min 内，设定的温度不起作用，30min 后才按设定温度运行。其他品牌空调器的应急开关操作运行可查看空调器的使用说明书。

2. 应急开关电路分析

应急开关电路如图 8-29 所示。S_1 为应急开关，在 S_1 未闭合时，5V 电压经 R_7、R_6 对

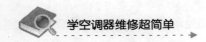

C_4 充电，单片机 5 脚为高电平（5V）；在 S_1 闭合时，C_4 经 R_6、S_1 放电，5 脚为低电平（0V），5 脚电平每变化一次表示应急开关被按压了一次。

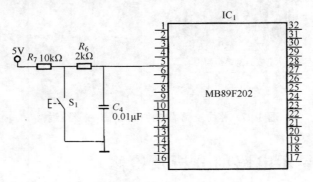

图 8-29　应急开关电路

3. 常见故障及检修

应急开关电路的常见故障为应急开关操作无效。

在检修时，先找到应急开关，再"顺藤摸瓜"地找到单片机的应急操作信号输入脚（图 8-29 中为单片机的 5 脚），在操作应急开关前测量该脚电压，然后按下应急开关，再测量该脚电压，正常时电压会发生变化，如果电压不变，如电压始终为 0V，则可能是 R_6 开路、R_7 开路、C_4 短路，若电压始终很高，则为应急开关开路。

8.4.2　按键输入与遥控接收电路

1. 电路分析

壁挂式空调器的操作主要依靠遥控器，除室内机只有一个应急开关外，没有别的输入按键，而柜式空调器由于室内机放置在地面，直接和遥控操作都比较方便，故室内机上设有各种操作按键。空调器的按键输入和遥控接收电路如图 8-30 所示。

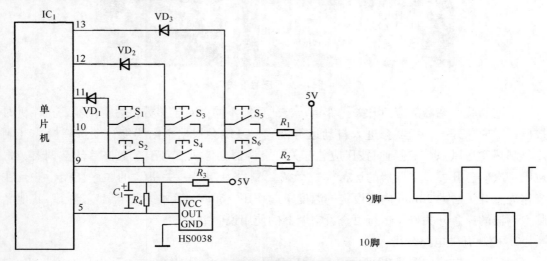

图 8-30　空调器的按键输入和遥控接收电路

198

R_1、R_2、$VD_1 \sim VD_3$、$S_1 \sim S_6$ 构成按键输入电路。单片机通电工作后，会从 9、10 脚输出图示的扫描脉冲信号，当按下 S_2 时，9 脚输出的脉冲信号通过 S_2、VD1 进入 11 脚，单片机根据 11 脚有脉冲输入判断出按下了 S_2，由于单片机内部程序已对 S_2 的功能进行了定义，故单片机识别 S_2 按下后会作出与该键对应的控制。当按下 S_1 时，虽然 11 脚也有脉冲信号输入，但由于脉冲信号来自 10 脚，与 9 脚脉冲出现的时间不同，单片机可以区分出是 S_1 被按下而不是 S_2 被按下。

HS0038 是红外线接收组件，内部含有红外线接收二极管和接收电路，封装后引出 3 个引脚。在按压遥控器上的按键时，按键信号转换成红外信号后由遥控器的红外发光二极管发出，红外信号被 HS0038 内的红外线接收二极管接收并转换成电信号，经内部电路处理后送入单片机，单片机根据输入信号可识别出用户操作了哪个键，并立刻作出相应的控制。

2. 常见故障及检修

（1）个别按键操作无效

按键操作无效的表现：在操作按键时蜂鸣器无操作提示音发出，显示器不显示当前的操作信息，机器也不会进入操作状态。

如果仅某个按键操作无效，比如图 8-30 中的 S_4 操作无效，则可能是该按键开路，可用万用表电阻挡直接在路测量（不用拆下直接在电路板上测量），在按下时阻值应为 0Ω 或接近 0Ω，未按下时阻值应很大。如果多个按键操作无效，比如 S_3、S_4 操作无效，则可能是两者公共电路有故障（如 VD_3 开路）。

（2）本机面板按键操作有效，遥控器操作无效

这种故障原因可能是遥控器或遥控接收器出现故障，可按以下步骤检查：

1）判断遥控器是否正常。如果遥控器正常，按压按键时遥控器会发出红外光信号，由于人眼无法看见红外光，但可借助手机的摄像头或数码相机来观察遥控器能否发出红外光。启动手机的摄像头功能，将遥控器有红外线发光二极管的一端朝向摄像头，再按压遥控器上的按键，如果遥控器正常，可以在手机屏幕看到发出的红外光，如图 8-31 所示。如果遥控器有红外光发出，可认为遥控器正常，进行下一步检查。

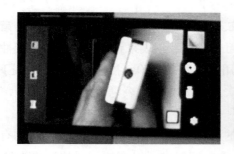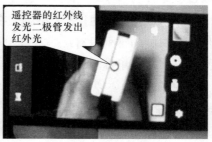

遥控器的红外线发光二极管发出红外光

图 8-31　用手机摄像头查看遥控器红外线发光二极管能否发出红外光

2）检查遥控接收器是否正常。遥控接收器有电源、输出和接地共 3 个引脚，检查时先测量电源引脚电压，正常电压为 5V 或接近 5V，若电压为 0V，可查供电电路，如果电源引脚的电压正常，再测量输出引脚的电压，正常时应等于或接近 5V。然后将遥控器的

红外线发光二极管朝着接收器并按压按键，如果遥控接收器正常，其输出引脚的电压会发生变化（下降），若电压不变化，一般为遥控接收器损坏。

3. 红外线接收组件

（1）外形

红外线接收组件又称红外线接收头，广泛用在各种具有红外线遥控接收功能的电子产品中。图 8-32 所示为 3 种常见的红外线接收组件。

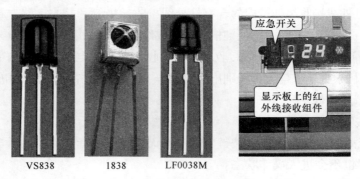

图 8-32　红外线接收组件

（2）结构与原理

红外线接收组件内部由红外线接收二极管和接收集成电路组成，接收集成电路内部主要由放大、选频及解调电路组成。红外线接收组件的内部结构如图 8-33 所示。

红外线接收组件内的红外线接收二极管将遥控器发射来的红外光转换成电信号，送入接收集成电路进行放大，然后经选频电路选出特定频率的信号（频率多数为 38kHz），再由解调电路从该信号中取出遥控指令信号，从 OUT 端向单片机输送。

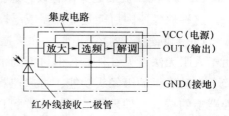

图 8-33　红外线接收组件内部结构

（3）引脚极性识别

红外线接收组件有 VCC（电源，通常为 5V）、OUT（输出）和 GND（接地）3 个引脚，在安装和更换时，这 3 个引脚不能弄错。红外线接收组件 3 个引脚的排列没有统一规范，可以使用万用表来判别 3 个引脚的极性。

在检测红外线接收组件引脚极性时，万用表置于 $R \times 10\Omega$ 挡，测量各引脚之间的正、反向电阻（共测量 6 次），以阻值最小的那次测量为准，黑表笔接的为 GND 脚，红表笔接的为 VCC 脚，余下的为 OUT 脚。

如果要在电路板上判别红外线接收组件的引脚极性，可找到接收组件旁边的有极性电容器，因为接收组件的 VCC 端一般会接有极性电容器进行电源滤波，故接收组件的 VCC 引脚与有极性电容器正引脚直接连接（或通过一个阻值为 100 多欧的电阻连接），GND 引脚与电容器的负引脚直接连接，余下的引脚为 OUT 引脚，如图 8-34 所示。

（4）好坏判别与更换

在判别红外线接收组件的好坏时，在红外线接收组件的 VCC 和 GND 引脚之间接上

在电路板上，红外线接收组件的VCC、GND引脚分别与有极性电容器正、负引脚连接，根据这一点可在电路板上判别出接收组件3个引脚的极性

有极性电容器

图 8-34　在电路板上判别红外线接收组件 3 个引脚的极性

5V 电源，然后将万用表置于直流电压 10V 挡，测量 OUT 引脚的电压（红、黑表笔分别接 OUT、GND 引脚）。在未接收遥控信号时，OUT 引脚电压约为 5V，再将遥控器对准接收组件，按压按键使遥控器发射红外线信号，若接收组件正常，OUT 引脚电压会发生变化（下降），说明输出脚有信号输出，否则可能是接收组件损坏。

　　红外线接收组件损坏后，若找不到同型号组件更换，也可用其他型号的组件更换。**一般来说，相同接收频率的红外线接收组件都能互换，38 系列（1838、838、0038 等）红外线接收组件频率相同，可以互换，由于它们引脚排列可能不一样，更换时要先识别出各引脚，再将新组件引脚对号入座地安装。**

8.4.3　显示器与显示电路

　　为了让用户了解空调器的操作和工作状态及温度等信息，单片机会将反映这些信息的信号送给显示电路，使之驱动显示器，将这些信息直观显示出来。壁挂式与柜式空调器的显示器如图 8-35 所示，空调器显示温度及代码一般采用两位 LED 数码管，显示其他信息则通常采用发光二极管（LED）。

　　1. 一位 LED 数码管

　　LED 数码管主要用于显示数值和代码信息，可分为一位数码管和多位数码管，空调器一般采用两位数码管来显示温度值和代码等信息。

　　（1）外形、结构与类型

　　一位 LED 数码管如图 8-36 所示，它将 a、b、c、d、e、f、g、dp 共 8 个发光二极管排成图示的 "8." 字形，通过让不同的段发光来显示数字 0～9。

　　由于 8 个发光二极管共有 16 个引脚，为了减少 LED 数码管的引脚数，在数码管内部将 8 个发光二极管正极或负极引脚连接起来，接成一个公共端（COM 端），根据公共端是发光二极管正极还是负极，可分为共阳极接法（正极相连）和共阴极接法（负极相连），如图 8-37 所示。

　　对于采用共阳极接法的 LED 数码管，需要给发光二极管加低电平（1V 以下的电压）才能发光；而对于采用共阴极接法的 LED 数码管，需要给发光二极管加高电平（3V 以上的电压）才能发光。假设图 8-36 是一个采用共阴极接法的 LED 数码管，如果让它显示一个 "5" 字，那么需要给 a、c、d、f、g 引脚加高电平（用 1 表示），b、e 引脚加低电平（用 0 表示），这样 a、c、d、f、g 段的发光二极管有电流通过而发光，b、e 段的发光二极管不发光，LED 数码管就会显示出数字 "5"。

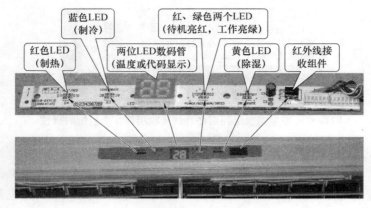

a) 壁挂式空调器的显示器

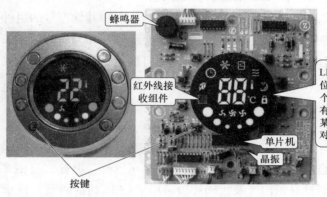

b) 柜式空调器的显示器

图 8-35　壁挂式与柜式空调器的显示器

a) 外形

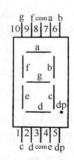

b) 段与引脚的排列

图 8-36　一位 LED 数码管

（2）类型及引脚极性检测

检测 LED 数码管时应使用万用表的 $R \times 10\text{k}\Omega$ 挡。从图 8-37 所示的数码管内部发光二极管的连接方式可以看出：对于共阳极 LED 数码管，黑表笔接公共极，红表笔依次接其他各极时，会出现 8 次阻值小；对于共阴极 LED 数码管，红表笔接公共极，黑表笔依次接其他各极时，也会出现 8 次阻值小。

202

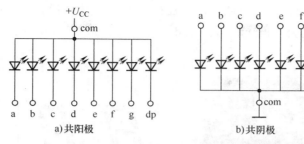

图 8-37　一位 LED 数码管内部发光二极管的连接方式

1）类型与公共极的判别。在判别 LED 数码管类型及公共极（com）时，将万用表拨至 $R \times 10\text{k}\Omega$ 挡，测量任意两引脚之间的正、反向电阻，当出现阻值小时，如图 8-38a 所示，说明黑表笔接的为发光二极管的正极，红表笔接的为负极。然后黑表笔不动，红表笔依次接其他各引脚，若出现阻值小的次数多于两次时，则黑表笔接的引脚为公共极，被测 LED 数码管为共阳极类型，若出现阻值小的次数仅有一次，则该次测量时红表笔接的引脚为公共极，被测 LED 数码管为共阴极。

2）各段极的判别。在检测 LED 数码管各引脚对应的段时，万用表选择 $R \times 10\text{k}\Omega$ 挡。对于共阳极 LED 数码管，黑表笔接公共引脚，红表笔接其他某个引脚，这时会发现数码管某段会有微弱的亮光，如 a 段有亮光，表明红表笔接的引脚与 a 段发光二极管负极连接；对于共阴极 LED 数码管，红表笔接公共引脚，黑表笔接其他某个引脚，会发现数码管某段会有微弱的亮光，则黑表笔接的引脚与该段发光二极管正极连接。

由于万用表的 $R \times 10\text{k}\Omega$ 挡提供的电流很小，因此测量时有可能无法让一些 LED 数码管内部的发光二极管正常发光，虽然万用表使用 $R \times 1\Omega \sim R \times 1\text{k}\Omega$ 挡时提供的电流大，但内部使用 1.5V 电池，无法使发光二极管导通发光，解决这个问题的方法是将万用表拨至 $R \times 10\Omega$ 或 $R \times 1\Omega$ 挡，给红表笔串接一个 1.5V 的电池，电池的正极连接红表笔，负极接被测 LED 数码管的引脚，如图 8-38b 所示，具体的检测方法与万用表选择 $R \times 10\text{k}\Omega$ 挡时相同。

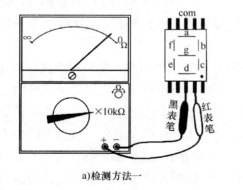

a)检测方法一　　　　　　　　　　　　　　b)检测方法二

图 8-38　LED 数码管的检测

2. 两位 LED 数码管

（1）外形、结构与类型

两位 LED 数码管的外形与各段极、各引脚排列如图 8-39 所示，它有两排共 10 个引脚，其内部发光二极管有共阳极和共阴极两种连接方式，如图 8-40 所示，com$_1$、com$_2$ 端分别为第 1、2 位数码管的公共极，a、b、c、d、e、f、g、dp 端同时接两位数码管的相应段，称为段极。

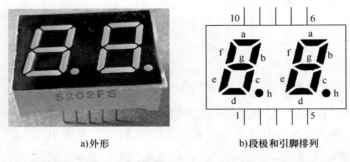

a)外形   b)段极和引脚排列

图 8-39　两位 LED 数码管的外形与各段极、各引脚排列

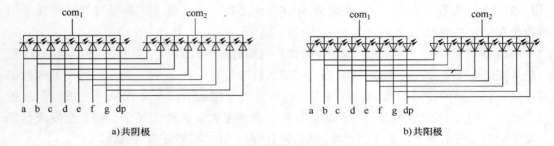

a)共阴极   b)共阳极

图 8-40　两位 LED 数码管内部发光二极管的两种连接方式

（2）检测

检测两位 LED 数码管使用万用表的 $R \times 10k\Omega$ 挡。从图 8-40 所示的两位 LED 数码管内部发光二极管的连接方式可以看出：对于共阳极两位数码管，黑表笔接某公共极（com 极）、红表笔依次接其他各段极时，会出现 8 次阻值小（对于无小数点的 LED 数码管，会出现 7 次阻值小）；对于共阴极两位数码管，红表笔接某公共极、黑表笔依次接其他各极时，也会出现 8 次阻值小。

1）类型与某位公共极的判别。在检测两位 LED 数码管的类型时，将万用表拨至 $R \times 10k\Omega$ 挡，测量任意两引脚之间的正、反向电阻，当出现阻值小时，说明黑表笔接的为发光二极管的正极，红表笔接的为负极。然后黑表笔不动，红表笔依次接其他各引脚，若出现阻值小的次数等于 8 次（或 7 次），则黑表笔接的引脚为某位的公共极，被测两位 LED 数码管为共阳极；若出现阻值小的次数等于 LED 数码管的位数（两位 LED 数码管为 2 次）时，则黑表笔接的引脚为段极，被测两位 LED 数码管为共阴极，红表笔接的引脚为某位的公共极。

2）各段极的判别。在检测两位 LED 数码管各引脚对应的段时，万用表选择 $R \times 10k\Omega$ 挡。对于共阳极 LED 数码管，黑表笔接某位的公共极，红表笔接其他引脚，若发现 LED 数码管某段有微弱的亮光，如 a 段有亮光，表明红表笔接的引脚与 a 段发光二极管负极连接；对于共阴极 LED 数码管，红表笔接某位的公共极，黑表笔接其他引脚，若发现 LED 数码管某段有微弱的亮光，则黑表笔接的引脚与该段发光二极管正极连接。

如果使用万用表 $R \times 10k\Omega$ 挡检测无法观察到数码管的亮光，可按图 8-38b 所示的方法，将万用表拨至 $R \times 10\Omega$ 或 $R \times 1\Omega$ 挡，给红表笔串接一个 1.5V 的电池，电池的正极连接红表笔，负极接被测 LED 数码管的引脚，具体的检测方法与万用表选择 $R \times 10k\Omega$ 挡时相同。

3. 显示电路

单独显示器是无法工作的，需要单片机发出有关显示信号经显示电路后送给显示器，显示器才能显示相关内容。图 8-41 是典型的空调器显示电路，它使用 4 个发光二极管分别显示制冷、制热、除湿和送风状态，使用两位 LED 数码管显示温度值或代码，由于 LED 数码管的公共端通过晶体管接电源的正极，故其类型为共阳极数码管，段极加低电平才能使该段的发光二极管点亮。

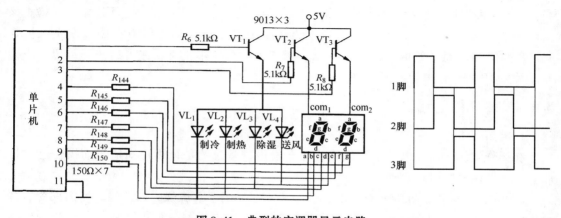

图 8-41 典型的空调器显示电路

下面以显示"制冷、32℃"为例来说明显示电路的工作原理。在显示时，先让制冷指示发光二极管 VL_1 亮，然后切断 VL_1 供电并让第 1 位 LED 数码管显示"3"，再切断第 1 位 LED 数码管的供电并让第 2 位 LED 数码管显示"2"，当第 2 位 LED 数码管显示"2"时，虽然 VL_1 和前一位 LED 数码管已切断了电源，由于两者有余辉，仍有亮光，故它们虽然是分时显示的，但人眼会感觉它们是同时显示出来的。两位 LED 数码管显示完最后一位"2"后，必须马上重新依次让 VL_1 亮、第 1 位数码管显示"3"，并且不断反复，这样人眼才会觉得这些信息是同时显示出来的。

显示电路的工作过程：首先单片机 1 脚输出高电平、10 脚输出低电平，晶体管 VT_1 导通，制冷指示发光二极管 VL_1 也导通，有电流流过 VL_1，电流途径是 5V→VT_1 的 C 极→E 极→VL_1→单片机 10 脚→内部电路→11 脚输出→地，VL_1 发光，指示空调器当前为制冷模式；然后单片机 1 脚输出变为低电平，VT_1 截止，VL_1 无电流流过，由于 VL_1 有一定的余辉时间，故 VL_1 短时仍会亮，与此同时，单片机的 2 脚输出高电平，4、7~10 脚输出低电平（无输出时为高电平），VT_2 导通，5V 电压经 VT_2 加到 LED 数码管的 com_1 引脚，

4、7～10 脚的低电平使 LED 数码管的 a～d、g 引脚也为低电平，第 1 位数码管的 a～d、g 段的发光二极管均有电流通过而发光，该位数码管显示"3"；接着单片机 3 脚输出高电平（2 脚变为低电平），4、6、7、9、10 脚输出低电平，VT_3 导通，5V 电压经 VT_3 加到 LED 数码管的 com_2 引脚，4、6、7、9、10 脚的低电平使 LED 数码管的 a、b、d、e、g 引脚也为低电平，第 2 位数码管的 a、b、d、e、g 段的发光二极管均有电流通过而发光，第 2 位数码管显示"2"。以后不断重复上述过程。

4. 常见故障及检修

（1）空调器可正常操作，仅显示器无任何显示

对于这种故障，一般为显示器或显示电路公共部分损坏，如显示器及显示电路无供电，或单片机内部显示电路损坏。

（2）显示器个别部分显示不正常

这种故障可分为区位显示不正常和段位显示不正常。以图 8-41 所示电路为例，如果 4 个发光二极管均不显示，但两位 LED 数码管显示正常，属于区位显示不正常，应检查该区的公共电路，如 VT_1 开路、R_6 开路，使 4 个发光二极管均无供电；如果发光二极管 VL_1 和两位 LED 数码管的 a 段均不显示，属于段位显示不正常，三者属于同一段，应检查单片机 10 脚外接电阻有无开路。

8.4.4 蜂鸣器电路

1. 电路分析

在操作空调器时，电控系统的蜂鸣器会发声，其目的是让用户知道当前操作已被接收。蜂鸣器由蜂鸣电路驱动。

图 8-42 是两种常见的蜂鸣器电路。图 8-42a 采用了有源蜂鸣器，蜂鸣器内部含有音源电路。在操作空调器（直接操作面板键或遥控器操作）时，如果单片机已接收到操作信号，会从 15 脚输出高电平，晶体管 VT 饱和导通，晶体管饱和导通后 U_{CE} 为 0.1～0.3V，即蜂鸣器两端加有 5V 电压，其内部的音源电路工作，产生音频信号推动内部发声器件发声。操作过后，单片机 15 脚输出低电平，VT 截止，VT 的 $U_{CE}=5V$，蜂鸣器两端电压为 0V，蜂鸣器停止发声。

图 8-42b 采用了无源蜂鸣器，蜂鸣器内部无音源电路。在操作空调器时，单片机会从 20 脚输出音频信号（一般为 2kHz 矩形信号），经晶体管 放大后从集电极输出，音频信号送给蜂鸣器，推动蜂鸣器发声。操作过后，单片机 20 脚停止输出音频信号，蜂鸣器停止发声。

2. 常见故障及检修

蜂鸣器电路常见故障：操作按键时蜂鸣器不发声。

在检查时，在电路板上找到蜂鸣器，再顺藤摸瓜地找到单片机的蜂鸣控制脚，先测量该脚电压，然后操作按键并监测该脚电压是否有变化。若有变化，表明该脚已输出蜂鸣信号，再操作按键测量晶体管输出端电压有无变化，若无变化，则可能是晶体管损坏或其基极电阻开路（图 8-42 中的 R_1 或 R_{15}），若有变化则为蜂鸣器损坏。

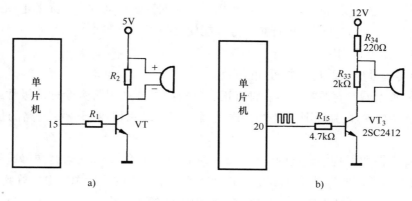

图 8-42　蜂鸣器电路

3. 蜂鸣器

蜂鸣器是一种一体化结构的电子讯响器，广泛应用于空调器、计算机、打印机、复印机、报警器、电子玩具、汽车电子设备、电话机、定时器等电子产品中作发声器件。

（1）外形与符号

蜂鸣器的实物外形与符号如图 8-43 所示，蜂鸣器在电路中用字母 "H" 或 "HA" 表示。

图 8-43　蜂鸣器的实物外形与符号

（2）种类及结构原理

蜂鸣器的种类很多，根据发声材料不同，可分为压电式蜂鸣器和电磁式蜂鸣器；根据是否含有音源电路，可分为无源蜂鸣器和有源蜂鸣器。

1）压电式蜂鸣器。有源压电式蜂鸣器主要由音源电路（多谐振荡器）、压电蜂鸣片、阻抗匹配器及共鸣腔、外壳等组成。有的压电式蜂鸣器外壳上还装有发光二极管。多谐振荡器由晶体管或集成电路构成，只要提供直流电源（1.5～15V），音源电路会产生1.5～2.5kHz 的音频信号，经阻抗匹配器推动压电蜂鸣片发声。压电蜂鸣片由锆钛酸铅或铌镁酸铅压电陶瓷材料制成，在陶瓷片的两面镀上银电极，经极化和老化处理后，再与黄铜片或不锈钢片粘在一起。无源压电蜂鸣器内部不含音源电路，需要外部提供音频信号才能使之发声。

2）电磁式蜂鸣器。有源电磁式蜂鸣器由音源电路、电磁线圈、磁铁、振动膜片及外壳等组成。接通电源后，音源电路产生的音频信号电流通过电磁线圈，使电磁线圈产生磁

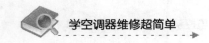

场。振动膜片在电磁线圈和磁铁的相互作用下，周期性地振动发声。无源电磁式蜂鸣器的内部无音源电路，需要外部提供音频信号才能使之发声。

（3）蜂鸣器类型判别

蜂鸣器类型可从以下几个方面进行判别：

1）从外观上看，有源蜂鸣器引脚有正、负极性之分（引脚旁会标注极性或用不同颜色引线），无源蜂鸣器引脚则无极性，这是因为有源蜂鸣器内部音源电路的供电有极性要求。

2）给蜂鸣器两引脚加合适的电压（3～24V），能连续发音的为有源蜂鸣器，仅接通断开电源时发出"咔咔"声为无源电磁式蜂鸣器，不发声的为无源压电式蜂鸣器。

3）用万用表合适的电阻挡测量蜂鸣器两引脚间的正、反向电阻，正、反向电阻相同且很小（一般为 8Ω 或 16Ω 左右，用 $R\times1\Omega$ 挡测量）的为无源电磁式蜂鸣器，正、反向电阻均为无穷大（用 $R\times10k\Omega$ 挡）的为无源压电式蜂鸣器，正、反向电阻在几百欧以上且测量时可能会发出连续音的为有源蜂鸣器。

8.5 温度传感器与温度检测电路的分析与检修

温度传感器可将不同的温度转换成不同的电信号，该电信号由温度检测电路送给单片机，让单片机能随时了解室内温度、室内热交换器盘管温度和室外热交换器盘管温度。

8.5.1 温度传感器

空调器采用的温度传感器又称感温探头，它是一种负温度系数（NTC）热敏电阻器，当温度变化时其阻值会发生变化，温度上升阻值变小，温度下降阻值变大。

1. 外形与种类

空调器使用的温度传感器有铜头和胶头两种类型，如图 8-44 所示。铜头温度传感器用于探测热交换器铜管的温度，胶头温度传感器用于探测室内空气温度。根据在 25℃ 时阻值不同，空调器常用的温度传感器规格有 $5k\Omega$、$10k\Omega$、$15k\Omega$、$20k\Omega$、$25k\Omega$、$30k\Omega$ 和 $50k\Omega$ 等。

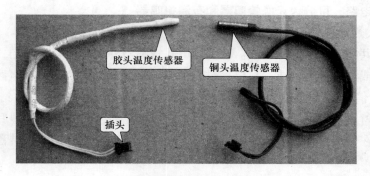

胶头温度传感器　铜头温度传感器　插头

图 8-44　空调器使用的铜头和胶头温度传感器

2. 阻值的识别

空调器使用的温度传感器阻值规格较多，可用以下 3 个方法来识别其阻值：

1）查看传感器或连接导线上的标注，如标注 GL20K 表示其阻值为 20kΩ，如图 8-45 所示。

2）每个温度传感器在电路板上都有与其阻值相等的 5 环精密电阻器，如图 8-46 所示，该电阻器一端与相应温度传感器的一端直接连接，识别出该电阻器的阻值即可知道传感器的阻值。

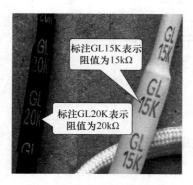

图 8-45　查看温度传感器上的标志来识别阻值

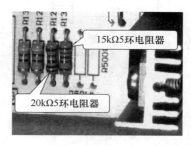

图 8-46　查看电路板上五环电阻器的阻值来识别温度传感器的阻值

3）用万用表直接测量温度传感器的阻值，如图 8-47 所示，由于测量时环境温度可能不是 25℃，故测得阻值与标注阻值不同是正常的，只要阻值差距不是太大。

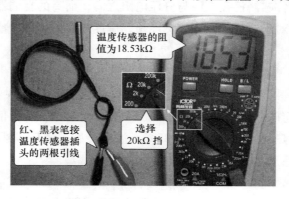

图 8-47　用万用表直接测量温度传感器的阻值

8.5.2　温度检测电路

温度检测电路包括室温检测输入电路和管温检测输入电路。单冷型空调器有一个用来检测室内热交换器的管温检测电路；热泵型空调器一般有两个管温检测电路，一个用来检测室内热交换器的温度，另一个用来检测室外热交换器的温度。

图 8-48 是一种热泵型空调器的温度检测电路，它包括室温检测电路、室内管温检测

电路和室外管温检测电路，三者都采用4.3kΩ的负温度系数温度传感器（温度越高，阻值越小）。

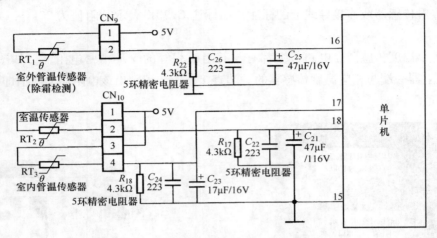

图 8-48　一种热泵型空调器的温度检测电路

（1）室温检测电路

温度传感器 RT_2 和 R_{17}、C_{21}、C_{22} 构成室温检测电路。5V 电压经 RT_2、R_{17} 分压后，在 R_{17} 上得到一定的电压送到单片机 18 脚。如果室温为 25℃，RT_2 阻值正好为 4.3kΩ，R_{17} 上的电压为 2.5V，该电压值送入单片机，单片机根据该电压值知道当前室温为 25℃；如果室温高于 25℃，温度传感器 RT_2 的阻值小于 4.3kΩ，送入单片机 18 脚的电压高于 2.5V。

本电路中的温度传感器接在电源与分压电阻之间，而有的空调器的温度传感器则接在分压电阻和地之间，对于这样的温度检测电路，温度越高，温度传感器阻值越小，送入单片机的电压越低。

（2）室内管温检测电路

温度传感器 RT_3 和 R_{18}、C_{23}、C_{24} 构成室内管温检测电路。5V 电压经 RT_3、R_{18} 分压后，在 R_{18} 上得到一定的电压送到单片机 17 脚，单片机根据该电压值就可了解室内热交换器的温度。如果室内热交换器温度低于 25℃，温度传感器 RT_3 的阻值大于 4.3kΩ，送入单片机 17 脚的电压低于 2.5V。

（3）室外管温检测电路

温度传感器 RT_1 和 R_{22}、C_{25}、C_{26} 构成室外管温检测电路。5V 电压经 RT_1、R_{22} 分压后，在 R_{22} 上得到一定的电压送到单片机 16 脚，单片机根据该电压值就可知道室外热交换器的温度。

单冷型空调器一般不用室外管温传感器。热泵型空调器的室外管温检测电路主要用作化霜检测。在热泵型空调器制热时，室外热交换器用作蒸发器，其温度较室外环境温度更低。空调器在寒冷环境下制热时，室外热交换器温度可能会低于 0℃，如果室外空气的水分含量较高，空气在经过室外热交换器时，在热交换器上会凝结冰霜，冰霜像隔热层一样阻碍热交换器从室外空气中吸热，影响空调器的制热效果。如果空调器具有化霜功能，当检测到室外热交换器温度低于0℃时，会控制四通电磁阀，使之切换到制冷换向状态，室内热交换器变为蒸发器，室外热交换器变为冷凝器，压缩机输出的高温、高压制冷剂进入室外热交换器，高温使室外热交换器上的冰霜化掉。当室外热换器温度升高到6℃以上时，空调器停止化霜，又转入制热状态。空调器化霜实际上就是让机器进入制冷状态，但为了防止室内机吹出冷空气，化霜时室内机风扇不转，为了防止室外机热交换器温度过快下降，室外机的风扇也不转。

8.5.3　常见故障及检修

1. 室温检测电路的常见故障及检修

（1）与室温有关的控制

对于大多数空调器，当室温低于16℃时，空调器无法进入制冷模式；当室温高于30℃时，空调器无法进入制热模式。如果室温检测电路出现故障，单片机无法了解室内温度，或者了解的是错误的室内温度，这样单片机就会作出不正确的控制。

（2）常见故障及检修

下面以图8-48所示电路为例来分析室温检测电路的常见故障及检修。

如果室温传感器RT_2的阻值变小，送入单片机18脚的电压偏高，单片机误认为室内温度高，会让显示器显示出较室内实际温度高的错误温度值，如果错误温度值达到30℃，机器无法进入制热模式（即使此时室内实际温度低于30℃）。

如果室温传感器RT_2的阻值变大或者R_{17}的阻值变小、C_{21}漏电，均会使送入单片机18脚的电压偏低，单片机会让显示器显示出较室内实际温度低的错误温度值，如果错误温度值低于16℃，机器无法进入制冷模式（即使此时室内实际温度高于16℃）。

如果室温传感器RT_2开路或短路，空调器一般显示温度传感器故障码或用指示灯闪烁表示，不同品牌空调器的显示有所不同。

在检测室温检测电路时，先测量室温传感器的阻值，正常时应与传感器的标称阻值和电路板上对应的分压电阻相近，测量时最好将温度传感器置于25℃左右的环境中（可将温度传感器探头浸入25℃左右的水中）。如果测得阻值为0Ω或无穷大，说明温度传感器短路或开路；如果阻值与标称阻值差距过大，说明温度传感器变值，也不能使用，需要更换。如果温度传感器正常，再检查电路板上与之对应五环电阻器R_{17}是否开路、短路或变值，还要检查滤波电容是否开路、短路或漏电。

2. 室内管温检测电路的常见故障及检修

（1）与室内管温有关的控制

在制冷或除湿模式时，如果室内机管温低于0℃且压缩机运行时间超过5min，系统会让压缩机停止工作，防止室内机热交换器因温度过低而结霜和结冰（室内机防结霜保护），只有管温高于6℃时压缩机才能重新开始工作；如果制冷运行30min后室内管温仍不能下降到20℃，则认为系统缺氟而让压缩机停止运行（缺氟保护）。

在制热模式时，在压缩机首次运行或除霜结束后运行时，如果室内机管温低于23℃，室内风扇电动机停转，防止从室内机中吹出冷风（防冷风保护）；当室内管温大于65℃

时，室外风扇电动机停止工作，当室内管温大于72℃且超过2s时，压缩机和室外风扇电动机均停止工作（防过热保护），3min后如果管温降到低于64℃，压缩机和室外风扇电动机又开始工作。

（2）常见故障及检修

在制冷或除湿模式下，如果室温传感器RT_3的阻值变大、R_{18}的阻值变小或C_{23}漏电，送入单片机17脚的电压偏低，单片机误认为室内管温很低，若RT_3的阻值变大而使单片机检测到的错误温度低于0℃，单片机会让压缩机停止工作而进行室内机防结霜保护；如果RT_3的阻值变小或R_{18}的阻值变大，送入单片机17脚的电压偏高，单片机误认为室内管温很高，压缩机运行一段时间后，单片机检测到的错误室内管温仍在20℃以上，则认为系统缺氟而让压缩机停机。

在制热模式下，如果室温传感器RT_3的阻值变大、R_{18}的阻值变小或C_{23}漏电，送入单片机17脚的电压偏低，单片机误认为室内管温很低，若检测到的错误室内管温低于23℃，单片机会让室内风扇电动机停转而避免吹出冷风；如果RT_3的阻值变小或R_{18}的阻值变大，送入单片机17脚的电压偏高，单片机误认为室内管温很高，若检测到错误室内管温大于65℃，室外风扇电动机停止工作，若室内管温大于72℃，压缩机和室外风扇电动机均停止工作而进行室内机防过热保护。

室内管温检测电路的检查方法与室温检测电路一样，这里不再说明。

3. 室外管温检测电路的常见故障及检修

（1）与室外管温有关的控制

在制热模式运行时，如果压缩机运行45min以上，检测到的室外机管温低于−5℃、室内机管温低于42℃，机器启动除霜程序，即让机器由制热转为制冷，让室外机热交换器变为冷凝器，融化室外热交换器上可能存在的冰霜。在除霜过程中，如果室外机管温大于12℃或压缩机除霜运行时间超过12min，机器自动退出除霜运行（制冷），又开始制热运行。

（2）常见故障及检修

在制热模式下，如果室温传感器RT_1的阻值变大、R_{22}的阻值变小或C_{25}漏电，送入单片机16脚的电压偏低，单片机误认为室外管温很低，若检测到的错误室外管温低于−5℃，单片机会让空调器由制热转为制冷，进行除霜。

室外管温检测电路的检查方法与室温检测电路一样，这里不再说明。

8.6 室外风扇电动机、压缩机和四通电磁阀的控制电路分析与检修

8.6.1 单相异步电动机

单相异步电动机是一种采用单相交流电源供电的小功率电动机。单相异步电动机具有供电方便、成本低廉、运行可靠、结构简单和振动噪声小等优点，广泛应用在家用电器、

工业和农业等领域的中、小功率设备中。单相异步电动机可分为分相式单相异步电动机和罩极式单相异步电动机。空调器的室外风扇电动机、压缩机和部分空调器的室内风扇电动机属于分相式单相异步电动机。

1. 结构

分相式单相异步电动机是指将单相交流电转变为两相交流电来起动运行的单相异步电动机。分相式单相异步电动机的种类很多，外形也不尽相同，但结构基本相同。分相式单相异步电动机的典型结构如图 8-49 所示，它主要是由机座、定子绕组、转子、轴承、端盖和接线等组成。

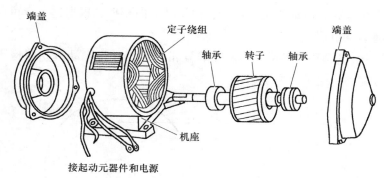

图 8-49　分相式单相异步电动机的典型结构

2. 接线图与工作原理

分相式单相异步电动机需要接上电源和起动电容器后才能工作。分相式单相异步电动机的典型接线方式如图 8-50 所示。**电动机的定子绕组由主绕组和起动绕组组成，两绕组的一端接在一起向外引出一个接线端，称为公共端（C 端），主绕组另一端向外引出一个接线端，称为主绕组端（R 端），起动绕组另一端向外引出一个接线端，称为起动绕组端（S 端）。起动绕组端与电源之间串接了一个电容器，称为起动电容器。**

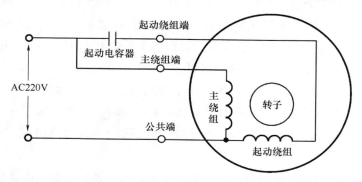

图 8-50　分相式单相异步电动机的典型接线方式

当分相式单相异步电动机按图 8-50 所示的接线方式与交流电源和起动电容器接好后，电源分为两路：一路直接加到主绕组两端；另一路经电容器后加到起动绕组两端，即将单相电源分成两相电源。由于电容器的作用，流入主绕组和起动绕组的电流相位不同，两绕

组就会产生旋转磁场，处于磁场内的转子受到旋转磁场的作用力而旋转起来。转子运转后，如果断开起动绕组的供电，转子仍会继续运转。对于起动绕组或起动电容器损坏的电动机，如果人为转动电动机的转子，电动机也可以起动并连续运转，但停转后又需要人工起动。

3. 3个接线端子的极性判别

分相式单相异步电动机的内部有起动绕组和主绕组（运行绕组），对外接线有公共端、主绕组端和起动绕组端共3个接线端子，如图8-50所示。在使用时，主绕组端直接接电源，起动绕组端串接电容器后接电源，如果将起动绕组端直接接电源，而将主绕组端串接电容器后再接电源，电动机也会运转，但旋转方向相反，根据这一点可以判别电动机的主绕组端和起动绕组端。

图8-51是一个绕组和接线端子均未知的分相式单相异步电动机，在检测时，先找出公共端，再区分起动绕组端和主绕组端。

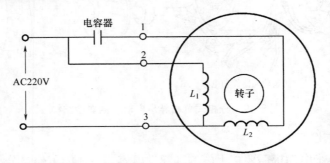

图 8-51　绕组和接线端子均未知的分相式单相异步电动机

用万用表测量任意两个接线端子之间的阻值，找到阻值最大的两个接线端子，这两个端子分别是主绕组端和起动绕组端（两个端子之间为主绕组和起动绕组串联，故阻值最大），余下的一个端子为公共端（图中标号为3）。找到公共端子后，给另外两个端子（标号分别为1、2）并联一个耐压值在400V以上，电容量大于$1\mu F$的电容器（电动机功率越大，电容器电容量也应越大），再给2、3号端子接上220V电压，电动机开始运转（运转时间不要太长）。如果电动机按顺时针方向旋转，与实际要求的转向一致，则2号端子为主绕组端，1号端子为起动绕组端，L_1为主绕组，L_2为起动绕组；如果要求电动机工作时按逆时针方向旋转，而现在电动机却顺时针旋转，表明电源线直接接2号端子是错误的，应接1号端子，1号端子为主绕组端，2号端子为起动绕组端，L_1为起动绕组，L_2为主绕组。

总之，当分相式单相异步电动机接上电源和起动电容器后，如果电动机转向与实际工作时的转向相同，一根电源接的为主绕组端，另一根电源线接的为公共端。

8.6.2　室外风扇电动机、压缩机和四通电磁阀的控制电路

室外风扇电动机、压缩机和四通电磁阀的控制电路如图8-52所示。

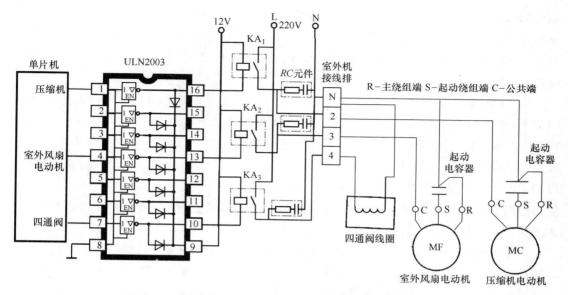

图 8-52　室外风扇电动机、压缩机和四通电磁阀的控制电路

（1）压缩机的起/停控制电路

当需要起动压缩机时，单片机的压缩机控制端输出高电平，高电平进入驱动集成块 ULN2003 的 1 脚，使 1、16 脚之间的内部晶体管导通，继电器 KA₁ 线圈有电流流过（电流途径是：12V→KA₁ 线圈→ULN2003 的 16 脚→内部晶体管 C、E 极→8 脚输出→地），KA₁ 触点闭合，220V 的 L 线通过 KA₁ 触点和接线排的 2 脚接到压缩机电动机的 C 端（公共端），N 线通过接线排的 N 脚接到压缩机 R 端和起动电容器的一端，压缩机开始运转。当需要压缩机停机时，单片机的压缩机控制端输出低电平，ULN2003 的 1、16 脚之间的内部晶体管截止，继电器 KA₁ 线圈失电，KA₁ 触点断开，切断压缩机电动机的供电，压缩机停转。

（2）室外风扇电动机的起/停控制电路

当需要起动室外风扇电动机时，单片机的室外风扇电动机控制端输出高电平，ULN2003 的 4、13 脚之间的内部晶体管导通，继电器 KA₂ 线圈有电流流过，KA₂ 触点闭合，220V 的 L 线通过 KA₂ 触点和接线排的 3 脚接到室外机风扇电动机的 C 端（公共端）），N 线通过接线排的 N 脚接到风扇电动机 R 端和起动电容器的一端，风扇电动机开始运转。当需要室外风扇电动机停转时，单片机的室外风扇电动机控制端输出低电平，ULN2003 的 4、13 脚之间的内部晶体管截止，继电器 KA₂ 线圈失电，KA₂ 触点断开，切断风扇电动机的供电，风扇电动机停转。

（3）四通电磁阀的控制电路

当空调器工作在制热模式时，单片机的四通阀控制端输出高电平，ULN2003 的 7、10 脚之间的内部晶体管导通，继电器 KA₃ 线圈有电流流过，KA₃ 触点闭合，220V 的 L 线通过 KA₃ 触点和接线排的 4 脚接到四通阀线圈的一端，N 线通过接线排的 N 脚接到四通阀线圈的另一端，四通阀线圈有电流流过而产生磁场，通过衔铁和阀芯等作用，使四通阀将制冷剂由制冷切换到制热流向。当空调器工作在制冷模式时，单片机的四通阀控制端输出低电平，ULN2003 的 7、10 脚之间的内部晶体管截止，继电器 KA₃ 线圈失电，KA₃ 触点断开，四通阀线圈供电切断，在内部弹簧作用下，四通阀自动将制冷剂由制热切换到制冷流向。

ULN2003 每个输出脚内部均有一个保护二极管，其作用是用来消除输出引脚外接线圈产生的反峰电压，以 16 脚为例，当 16 脚内部的晶体管由导通转为截止时，KA₁ 线圈会产生很高的上负下正的反峰电压，下正电压进入 16 脚后很容易击穿内部的晶体管。有了保护二极管后，下正电压进入 16 脚经保护二极管后从 9 脚输出，到达继电器线圈上负，保护二极管使线圈反峰电压有一个阻值很小的回路，反峰电压通过该回路被迅速消耗掉。如果使用 ULN2003 内部的保护二极管，需要将 9 脚与输出引脚的外部负载电源正极连接，若不使用 ULN2003 内部的保护二极管，可将 9 脚悬空。

四通阀线圈、压缩机电动机和室外风扇电动机都是线圈负载（也称感性负载），在断开开关、切断线圈电源的瞬间，线圈会产生很高的电动势，该电动势会使开关动、静触点之间出现电弧，电弧易烧坏触点使触点出现接触不良，为消除开关断开时产生的电弧，可以在线圈负载两端并联 RC 元件，这样在开关断开时线圈上的电动势会对电容器充电而降低，开关触点间不易出现电弧，从而延长开关的使用寿命。

空调器电控系统常常使用一体化的 RC 元件，即将电容器和电阻器封装在一起成为一个元件，其外形如图 8-53 所示，它有 2 个引脚，又称 X 型安规电容器，引脚不分极性。根据允许承受的峰值脉冲电压不同，安规电容器可分为 X1（耐压值大于 2.5kV 而小于 4.0kV）、X2（耐压值小于 2.5kV）、

图 8-53 阻容元件（内含电阻器和电容器）

X3（耐压值小于 1.2kV）共 3 个等级，空调器采用的 X 型安规电容器一般为 X2 等级。

8.6.3 室外风扇电动机、压缩机和四通电磁阀的检测

室外风扇电动机、压缩机和四通电磁阀都安装在室外机内，直接测量需要拆开室外机，从图 8-52 所示的室外机接线图可以看出，这些部件与接线排的端子连接关系比较简单，故也可以在接线排处检测这些器件。

1. 室外风扇电动机的检测

在室外机接线排处检测室外风扇电动机如图 8-54 所示。检测时，数字式万用表选择 $R \times 2k\Omega$ 挡，黑、红表笔分别接室外机接线排的 N、3 端子（不分极性），万用表显示".366"表示测得阻值为 0.366kΩ，即 366Ω，从图 8-52 所示的接线图和图 8-50 所示的单相异步电动机内部绕组接线方式不难看出，该阻值为主绕组和起动绕组的串联电阻值。

判别室外风扇电动机的好坏还有一个方法，就是直接将 220V 电压接到室外机接线排的 N、3 端子，为室外风扇电动机直接提供电源，如图 8-55 所示。如果室外风扇电动机及

起动电容器正常，风扇电动机会运转起来。

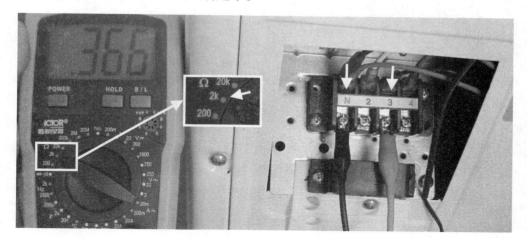

图 8-54　在室外机接线排处检测室外风扇电动机

图 8-55　直接给室外风扇电动机接 220V 电源判别其好坏

2. 四通电磁阀线圈的检测

在室外机接线排处检测四通阀线圈如图 8-56 所示。检测时，数字式万用表选择 $R \times 2k\Omega$ 挡，黑、红表笔分别接室外机接线排的 N、4 端子（不分极性），万用表显示"1.978"表示测得阻值为 1.978$k\Omega$。

由于四通阀线圈工作电压一般为 220V，故也可以直接将 220V 电压接到室外机接线排的 N、4 端子，为四通阀线圈直接提供电源，如果在接通电源和切断电源时能听到四通阀发出"咔哒"声，说明线圈能产生磁场作用于四通阀，线圈可认为正常。

3. 压缩机的检测

在室外机接线排处检测压缩机如图 8-57 所示。由于压缩机功率大，其绕组线径粗，因此绕组的阻值较室外机小很多。一般压缩机功率越大，其绕组阻值越小。在检测压缩机绕组时，数字式万用表选择 $R \times 200\Omega$ 挡，黑、红表笔分别接室外机接线排的 N、2 端子（不分极性），万用表显示"04.2"表示测得阻值为 4.2Ω，该阻值为压缩机的主绕组和起动绕组的串联电阻值。

图 8-56　在室外机接线排处检测四通阀线圈

图 8-57　在室外机接线排处检测压缩机

压缩机的工作电源为 220V，但一般不要直接将 220V 电压接室外机接线排的压缩机供电端子，正常时压缩机会运行起来，但压缩机绕组可能会烧坏。这是因为如果空调器的制冷管道出现堵塞，制冷剂循环通道受阻，压缩机运行后压力越来越大，流过绕组的电流会越来越大，若压缩机内部无过热或过电流保护器件，压缩机会被烧坏。

如果确实需要直接为压缩机供电来确定其好坏，应注意以下几点：

1）室外机和室内机制冷管道已连接在一起，并且制冷管道无严重堵塞。

2）在直接为压缩机供电时，应监视压缩机的运行电流（可用钳形电流表钳入一根电源线，见图 8-58），一旦电流超过电压缩机的额定电流 I（可用"I = 空调器电功率/220V"近似求得），应马上切断压缩机电源。

3）直接为压缩机供电的时间不要太长。空调器工作时压缩机之所以可以长时间运行，是因为电控系统为其供电时还会通过保护电路监视压缩机的工作电流，或压缩机自身带有过载保护器，一旦出现过电流，马上切断压缩机电源，防止压缩机被烧坏。

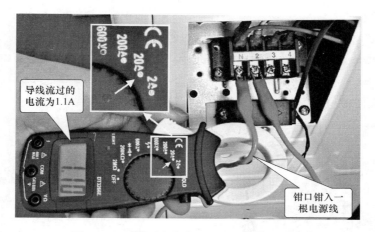

图 8-58   用钳形电流表测量压缩机工作电流

8.6.4   四通电磁阀线圈、起动电容器、继电器和常用驱动集成电路说明

1. 四通电磁阀线圈

四通电磁阀的作用是改变制冷剂在制冷管道的流向，实现制冷和制热功能的切换。在线圈未通电时，四通阀处于制冷流向；当线圈通电后，四通阀会切换到制热流向。四通阀与线圈如图 8-59 所示，线圈可以从四通阀上拆下，在线圈上一般会标注电源电压、频率和工作时消耗的功率。

在检测四通阀线圈时，万用表选择 $R \times 100\Omega$ 挡，测量线圈两个接线端，其阻值在 $2k\Omega$ 左右，功率越大，阻值越小。

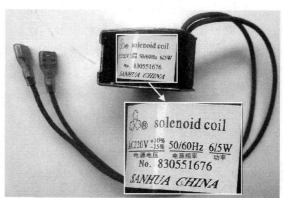

图 8-59   四通阀与线圈

2. 起动电容器

（1）外形与电容量规律

室外风扇电动机和压缩机工作时都需要起动电容器，其外形如图 8-60 所示。**起动电容器是一种耐压值高、电容量大的无极性电容器**，在电容器上会标注电容量和耐压值。电容器有两个引脚，为了方便接线，一个引脚常常分成两三个端子，这样可以在一个引脚上

插接两三根导线。

风扇电动机和压缩机的功率越大，配接的起动电容器电容量也越大。风扇电动机起动电容器的电容量一般只有几微法，而压缩机起动电容器的电容量可达几十微法，如1匹、1.5匹、2匹、3匹空调器压缩机的起动电容器电容量一般为25μF、35μF、50μF、70μF。在耐压值一定的情况下，电容量越大，电容器的体积也越大。

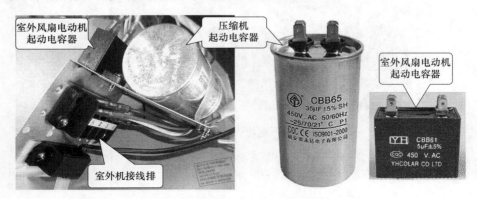

图8-60　室外机的风扇电动机和压缩机的起动电容器

（2）检测

电容器的检测包括绝缘电阻检测和电容量检测。

在检测电容器的绝缘电阻时，万用表选择 $R \times 10k\Omega$ 挡，红、黑表笔分别接电容器的两个引脚，如果电容器正常，指针会先往右移动（电容量越大，右移幅度越大），再往左移动到无穷大处。若往左无法移到无穷大处，则表明电容器漏电；若指针指示的阻值很小或为0，表明电容器短路；若指针始终指在无穷大处不动，表明电容器开路。

在检测电容器的电容量时，应使用带电容量测量功能的数字式万用表，测量时先选择合适的电容量挡，再将红、黑表笔分别接电容器的两个引脚，然后就可以在显示屏上读出电容量值。电容器的电容量测量如图8-61所示。

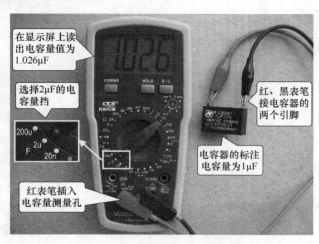

图8-61　电容器的电容量测量

3. 继电器

继电器是一种用电压来控制触点开关通断的器件。空调器使用继电器来控制压缩机、室外风扇电动机、四通阀线圈和辅助电热器等的供电。

（1）外形与电路符号

继电器的外形与图形符号如图 8-62 所示。

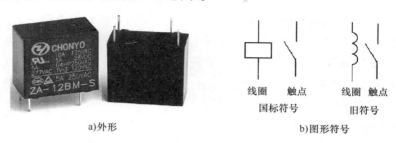

a)外形　　　　　　　　　　　b)图形符号

图 8-62　继电器的外形与图形符号

（2）压缩机的控制继电器

室外风扇电动机、四通阀线圈和辅助电热器使用的继电器外形与内部接线基本相似。压缩机的继电器与很多继电器不同，其外形与内部接线如图 8-63 所示，它除了下方有 4 个引脚外，在上方还有 2 个端子，引脚 1、2 内接线圈，引脚 3、4 除了内接触点开关外，还分别与上方的 3、4 端子连接。在使用时，上方的端子 4 接 220V 的 L 线，端子 3 接压缩机，下方的引脚 4 接熔断器，下方的引脚 3 悬空或接 RC 元件的一端（RC 元件另一端接 N 线）。

在继电器上一般会标注线圈的额定电压、触点的工作电压和在该电压下的额定电流。触点的额定电流是指长时间使用不会损坏触点的电流。在图 8-63a 中，继电器标注的型号为 SFK-112DM，其中 "12" 表示线圈额定电压为 12V；"20A 250VAC" 表示当触点接在交流电压为 250V 的电路时，触点的额定电流为 20A，在该电流范围内触点可长时间工作，如果触点接在电压更低的电路时，触点的额定电流会更大。

a)外形　　　　　　　　　　　b)内部接线

图 8-63　控制压缩机供电的继电器

（3）检测

继电器的检测包括触点、线圈检测和吸合能力检测。

1）在检测继电器的触点时，万用表选择 $R \times 1\Omega$ 挡，测量触点的两个引脚，正常阻值

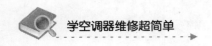

应为无穷大，若阻值为0，说明触点出现短路。

2）在检测继电器的线圈时，万用表选择 $R \times 10\Omega$ 或 $R \times 100\Omega$ 挡，测量线圈两引脚之间的电阻，正常阻值应为几十至几千欧。一般继电器线圈的额定电压越高，线圈电阻越大。若线圈电阻为∞，则线圈开路；若线圈电阻为0Ω，则线圈短路。

3）在检测继电器时，如果测量触点和线圈的电阻基本正常，还不能完全确定继电器就能正常工作，还需要通电检测线圈控制触点的吸合能力。在检测继电器吸合能力时，给继电器线圈端加额定工作电压，将万用表置于 $R \times 1\Omega$ 挡，测量触点两引脚之间的阻值，正常应为0Ω（线圈通电后触点应闭合）；若测得触点阻值为无穷大，则说明触点无法闭合，可能是线圈因局部短路而导致产生的吸合力不够，或者继电器内部触点切换部件损坏。

4. 常用驱动集成电路

空调器常用的驱动集成电路有 ULN2003、MC1413P、KA2667、KA2657、KID65004、MC1416、ULN2803、TD62003 和 M5466P 等，它们都是 16 引脚的反相驱动集成电路，可以互换使用。下面以最常用的 ULN2003 为例进行说明。

（1）外形、结构和主要参数

ULN2003 的外形与内部结构如图 8-64 所示。ULN2003 内部有 7 个驱动单元，1～7 脚分别为各驱动单元的输入端，16～10 脚为各驱动单元的输出端，8 脚为各驱动单元的接地端，9 脚为各驱动单元保护二极管负极的公共端，可接电源正极或悬空不用。ULN2003 内部的 7 个驱动单元是相同的，单个驱动单元的电路结构如图 8-64c 所示，晶体管 VT_1、VT_2 构成达林顿晶体管（又称复合晶体管），3 个二极管主要起保护作用。

ULN2003 驱动单元的主要参数如下：①直流放大倍数最小可达 1000；②VT_1、VT_2 的耐压值最大为 50V；③VT_2 的最大输出电流（I_{C2}）为 500mA；④输入端的高电平的电压值不能低于 2.8V；⑤输出端负载的电源推荐在 24V 以内。

（2）检测

ULN2003 内部有 7 个电路结构相同的驱动单元，其电路结构如图 8-64c 所示，在检测时，晶体管集电结和发射结均可当成二极管。ULN2003 驱动单元检测包括检测输入端与接地端（8 脚）之间的正、反向电阻，输出端与接地端之间的正、反向电阻，输入端与输出端之间的正、反向电阻，输出端与公共端（9 脚）之间的正、反向电阻。

1）检测输入端与接地端（8 脚）之间的正、反向电阻。万用表选择 $R \times 100\Omega$ 挡，红表笔接 1 脚，黑表笔接 8 脚，测得为二极管 VD_1 的正向电阻与 $R_1 \sim R_3$ 总阻值的并联值，该阻值较小。若红表笔接 8 脚，黑表笔接 1 脚，测得为 R_1 和 VT_1、VT_2 两个 PN 结的串联阻值，该阻值较大。

2）检测输出端与接地端之间的正、反向电阻。红表笔接 16 脚，黑表笔接 8 脚，测得为 VD_2 的正向电阻值，该值很小。若黑表笔接 16 脚、红表笔接 8 脚，VD_2 反向截止，测得阻值无穷大。

3）检测输入端与输出端之间正、反向电阻。黑表笔接 1 脚，红表笔接 16 脚，测得为

a)外形

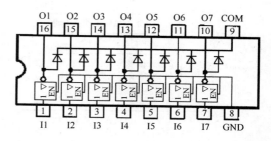

b)内部结构

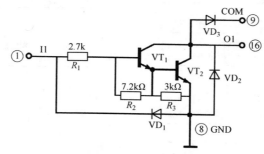

c)单个驱动单元的电路结构

图 8-64　ULN2003 的外形与内部结构

R_1 与 VT 集电结正向电阻值，该值较小。若红表笔接 1 脚、黑表笔接 16 脚，VT_1 集电结截止，测得阻值无穷大。

4）检测输出端与公共端（9 脚）之间的正、反向电阻。黑表笔接 16 脚，红表笔接 9 脚，VD_3 正向导通，测得阻值很小。若红表笔接 16 脚、黑表笔接 9 脚，VD_3 反向截止，测得阻值无穷大。

在测量 ULN2003 某个驱动单元时，如果测量结果与上述不符，则为该驱动单元损坏。由于 ULN2003 的 7 个驱动单元电路结构相同，正常各单元的相应阻值都是相同的，因此检测时可对比测量，当发现某个驱动单元的某阻值与其他多个单元的阻值有较大区别时，可确定该单元损坏，因为多个单元同时损坏的可能性很小。

当 ULN2003 某个驱动单元损坏时，如果找不到新 ULN2003 代换，可以使用 ULN2003 中空闲的驱动单元来代替损坏的驱动单元。在代替时，将损坏单元的输入、输出端分别与输入、输出电路断开，再分别将输入、输出电路与空闲驱动单元的输入、输出端连接。

8.6.5　常见故障及检修

下面以图 8-52 所示电路为例来介绍室外风扇电动机、压缩机和四通电磁阀控制电路的常见故障及检修。

1. 室外风扇电动机不转

室外风扇电动机不转的故障检修流程如图 8-65 所示。

2. 压缩机不转

压缩机不转的故障检修流程如图 8-66 所示。

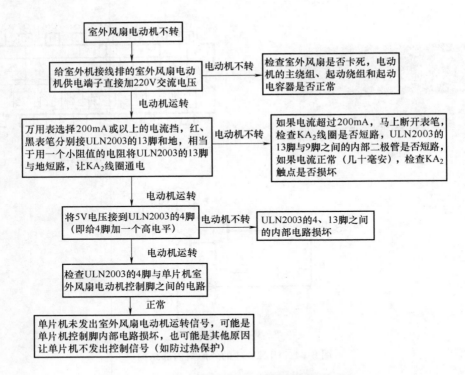

图 8-65　室外风扇电动机不转的故障检修流程

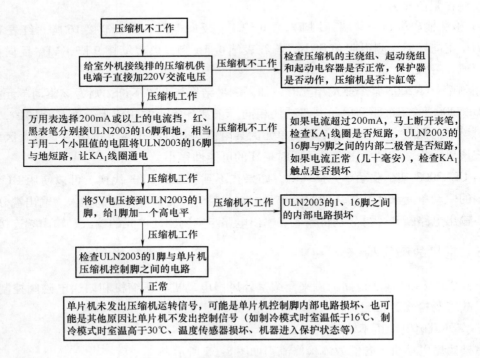

图 8-66　压缩机不转的故障检修流程

224

3. 四通阀无法切换

四通电磁阀无法切换的故障检修流程如图 8-67 所示。

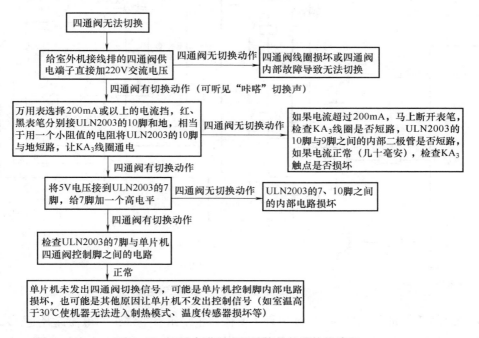

图 8-67　四通电磁阀无法切换的故障检修流程

8.7　室内风扇电动机的电路分析与检修

室内风扇电动机的作用是驱动贯流风扇旋转，强制室内空气通过室内热交换器进行冷却或加热后排出。**室内风扇电动机主要有抽头式电动机和 PG 电动机两种类型。柜式空调器和早期的壁挂式空调器多采用抽头式电动机，现在的壁挂式空调器多采用 PG 电动机，由于两者调速方式不同，故调速控制电路也不同。**

8.7.1　室内抽头式风扇电动机的控制电路

抽头式风扇电动机的控制电路如图 8-68 所示。

电路工作原理说明如下：

（1）低速运行控制

当需要风扇电动机低速运行时，单片机的低速（L）控制端输出高电平，晶体管 VT_3 导通，有电流流过继电器 KA_3 的线圈（电流途径：12V→KA_3 线圈→VT_3 的 C 极→E 极→地），线圈产生磁场吸合 KA_3 触点，KA_3 触点闭合后，有电流流经电动机的起动绕组和主绕组。起动绕组的电流途径是：220V 电压的 L 端→KA_3 触点→接插件 XP_1 的 6 脚→起动绕组→起动电容器→XP_1 的 2 脚→过热保护器→XP_1 的 3 脚→220V 电压的 N 端。起动绕组有电流流过会产生磁场使电动机运转，起动电流越大，起动力量越大。电动机运转起来

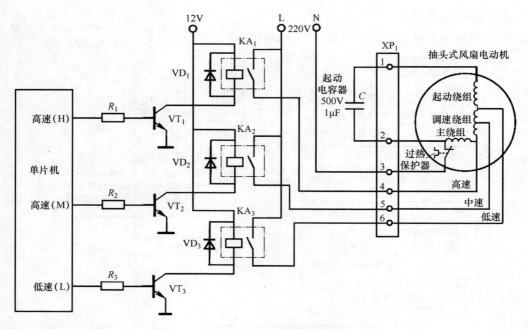

图 8-68　抽头式风扇电动机的控制电路

后，起动绕组任务完成，电动机持续运行主要依靠主绕组。主绕组的电流途径是：220V 电压的 L 端→KA$_3$ 触点→XP$_1$ 的 6 脚→全部调速绕组→主绕组→过热保护器→XP$_1$ 的 3 脚→220V 电压的 N 端。由于全部调速绕组的降压和限流作用，主绕组两端电压最低，流过的电流最小，电动机运转速度最慢。

（2）高速运行控制

当需要风扇电动机高速运行时，单片机的高速（H）控制端输出高电平，晶体管 VT$_1$ 导通，有电流流过继电器 KA$_1$ 的线圈，KA$_1$ 触点闭合，有电流流经电动机的起动绕组和主绕组。主绕组的电流途径是：220V 电压的 L 端→KA$_1$ 触点→XP$_1$ 的 4 脚→主绕组→过热保护器→XP$_1$ 的 3 脚→220V 电压的 N 端。由于无调速绕组的降压和限流作用，主绕组两端电压最高、流过的电流最大，电动机运转速度最快。

VD$_1$ ~ VD$_3$ 为保护二极管，当晶体管由导通转为截止时，流过继电器线圈的电流突然为 0，线圈会产生很高的反峰电压（极性为上负下正）。由于反峰电压很高，易击穿晶体管（C、E 极内部损坏性短路），在线圈两端接上保护二极管，上负下正的反峰电压恰好使二极管导通而降低，从而保护了晶体管，为了起到保护作用，二极管的负极应与接电源正极的线圈端连接。为了防止电动机过热而损坏绕组的绝缘层，有的电动机内部设有过热保护器，当绕组温度很高时，过热保护器断开，切断绕组的电源，当绕组温度下降时，过热保护器又会自动闭合，如果电动机内部未设过热保护器，电动机对外引出 5 根线（3 线被取消），电源 N 端与起动电容器的一端共同接电动机主绕组的一端。

8.7.2　抽头式调速电动机介绍

抽头式调速电动机是一种具有调速功能的单相异步电动机，其内部定子绕组由主绕组、起动绕组和调速绕组组成。

1. 外形和内部接线

抽头式调速电动机的内部有主绕组、起动绕组和调速绕组，向外引出 **5** 根或 **6** 根接线，其外形与接线如图 8-69 所示。

 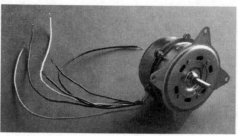

a)外形

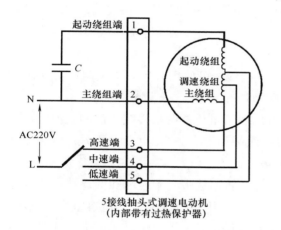 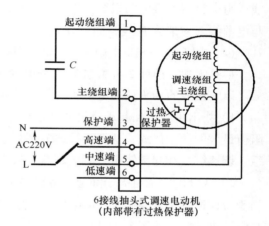

b)接线

图 8-69　抽头式调速电动机的外形与接线

2. 各接线的区分

抽头式调速电动机（三速）向外引出 5 根或 6 根接线，在使用时这些接线不能乱接，否则可能烧坏电动机内部的绕组。抽头式调速电动机各接线的区分可采用以下方法。

（1）查看电动机上标注的接线图来区分各接线

抽头式调速电动机一般会标示各接线与内部绕组之间的接线图，如图 8-70 所示，查看该图可以区分出各接线。这种方法是最可靠的方法。

（2）查看接线颜色来区分各接线

抽头调速电动机的各接线颜色的一般规律为：起动绕组端为红色（RD），主绕组端为棕色（BN），保护端为白色（WH），高速端为黑色（BK），中速端为黄色（YE），低速端为蓝色（BU）。不过有很多抽头调速电动机的接线不会按这些颜色规律，因此查看接线颜色区分各接线的方法仅供参考。

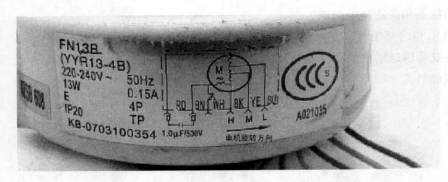

图 8-70　查看电动机上标注的接线图来区分接线的极性

（3）在电路板上查看电动机接线旁的标注来区分各接线

如果电动机的接线未从电路板上取下，可在电路板上查看接线旁的标注来识别各接线，与电容器连接的两根线分别为电动机的起动绕组接线端和主绕组接线端，主绕组端还与电源线（一般为 N 线）直接连通。

（4）用万用表测量电阻来区分各接线

如果无法用前面 3 种方法来区分电动机的各接线，可使用万用表测电阻的方法来区分。以 5 接线的抽头调速电动机为例，具体过程如下：

1）找出主绕组和起动绕组两个端子。用万用表测量任意两根接线之间的阻值，找出阻值最大的两个接线，这两根接线分别是起动绕组端和主绕组端，因为这两端之间为主绕组、调速绕组和起动绕组三者的串联，故阻值最大。

2）区分出主绕组端子和起动绕组端子。用导线将高速端、中速端和低速端短路（相当于将调速绕组短路），并将电源、起动电容器（耐压值为 400V 以上，电容量大于 1μF）与电动机各接线按图 8-71 所示方法接好，电动机开始运转，如果电动机转向与实际工作时要求的转向相同，则与电源线、电容器一端同时连接的端子为主绕组端（图 8-71 中为 2 号端子），单独与电容器另一端连接的端子为起动绕组端（图 8-71 中为 1 号端子），如果电动机转向与实际工作时要求的转向相反，说明电源线未接到主绕组端，1 号端子应为主绕组端，2 号端子为起动绕组端。

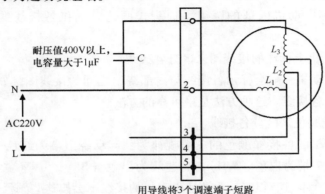

图 8-71　区分出主绕组端子和起动绕组端子的接线

3）区分 3 个调速端子。拆掉 3 个调速端子的短路导线，万用表的一根表笔接主绕组端子不动，另一根表笔依次接 3 个调速端子，测得阻值最小的为高速端子，阻值最大的为低速端子，阻值在两者之间的为中速端子。

对于 6 接线的抽头调速电动机，其主绕组端与保护端内部接有一个过热保护器，正常时阻值接近 0Ω，从阻值上看，这两个端子就像是同一个端子，用测电阻的方法难于将两者区分开来，只能查看电动机上的接线标志或拆开电动机查看。在使用时，如果主绕组端与保护端接错，电动机可以正常运转，但电动机过热时只会断开起动绕组，无法断开整个电源进行过热保护。

8.7.3　室内抽头式风扇电动机及电路的常见故障与检修

室内抽头式风扇电动机及电路的常见故障有电动机不转和电动机在某转速挡不转。下面以图 8-68 所示的抽头式风扇电动机控制电路为例进行说明。

1. 抽头式风扇电动机不转

抽头式风扇电动机不转的检修流程如图 8-72 所示。

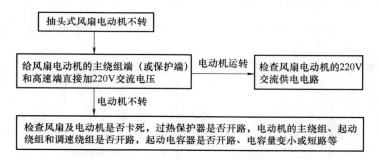

图 8-72　抽头式风扇电动机不转的检修流程

2. 抽头式风扇电动机在某转速挡不转

抽头式风扇电动机在中速挡不转的检修流程如图 8-73 所示。

8.7.4　室内 PG 风扇电动机的控制电路

室内 PG 风扇电动机的控制电路如图 8-74 所示，图中点画线框内的为 PG 电动机，它实际是一个带测速装置的单相异步电动机。

电路工作原理说明如下：

（1）过零信号的产生

空调器电源电路的变压器二次绕组上的交流低压经桥式整流后，得到脉动直流电压，经 R_{43} 送到 A 点，即晶体管 VT_1 的基极，A 点电压即图 8-75a 中的 U_A 波形。在 A 点电压低于 0.5V 时，VT_1 处于截止状态，VT_1 集电极电压上升而变为高电平；在 A 点电压高于 0.5V 时，VT_1 处于导通状态，VT_1 集电极电压下降而为低电平。B 点电压（即 VT_1 集电极电压）即图 8-75a 中的 U_B 波形，U_B 的高电平脉冲在交流电源接近零电位时产生，故 U_B 信号称为过零信号，它进入单片机作为 PG 电动机驱动的基准信号。

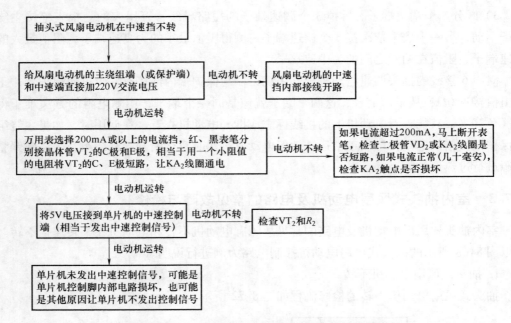

图 8-73　抽头式风扇电动机在某转速挡不转的检修流程

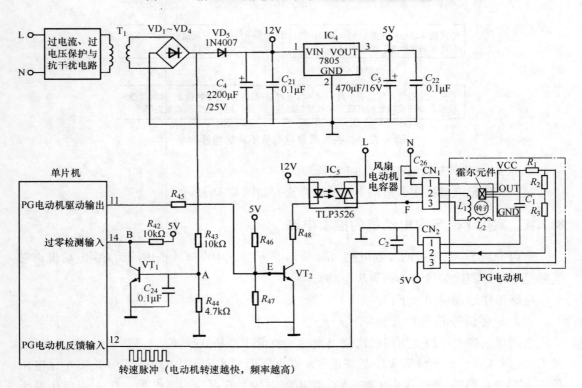

图 8-74　室内 PG 风扇电动机的控制电路

（2）PG 电动机的驱动

空调器运行时，设定的风扇转速模式不同，单片机会从 11 脚输出不同的 PG 电动机驱动信号，若设定的转速模式为高速，单片机输出的 PG 电动机驱动信号与过零信号相位相同，即过零信号高电平进入 14 脚时，11 脚会马上输出高电平，若设定的转速模式为中速或低，单片机输出的 PG 电动机驱动信号相位要落后过零信号，即过零信号高电平进入 14 脚时，11 脚要落后一定时间（约几毫秒）才输出高电平。以风扇转速模式设为中速为例，单片机输出相位较过零信号相位落后的 PG 电动机驱动信号，该信号送到 E 点（即晶体管 VT$_2$ 的基极），E 点电压波形即图 8-75b 中的 U_E 波形。当 U_E 为高电平时，VT$_2$ 导通，有电流流过 IC$_5$ 内的发光二极管，IC$_5$ 内的晶闸管受光导通，L 线通过晶闸管接到 F 点，晶闸管导通后即使发光二极管熄灭，晶闸管也会维持导通状态，直到交流电源的零电位来到才关断（晶闸管过零关断），当下一个 PG 信号高电平来时才能使晶闸管再次导通。L、N 电压 U_{LN} 经晶闸管变为 F、N 电压 U_{FN} 提供给 PG 电动机。

　　PG 电动机实际上也是一个单相异步电动机，提供给主绕组的电源电压越高，电动机转速越高。在高速模式时，PG 信号相位与过零信号相同，第一个 PG 信号高电平使晶闸管导通后，晶闸管导通状态会维持到交流电源的零电位到来。当交流电源零电位出现时，过零检测电路会形成过零信号进入单片机 14 脚。由于高速模式时 PG 信号与过零信号的相位相同，故在 14 脚输入过零脉冲时，11 脚会输出 PG 信号高电平，晶闸管在将要过零关断时，PG 驱动脉冲使它无法关断，所以高速模式时，晶闸管始终导通，提供给 PG 电动机的 U_{FN} 与 U_{LN} 是一样的，PG 电动机高速运转。在中速模式时，PG 信号相位落后于过零信号，晶闸管过零关断一定时间后单片机才输出 PG 脉冲，因此提供给 PG 电动机的 U_{FN} 与 U_{LN} 不同，U_{FN}、U_{LN} 的波形如图 8-75b 所示，U_{FN} 的有效值较 U_{LN} 低，故 PG 电动机中速运行。在低速模式时，PG 脉冲相位较过零信号更为落后，提供给 PG 电动机的 U_{FN} 更低，电动机转速更慢。

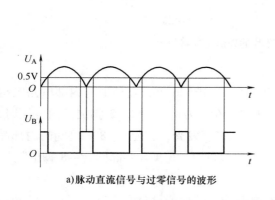

a）脉动直流信号与过零信号的波形

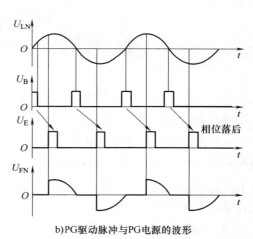

b）PG 驱动脉冲与 PG 电源的波形

图 8-75　图 8-74 所示电路的有关信号波形

（3）转速检测及精确转速控制

　　为了能精确控制电动机的转速，PG 电动机内部装设一个用于检测转速的霍尔元件。在电动机运转时，霍尔元件会产生转速脉冲信号并送入单片机的 12 脚，电动机转速越快，产生的转速脉冲信号频率越高，比如电动机转一周产生 3 个脉冲，1s 转 30 周，则电动机产生的转速脉冲频率为 90Hz。在用遥控器通过遥控接收器向单片机发送风扇中速模式指令后，单片机以 14 脚输入的过零信号为基准，从 11 脚输出合适相位的 PG 电动机驱动信号，通过光控晶闸管的导通时间来为 PG 电动机提供合适的 U_{FN}，PG 电动机以中等转速运行。

220V 电源电压下降或风扇受到阻力增大，均会使 PG 电动机转速变慢，送入单片机 12 脚的转速脉冲频率降低，单片机将其与内部设定标准转速比较后，知道电动机转速偏慢，立刻从 11 脚输出相位略超前的 PG 驱动信号，控制光控晶闸管导通时间提前（即延长导通时间），电压 U_{FN} 的有效值升高，电动机转速变快。只要电动机实际转速未达到设定的标准转速，11 脚输出的 PG 驱动信号相位会不断变化，当电动机转速达到设定模式的标准转速时，电动机进入单片机的转速脉冲频率与设定转速一致，11 脚才会输出相位稳定的 PG 驱动信号，电动机转速稳定下来。

8.7.5 光控晶闸管芯片与 PG 电动机介绍

1. 光控晶闸管芯片

（1）外形与电路符号

光控晶闸管芯片的外形与电路符号如图 8-76 所示。为了防止外界干扰，在电路板上常用屏蔽罩将光控晶闸管芯片罩起来。

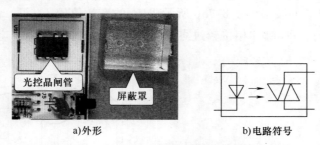

图 8-76　光控晶闸管芯片的外形与电路符号

（2）常用的光控晶闸管芯片

空调器电路常用的光控晶闸管芯片有 TLP3616、TLP3526 等，其外形与内部电路结构如图 8-77 所示，两者的内部电路基本相同。以 TLP3616 为例，当 2、3 脚加正向电压时，有电流流过 2、3 脚之间的内部发光二极管，发光二极管发光，它使 6、8 脚之间的内部晶闸管导通，电流可以"8 脚入→晶闸管→6 脚出"，也可以"6 脚入→晶闸管→8 脚出"。

（3）检测

光控晶闸管芯片内部主要有发光二极管和晶闸管，其检测可分两步进行（以 TLP3616 为例）：

1）分别测量发光二极管和晶闸管的正、反向电阻。在用指针式万用表电阻挡测量发光二极管引脚时，若发光二极管正常，其正向电阻小、反向电阻无穷大；在测量晶闸管引脚时，若正常则其正、反向电阻均为无穷大。

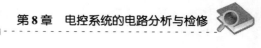

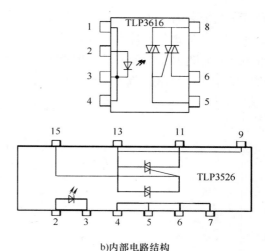

a)外形   b)内部电路结构

图 8-77 光控晶闸管芯片 TLP3616、TLP3526 的外形与内部电路结构

2）检测光控能力。将 TLP3616 的 2、3 脚分别接一节 1.5V 电池的正、负极，同时万用表选择 $R \times 10k\Omega$ 挡，测量 8、6 脚的正、反向电阻，若正、反向电阻均很小，说明发光二极管通电后发光可使晶闸管导通，即表明 TLP3616 是正常的。

2. PG 电动机

PG 电动机是一种带有测速装置的单相异步电动机，内部有主绕组、起动绕组和测速装置。

（1）外形、内部电路及接线

PG 电动机的外形、内部电路及接线如图 8-78 所示。**PG 电动机有一个强电插头和一个弱电插头，强电插头用于外接交流电源（220V）和起动电容器，弱电插头用于外接低压电源（5V）和输出转速信号。**

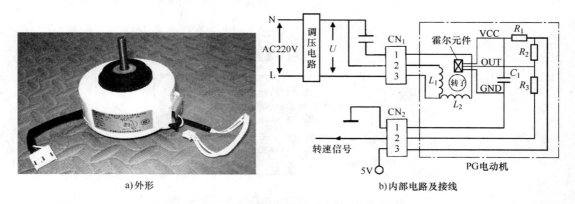

a)外形   b)内部电路及接线

图 8-78 PG 电动机的外形、内部电路及接线

（2）工作原理

交流电源先经调压电路改变电压大小，再将电压提供给 PG 电动机内部绕组，如图 8-78b 所示，绕组产生磁场驱动转子运转，在转子上安装有磁环，它与转子同步转动。

233

在磁环旁边安装有一个对磁场敏感的霍尔元件，如图 8-79 所示，当磁环随转子同步旋转时，磁环旁边的霍尔元件会产生电信号，若磁环的 N 极接近时霍尔元件输出高电平，则磁环的 S 极接近时霍尔元件输出低电平。磁环旋转越快，单位时间内经过霍尔元件的磁极越多，霍尔元件输出的信号频率越高。

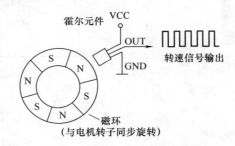

图 8-79　PG 电动机的测速装置工作原理说明

（3）各接线的区分

PG 电动机有强电和弱电两个 3 针插头，强电插头由于需要输送高电压和大电流，故插头体积大、导线粗；弱电插头体积较小、导线细。**强电插头的 3 根接线分别是主绕组端、起动绕组端和公共端，弱电插头的 3 根接线分别是电源端、接地端和信号输出端。**

PG 电动机可通过查看电动机上的接线图来区分各接线。PG 电动机一般会在外壳上标示接线图，如图 8-80 所示。

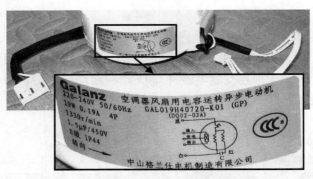

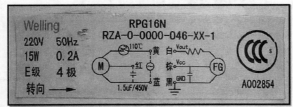

图 8-80　查看 PG 电动机标示的接线图来区分各接线

（4）检测

PG 电动机可分成单相异步电动机和转速检测电路两部分。

在检测单相异步电动机部分时，只要用万用表测量其主绕组和起动绕组有无开路或短路即可，或者直接加 220V 电源（要给起动绕组接上起动电容器），如果电动机运转正常，说明单相异步电动机部分是正常的。在检测转速检测电路时，在弱电插头的电源和接地端接上 5V 电压，然后转动电动机转轴，同时测量弱电插头的输出端，如果转速检测部分正常，电动机在转动时该输出端的电压应有高、低变化，转速越快，高、低电压变化越快，否则转速检测电路损坏，可拆开 PG 电动机来检查该电路，特别是霍尔元件。

8.7.6　室内 PG 风扇电动机及电路的常见故障与检修

室内 PG 风扇电动机及电路的常见故障是电动机不转，下面以图 8-74 所示的 PG 风扇电动机控制电路为例进行说明。PG 风扇电动机不转的检修流程如图 8-81 所示。

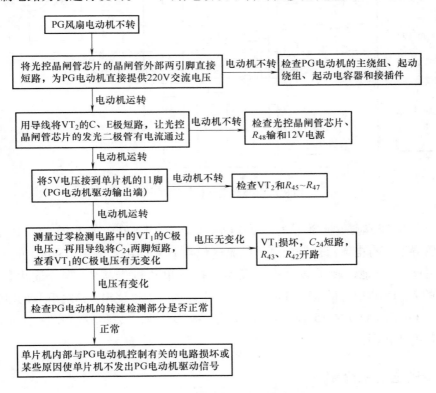

图 8-81　PG 风扇电动机不转的检修流程

8.8　步进电动机、同步电动机和辅助电热器的电路分析与检修

8.8.1　步进电动机的控制电路

空调器采用步进电动机来驱动水平导风板转动，使导风板进行上下方向的扫风。

步进电动机的控制电路如图 8-82 所示，图中点画线框内的为步进电动机，该电动机有 4 组绕组，这些绕组不是同时通电，而是轮流通电的。以一相励磁方式为例，首先给绕组 A 通电，转子旋转 90°，然后给绕组 B 通电，转子再旋转 90°，也就是说，绕组每切换一次电流，转子就转动一定的角度。若电动机绕组按 "A→B→C→D→A" 的顺序依次切换通电时，电动机转子顺时针旋转一周（360°）；若电动机绕组按 "D→C→B→A→D" 的顺序依次切换通电时，电动机转子逆时针旋转一周（360°）。

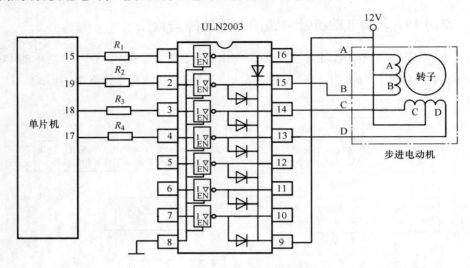

图 8-82　步进电动机的控制电路

单片机先从 15 脚输出脉冲信号（高电平），送到 ULN2003 的 1 脚，1、16 脚之间的内部晶体管导通，有电流流过绕组 A，电流途径是 12V→绕组 A→ULN2003 的 16 脚→内部晶体管→8 脚→地，转子转动一定角度；接着单片机先从 19 脚都输出脉冲信号，ULN2003 的 2、15 脚内部的晶体管都导通，有电流同时流过绕组 B，绕组 B 的电流途径是 12V→绕组 B→ULN2003 的 15 脚→内部晶体管→8 脚→地，转子继续转动一定角度。后续工作过程与上述相同。

8.8.2　步进电动机介绍

1. 外形与内部接线

步进电动机是一种脉冲电动机，每输入一个脉冲信号会旋转一定的角度。步进电动机的种类很多，空调器导风板电动机一般采用五线四相步进电动机，其外形与内部接线如图 8-83 所示，在电动机上通常会标示电源电压，空调器一般使用 12V 电压的步进电动机。

2. 各接线的区分

空调器采用的五线四相步进电动机对外有 5 个接线端，分别是电源端、A 相端、B 相端、C 相端和 D 相端。五线四相步进电动机可通过查看导线颜色来区分各接线，其颜色规律如图 8-84 所示。

a)外形

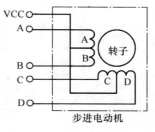
b)内部接线

图 8-83 五线四相步进电动机的外形与内部接线

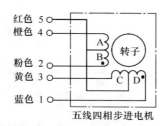

图 8-84 查看导线颜色来区分各接线（五线四相步进电动机）

3. 检测

五线四相步进电动机有 4 组相同的绕组，故每相绕组的阻值基本相等，电源端与每相绕组的一端均连接，故电源端与每相绕组接线端之间的阻值基本相等。除电源端外，其他 4 个接线端中的任意两接线端之间的电阻均相同，为每相绕组阻值的两倍，为几十至几百欧。了解这些特点后，只要用万用表测量电源端与其他各接线端之间的电阻，正常时 4 次测得的阻值基本相等，若某次测量阻值无穷大，则为该接线端对应的内部绕组开路。

8.8.3 室内机不能上、下扫风的检修

室内机上、下扫风是由步进电动机驱动导风板转动来实现的。这里以图 8-82 所示电路为例来介绍室内机不能上、下扫风的检修，其检修流程如图 8-85 所示。

8.8.4 同步电动机的控制电路

空调器采用同步电动机来驱动垂直导风条运动，使导风条进行左、右方向的摆风，故又称为摆风电动机。壁挂式空调器一般不用同步电动机，常采用手动方式调节垂直导风条，柜式空调器大多采用同步电动机驱动垂直导风条摆动，也有一些空调器用步进电动机来驱动垂直导风条摆动。

同步电动机的控制电路如图 8-86 所示，单片机输出高电平到 ULN2003 的 5 脚，5、12 脚之间的内部晶体管导通，有电流流过继电器 KA₁ 的线圈，KA₁ 触点闭合，220V 电压加到同步电动机的定子绕组两端，绕组产生磁场使转子旋转，驱动导风条进行左、右方向的摆风。

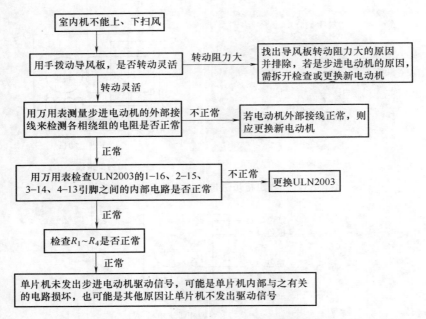

图 8-85　室内机不能上、下扫风的检修流程

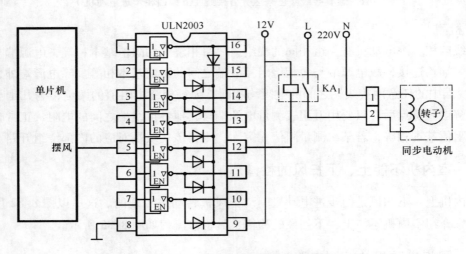

图 8-86　同步电动机的控制电路

8.8.5　同步电动机介绍

同步电动机与单相异步电动机一样，都是交流电动机，但两者的调速方式不同。单相异步电动机通过改变电源的电压大小来调节电动机转速，电压越高，电动机转速越快；而同步电动机可以通过改变电源的频率来调节电动机转速，电源频率越高，电动机转速越快。

同步电动机的转速与电源的频率有以下关系：

$$n = 60f/p$$

式中，n 为电动机转速；f 为电源频率；p 为磁极对数（即绕组通电后形成 N、S 极的对数）。

从上式可以看出，频率 f 或磁极对数发生变化，转速 n 也会发生变化。改变频率的调速方式称为变频调速，改变磁极对数的调速方式称为变极调速。由于电动机定子绕组一般不会改变，故磁极对数也是固定的，因此变极调速应用较少，而变频调速方式更为常见。**空调器同步电动机一般采用 50Hz 的交流电源供电，电源频率基本不变，因此同步电动机转速稳定。**

1. 外形与内部电路

同步电动机的外形与内部电路如图 8-87 所示。同步电动机一般会在外壳上标示工作电压、频率和转速等信息，空调器使用的同步电动机内部有减速齿轮，故其转速很慢（约几转/分）。

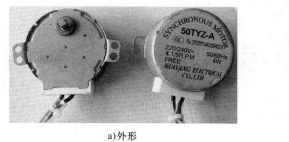

a)外形　　　　　　　　　　b)内部电路

图 8-87　同步电动机的外形与内部电路

2. 检测

同步电动机内部只有一个绕组，对外有两个接线端，无极性之分，故不用区分接线极性。在检测好坏时，用万用表测量两个接线端之间的电阻，正常阻值在 10kΩ 左右（电动机功率越大，阻值越小），如果阻值无穷大则为绕组开路。

8.8.6　室内机不能左、右摆风的检修

室内机左、右摆风是由同步电动机驱动垂直导风条转动来实现的。这里以图 8-86 所示电路为例来介绍室内机不能左、右摆风的检修，其检修流程如图 8-88 所示。

8.8.7　辅助电热器的控制电路

空调器制热时，如果室外温度很低，室外热交换器内的制冷剂很难从室外吸收热量带到室内，室内温度难以上升，即室外温度很低时空调器制热效果很差。为此，热泵型空调器一般还会在室内机内设置辅助电热器（如电热丝），当室外温度很低时，可以开启辅助电热器（直接为它提供 220V 电源），辅助电热器发热，室内风扇将其热量吹到室内。辅助电热器制热简单且成本低，但其制热效率低，比如 1kW 的辅助电热器最多只能产生 1kW 的热量，而热泵型空调器使用压缩机制热时，在室外温度较高时，空调器消耗 1kW 功率可给室内增加多达 3kW 以上的热量。

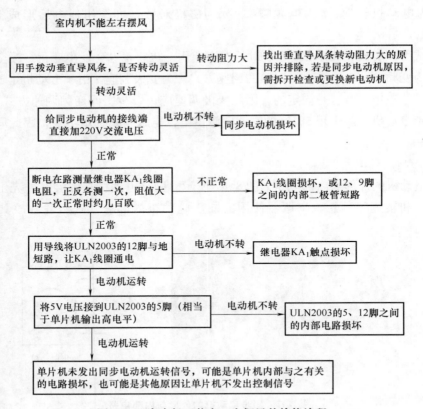

图 8-88　室内机不能左、右摆风的检修流程

　　辅助电热器的控制电路如图 8-89 所示。该电路采用两个继电器分别控制 L、N 电源线的通断，有些空调器仅用一个继电器控制 L 线的通断。当室外温度很低（0℃左右）或人为开启辅助电热功能时，单片机从辅热控制脚输出高电平，ULN2003 的 6、11 脚之间的内部晶体管导通，继电器 KA₁、KA₂ 线圈均有电流通过，KA₁、KA₂ 的触点均闭合，L、N

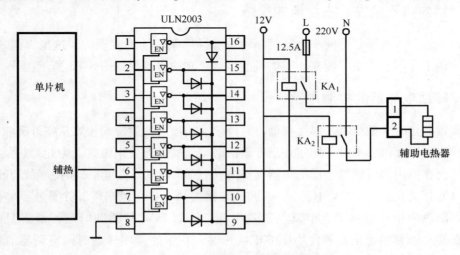

图 8-89　辅助电热器的控制电路

线的电源加到辅助电热器的两端，辅助电热器有电流流过而发热。在辅助电热器供电电路中，一般会串接 10A 以上的熔断器，当流过电热器的电流过大时，熔断器就会熔断。有些辅助电热器上还会安装热保护器，当电热器温度过高时，热保护器断开，温度下降一段时间后会自动闭合。

8.8.8　辅助电热器介绍

1. 外形

辅助电热器的外形如图 8-90 所示，左侧为壁挂式空调器的辅助电热器，右侧为柜式空调器的辅助电热器。电热器标签上一般会标注额定功率和额定电压。

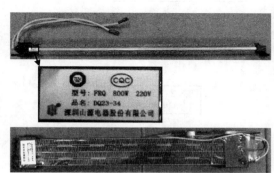

图 8-90　辅助电热器的外形

2. 检测

辅助电热器有两个接线端，无极性之分，故不用区分接线极性。 在检测辅助电热器好坏时，用万用表电阻挡测量两接线端的电阻，正常阻值为几十欧至几百欧，若阻值无穷大，则可能是电热器发热丝开路，也可能是内部的热保护器开路。

8.8.9　辅助电热器不工作的检修

空调器需要满足一定的条件才能开启辅助电热功能，其开启条件有：①空调器工作在制热模式；②室温低于 26℃ 且设定温度大于室温 2℃；③压缩机和室内风扇电动机已工作 5s。只有这些条件全满足时才能开启辅助电热功能。

如果出现某些情况，空调器会自动关闭辅助电热功能，其关闭条件有：①空调器切换到制热以外的其他模式；②室温大于 28℃；③室温超过设定温度 1℃；④室内风扇电动机停止工作；⑤室内管温超过 50℃。出现以上任一情况，机器会自动关闭辅助电热功能。

下面以图 8-89 所示电路为例来说明辅助电热器不工作的检修，其检修流程如图 8-91 所示。在检修时为了便于观察，当给辅助电热器直接加 220V 交流电压确定其能正常发热后，在后续的检查中可用灯泡来替代辅助电热器，灯泡亮表示电热器发热。

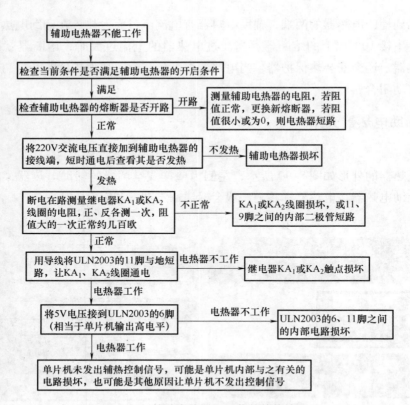

图 8-91　辅助电热器不工作的检修流程